工业和信息化高职高专
"十三五"规划教材立项项目

罗朝宝/主编

高等职业教育『十三五』土建类技能型人才培养规划教材

# 建筑 CAD

第2版 | 附微课视频

U0196201

人民邮电出版社

北 京

**图书在版编目（CIP）数据**

建筑CAD：附微课视频 / 罗朝宝主编. -- 2版. --
北京 : 人民邮电出版社，2018.3（2022.6重印）
高等职业教育"十三五"土建类技能型人才培养规划
教材
ISBN 978-7-115-46033-2

Ⅰ．①建… Ⅱ．①罗… Ⅲ．①建筑设计－计算机辅助
设计－AutoCAD软件－高等职业教育－教材 Ⅳ.
①TU201.4

中国版本图书馆CIP数据核字(2017)第260880号

## 内 容 提 要

　　本书共 8 章，主要内容包括 AutoCAD 2014 基础知识、基本绘图命令和编辑方法、文字与尺寸标注、高级绘图技巧、绘制建筑平面图、绘制建筑立面图、绘制楼梯详图、图形的打印及输出等。

　　本书内容丰富、实用、专业性强，将建筑制图的知识融于计算机绘图之中，采用了"手把手"的交互式教学方式，为学生掌握 AutoCAD 绘图技能创造了良好的学习环境。

　　本书既可作为高职高专土建类专业学生学习 AutoCAD 的教材，也可以作为建筑工程专业技术人员的自学参考书。

◆ 主　　编　罗朝宝
　　责任编辑　刘盛平
　　责任印制　马振武

◆ 人民邮电出版社出版发行　　北京市丰台区成寿寺路 11 号
　　邮编　100164　　电子邮件　315@ptpress.com.cn
　　网址　http://www.ptpress.com.cn
　　固安县铭成印刷有限公司印刷

◆ 开本：787×1092　1/16
　　印张：18　　　　　　　　　　　2018 年 3 月第 2 版
　　字数：459 千字　　　　　　　　2022 年 6 月河北第 13 次印刷

定价：48.00 元

读者服务热线：(010)81055256　印装质量热线：(010)81055316
反盗版热线：(010)81055315
广告经营许可证：京东市监广登字20170147号

# 第 2 版前言

　　本书第 1 版由于内容实用、编写理念新等特点，自出版以来得到了广大使用学校的一致认可，为了更好地服务读者，编者结合近几年的教学改革实践经验，在原有内容的基础上做了以下补充和修订工作。

　　（1）按照《房屋建筑制图统一标准》（GB/T 50001—2010）、《建筑制图标准》（GB/T 50104—2010）中关于标注、字体、线型等的要求对全书内容进行修订。

　　（2）每章后面增加了大量全国计算机信息高新技术考试计算机辅助设计（AutoCAD 平台）绘图员考试题和广东省中级绘图员统考的施工图样题，让读者在练习上更具有针对性。

　　（3）对书中部分命令和实例进行了优化，对部分命令的使用技巧进行了补充。

　　（4）为书中的实例、课后习题增加了微课视频，并以二维码的形式嵌入到书中相应位置。读者在学习过程中操作有困难或有疑惑时，可直接通过手机等移动终端的"扫一扫"功能扫描二维码观看学习。

　　由于编者水平有限，书中难免存在不足，恳请广大读者批评指正。

编　者
2017 年 5 月

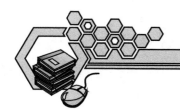

# 前　言

AutoCAD 具有功能强、易掌握、使用方便等特点，受到工程设计人员的欢迎，并被广泛用于建筑、机械、电子、化工、航天、汽车、轻纺等领域。

AutoCAD 从最初的版本到现在经历了多次升级，其功能不断完善和强大，AutoCAD 2014 是美国 Autodesk 公司 2013 年推出的。该版本运行速度、整体处理能力、网络功能等方面都比较优秀。

建筑 CAD 是传统建筑制图与 AutoCAD 相融合的专业技术基础课程。本书以就业为导向，以"必需、够用"为度，以培养市场需要的土建类专业"三高"人才为目标进行编写。为了使学生们迅速掌握 AutoCAD 的绘图方法，本书构建了"实例+项目"式的教学理念，本书的前半部分以实例为主，"实例"来源于工程图的一些小的实例以及中级绘图员考证的真题，通过实例打下坚实的基础；后半部分的"项目"是以建筑平面图、建筑立面图、建筑剖面图以及节点大样图为载体的真实职业活动情景，以工作过程为导向，顺序依照职业的工作过程展开。本书在体系结构上强调建筑制图的主体性和 AutoCAD 的工具性，体现了建筑制图的方法和步骤与 AutoCAD 的融合性。本书的定位是让学生做"熟练绘图手"而不是做 AutoCAD 专家，注重内容的实用性和学生学习的主体性，可操作性强。

本书主要特点如下。

（1）先进性：本书以目前 AutoCAD 软件的通用版本 AutoCAD 2014 为绘图环境，所有的实例任务和项目都是基于 AutoCAD 2014 进行讲解的。

（2）实用性：本书前半部分选用的实例来源于工程实例和考证的真题，后半部分的"项目"则是用一套真实的施工图为载体进行训练，以达到掌握知识和训练能力的目的。

（3）专业性：无论是前面的实例部分，还是后面的施工图的绘制都列出了较详细的操作步骤和图例，学生只要耐心按照书中的步骤一步一步操作，就可以掌握所学内容，在自己的动手实践中，可以掌握绘图技能，从而达到掌握建筑制图规范和熟练操作 AutoCAD 软件的目的。本书每一章后面都配有相应的理论和操作练习题，通过练习，学生可以检验学习效果。

本书在编写过程中参考了大量的资料，在此对资料的原作者表示衷心的感谢！

本书由罗朝宝任主编，王小艳任副主编。其中，罗朝宝编写第 2 章～第 7 章，王小艳编写第 1 章和第 8 章。全书由罗朝宝统稿。本书编写时得到广州市创城管道安装技术有限公司何艺辉工程师和广东省轻纺建筑设计院郑少立工程师的指导，在此表示诚挚的感谢！

由于编者水平有限，书中难免存在不足，恳请广大读者批评指正。

编　者

2015 年 4 月

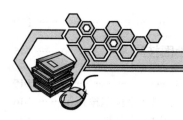

# 目　录

# 第1章

# AutoCAD 2014 基础知识

计算机辅助设计（Computer-Aided Design，CAD）是计算机技术应用于工程领域产品设计的新兴交叉技术。AutoCAD 是 Autodesk 公司于 1982 年开发的计算机辅助设计软件，主要用于二维绘图、设计文档、基本三维设计等。AutoCAD 具有良好的用户界面，通过交互式菜单或命令行方式便可以进行各种操作。AutoCAD 广泛应用于土木建筑、装饰装潢、城市规划、园林设计、电子电路、机械设计、服装鞋帽、航空航天、轻工化工等诸多领域。

本章以 AutoCAD 2014 中文版为例，介绍 AutoCAD 的启动、工作界面、基本操作、对象选择方法、AutoCAD 常用快捷键和功能键等内容。

AutoCAD 2014 软件对计算机的配置要求如下。

操作系统：Windows XP、Windows 7、Windows 8 或更高版本；浏览器：IE 7.0 或更高版本。

内存：2GB RAM（建议使用 4 GB）；硬盘空间：安装需要 6.0 GB。

运行 AutoCAD 2014 时的欢迎界面如图 1-1 所示。

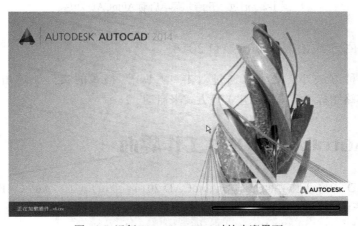

图 1-1　运行 AutoCAD 2014 时的欢迎界面

## 1.1　AutoCAD 2014 的启动

AutoCAD 2014 可以通过以下几种方式进行启动。

### 1. 通过桌面上的快捷图标启动 AutoCAD 2014

安装 AutoCAD 2014 后，系统会自动在 Windows 桌面生成相应的快捷图标，双击该图标即可启动 AutoCAD 2014。

### 2. 通过"开始菜单"启动 AutoCAD 2014

安装 AutoCAD 2014 后，系统还会在 开始 菜单的"所有程序"选项下创建一个名为"Autodesk"的程序组。选择该程序组中"AutoCAD 2014-简体中文（Simplified Chinese）"下的"AutoCAD 2014-简体中文（Simplified Chinese）"程序，即可启动 AutoCAD 2014，如图 1-2 所示。

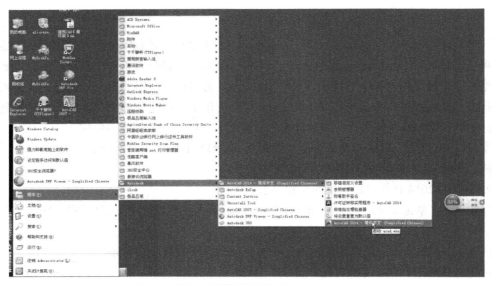

图 1-2　通过"开始"菜单启动 AutoCAD 2014

### 3. 通过其他方式启动 AutoCAD 2014

除了以上两种方法外，还可以通过双击"*.dwg"格式的文件、单击快速启动栏中的 AutoCAD 2014 缩略图标（需用户创建）等方式来启动。

## 1.2　AutoCAD 2014 工作界面

认识 AutoCAD 2014 工作界面是学习 AutoCAD 2014 绘图的基础。AutoCAD 2014 有草图与注释、三维基础、三维建模和 AutoCAD 经典 4 种工作界面。

默认情况下进入的是"草图与注释"工作界面，如图 1-3 所示。

AutoCAD 2014
工作界面（1）

AutoCAD 2014
工作界面（2）

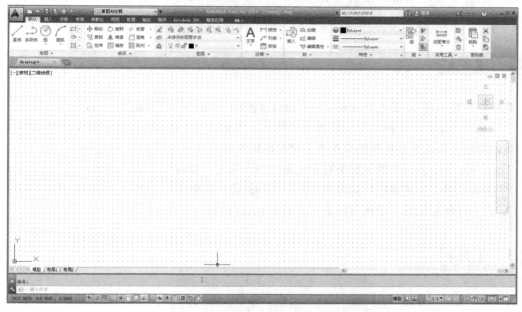

图 1-3　AutoCAD 2014 "草图与注释" 工作界面

4 种工作界面较为常见的还是 "AutoCAD 经典" 工作界面，如图 1-4 所示。

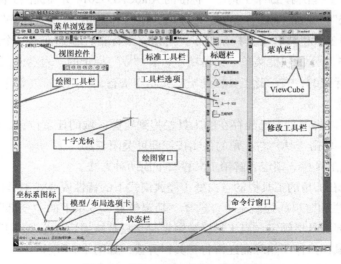

图 1-4　"AutoCAD 经典" 工作界面

下面将详细介绍 "AutoCAD 经典"工作界面的组成部分。如图 1-4 所示，经典工作界面由标题栏、菜单栏、绘图工具栏、标准工具栏、工具栏选项、绘图窗口、命令行窗口、状态栏、模型/布局选项卡、十字光标、视图控件、ViewCube 等部分组成。默认情况下屏幕菜单不显示，下面我们对界面内的常用内容进行介绍。

## 1.2.1　标题栏

如同所有标准的 Windows 应用程序界面一样，标题栏显示当前图形文件的名称。正常情况下，程序按默认情况启动后，程序自动为新图形文件暂时命名为 "Drawing.1"。

## 1.2.2　菜单栏

菜单栏在窗口的第 2 行，AutoCAD 2014 提供了 "文件""编辑""视图""插入""格式""工具""绘图""标注""修改""参数""窗口""帮助"12 个一级下拉菜单项。

将鼠标指针移动到要操作的菜单项，单击鼠标左键，可弹出相应的下拉菜单。

① 下拉菜单中，菜单项后如果有小三角 "▶" 符号，则说明该菜单项还有下一级菜单。

② 下拉菜单中，菜单项后如果有 "…"，则执行该菜单项后将弹出一个对话框。

③ 没有任何标记的菜单项对应着一个 AutoCAD 命令。

## 1.2.3　工具栏

工具栏由若干个直观的工具图标按钮组成，每个按钮代表一个命令。用鼠标单击图标按钮就可以执行相应的命令操作。如果将鼠标移动到某个图标按钮上方停留片刻，则在图标右下方出现一个提示框，告知该按钮的名称，同时在状态栏显示命令功能说明和命令名。

AutoCAD 2014 共提供了 35 个工具栏，标准的 AutoCAD 2014 界面提供了使用频率较高的 "标准""样式""图层""对象特性""绘图""修改""工作空间""绘图次序"8 个工具栏。

① 想调用其他工具栏或者工具栏不见了，可以将鼠标指针移到任意一个工具栏上，单击鼠标右键，弹出图 1-5 所示的快捷菜单。菜单项左边有 "√" 标记的，表示此工具栏处于 "活动" 状态，没有 "√" 标记的，表示此工具栏处于 "关闭" 状态，可用鼠标左键单击该菜单项使工具栏处于 "活动" 状态。

② 关闭工具栏。将屏幕上已经存在的工具栏拖到绘图区域的任意位置，使其变成浮动状态后，如图 1-6 所示，单击工具栏右上角的关闭按钮即可关闭工具栏。

③ 锁定和解锁工具栏。锁定和解锁工具栏有下面两种方法。

a. 移动光标至右上角的工具栏的空白处（经典模式下的特性或样式工具栏右侧），单击鼠标右键，将显示工具栏和窗口的控制菜单，选择 "锁定位置" 选项下的 "全部"/"锁定"，可以将屏幕所显示的全部工具栏锁定。当工具栏被锁定时，只有解锁后才能够将工具栏关闭，这样可以避免初学者由于鼠标操作不熟练而经常将工具栏弄丢，如图 1-7 所示。

b. 执行 "窗口"/"锁定位置" 菜单命令，也可以进行工具栏的锁定和解锁操作，如图 1-8 所示。

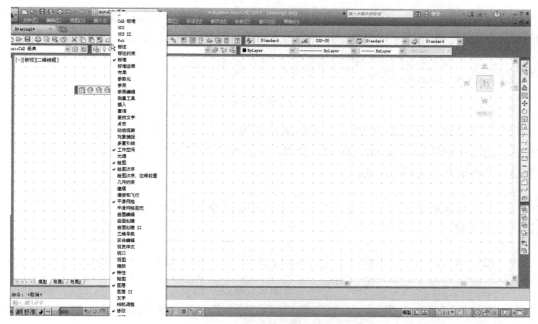

图 1-5　显示工具栏的快捷菜单

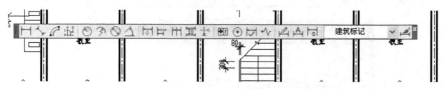

图 1-6　显示和关闭标注工具栏

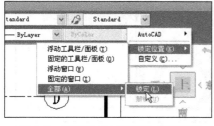

图 1-7　"锁定"和"解锁"快捷菜单

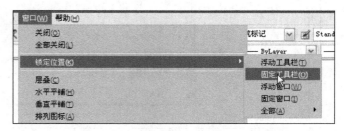

图 1-8　锁定和解锁操作

## 1.2.4　绘图窗口

AutoCAD 工作界面上最大的空白区域就是绘图窗口。绘图窗口用于绘制图形和显示图形，它类似于手工绘图的图纸，用户只能在此窗口区域进行绘图工作。

## 1.2.5　命令行窗口

命令行窗口位于绘图窗口下端，是用户与 AutoCAD 进行对话的窗口。

命令行窗口分为历史命令窗口和命令行两部分。默认时，命令行窗口显示为 3 行，顶部两行为历史命令窗口，最下面一行为命令行，它们之间用一条细实线分隔，如图 1-9 所示。

图 1-9　命令行窗口

命令行窗口的作用主要有两个：一个是显示命令的步骤，它像指挥官一样指挥用户下一步该做什么，所以在刚开始学 AutoCAD 时，读者就要养成看命令行的习惯；另一个是可以通过命令行的滚动条查询命令的历史活动。

　　　　标准的绘图坐姿为身体直立，左手放在键盘上，右手放在鼠标上，眼睛不断地看命令行。

按"F2"键可将命令文本窗口（见图 1-10）激活，它可以帮助用户查询命令的历史记录。再次按"F2"键，命令文本窗口即可消失。

图 1-10　命令文本窗口

## 1.2.6　状态栏

状态栏位于 AutoCAD 程序窗口的最下端，如图 1-11 所示。该栏可以分为坐标显示区、功能按钮区以及工具栏/窗口位置设定按钮 3 个区域。

坐标显示区位于状态栏最左侧，栏中显示有数字，显示十字光标在绘图窗口中 $X$、$Y$、$Z$ 坐标值。

图 1-11　状态栏

　　功能按钮区由 15 个绘图辅助控制按钮组成。单击鼠标左键可使按钮凹下或凸起，当按钮凹下时表示该功能处于"激活"状态，反之按钮凸起则表示其处于"关闭"状态。

　　工具栏/窗口位置设定按钮在前面已经介绍，这里不重复介绍。

　　状态栏最右侧按钮 ▾ 是"状态行菜单"控制按钮，它可控制状态栏内的显示项目。单击此按钮会弹出图 1-12 所示的"状态行菜单"，勾选相应项目可控制该项目在状态栏的显示状态。

## 1.2.7　模型/布局选项卡

图 1-12　状态行菜单

　　模型/布局选项卡位于绘图窗口底部。"模型"和"布局"分别对应 AutoCAD 中的"模型空间"和"图纸空间"，单击"模型/布局"选项卡可快速地在模型空间和图纸空间进行切换。

　　　　AutoCAD 图形的绘制和编辑是在"模型空间"内完成的。"图纸空间"只用于创建打印布局。

## 1.2.8　屏幕菜单

　　屏幕菜单是另一种执行 AutoCAD 命令的方法，在默认情况下，屏幕菜单被设置为关闭状态。调用屏幕菜单的操作方法如下。

```
命令：REDEFINE
输入命令名：SCREENMENU
命令：SCREENMENU
输入 SCREENMENU 的新值 <0>：1
```

　　只要进行以上指令的输入，就能显示屏幕菜单。

## 1.2.9　用户界面的修改

　　在 AutoCAD 的菜单栏中，执行"工具"/"选项"菜单命令，将弹出"选项"对话框，如图 1-13 所示，单击其中的"显示"标签，切换到"显示"选项卡，其中包括 6 个选项组：窗口元素、布局元素、显示精度、显示性能、十字光标大小和淡入度控制，分别对其进行操作，即可实现对原有用户界面中某些内容的修改。现仅对其中常用的内容的修改加以说明。

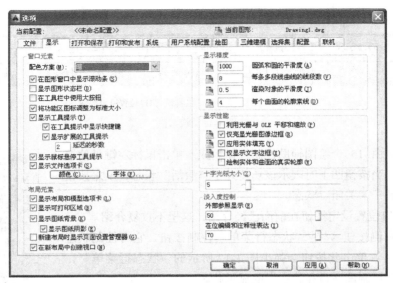

图 1-13　"选项"对话框

## 1. 修改图形窗口中十字光标的大小

系统预设十字光标的大小为屏幕的 5%，用户可以根据绘图的实际需要更改其大小。改变十字光标大小的方法为：在"十字光标大小"选项组的文本框中直接输入数值，或者拖动文本框右边的滑块，即可对十字光标的大小进行调整，如图 1-14 所示。

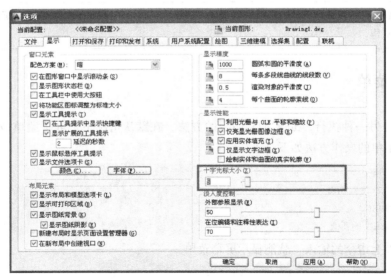

图 1-14　"选项"对话框中的"显示"选项卡

## 2. 修改绘图窗口背景颜色

在默认情况下，AutoCAD 2014 的绘图窗口是黑色、白色线条，利用"选项"对话框，同样可以对其修改。修改绘图窗口颜色的步骤如下。

① 单击"窗口元素"选项组中的"颜色"按钮，将弹出图 1-15 所示的"图形窗口颜色"对话框。

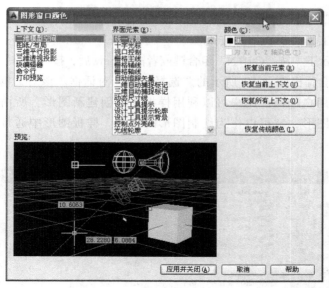

图 1-15　"图形窗口颜色"对话框

　　② 单击颜色下拉列表框中的下拉箭头，在弹出的下拉列表中，选择白色，如图 1-16 所示，然后单击"应用并关闭"按钮，则 AutoCAD 2014 的绘图窗口将变成白色背景，黑色线条。

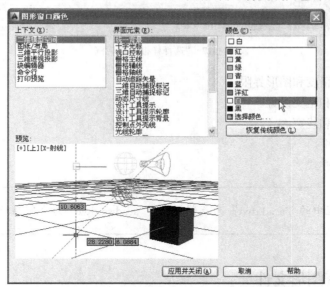

图 1-16　"图形窗口颜色"对话框中的颜色下拉列表

# 1.3　AutoCAD 2014 文件操作

## 1.3.1　新建图形文件

　　新建图形文件的方法主要有以下 3 种。

① 执行"文件"/"新建"菜单命令。

② 在"标准"工具栏上单击 □ 按钮。

③ 在命令行提示下，按"Ctrl+N"组合键或者输入 new 后，按"空格"键或"Enter"键。

执行命令后，会弹出图 1-17 所示的"选择样板"对话框。该对话框列出了所有可供使用的样板文件，供用户选择。用户可以利用样板文件创建新图形。所谓样板文件是指进行了某些设置的特殊图形，它可以作为绘制图形的样板。样板图形中通常包含下列设置和图形元素。

图 1-17 "选择样板"对话框

① 单位类型、精度和图形界限。

② 捕捉、栅格和正交设置。

③ 图层、线型和线宽。

④ 标题栏和边框。

⑤ 标注和文字样式。

对话框中的"acad.dwt"为英制样板，"acadiso.dwt"为公制样板。

## 1.3.2 打开已有图形文件

打开已有图形文件的方法主要有以下 3 种。

① 执行"文件"/"打开"菜单命令。

② 在"标准"工具栏上单击 ☑ 按钮。

③ 在命令行提示下，按"Ctrl+O"组合键或者输入 open 后，按"空格"键或"Enter"键。

执行命令后，会弹出图 1-18 所示的"选择文件"对话框，在该对话框中，可以直接输入文件名，打开已有的文件，也可在列表框中双击需要打开的文件。

图 1-18　"选择文件"对话框

### 1.3.3　保存文件

保存文件的方法主要有以下 3 种。

① 执行"文件"/"保存"菜单命令。

② 在"标准"工具栏上单击 按钮。

③ 在命令行提示下，按"Ctrl+S"组合键或者输入 saveas 后，按"空格"键或"Enter"键。

如果是新建文件（即命名为 Drawing-数字），执行命令后，会弹出图 1-19 所示的"图形另存为"对话框，在"文件名"文本框中输入文件名称，单击 保存(S) 按钮即可完成新文件的命名保存。

图 1-19　"图形另存为"对话框

如果是已命名文件，执行命令后，则不会弹出"图形另存为"对话框，而是直接实现保存功能。

如果将现有命名文件重命名保存，应执行"文件"/"另存为"菜单命令，在弹出的"图形另存为"对话框中指定新的文件名。

AutoCAD 文件常用的格式有以下 4 种。

① dwg 格式：图形文件格式，它是 AutoCAD 默认的文件格式。

② dxf 格式：图形交换格式，它是文本或二进制文件，包含可由其他 CAD 程序读取的图形信息，一般用于在不同应用程序间转换。

③ dws 格式：图形标准信息格式，文件中包含图层特性、标注样式、线型、文字样式等格式信息。

④ dwt 格式：图形样板格式，它包含单位类型和精度、标题栏、边框和徽标、图层名、捕捉、栅格和正交设置、栅格界限、标注样式、文字样式、线型等特性。

## 1.4 AutoCAD 2014 基本操作

AutoCAD 2014 最基本的操作有鼠标操作、菜单操作、工具栏操作、对话框操作和键盘操作，下面具体介绍这 5 种操作。

### 1.4.1 鼠标操作

鼠标是用户和 Windows 应用程序进行信息交流的最主要的工具。对于 AutoCAD 来说，鼠标是使用 AutoCAD 进行绘图、编辑的主要工具。灵活地使用鼠标，对于加快绘图速度、提高绘图质量有至关重要的作用。

当握着鼠标在垫板上移动时，状态栏上的三维坐标数值也随之改变，以反映当前十字光标的位置。通常情况下，AutoCAD 2014 显示在屏幕上的光标为一短十字光标，但在一些特殊情况下，光标形状也会相应改变。表 1-1 所示为 AutoCAD 2014 绘图环境在默认的情况下各种鼠标光标的形状及其含义。

表 1-1　各种鼠标光标形状及含义

| 鼠标形状 | 含义 | 鼠标形状 | 含义 |
|---|---|---|---|
| | 正常选择 | | 调整垂直大小 |
| | 正常绘图状态 | | 调整水平大小 |
| | 输入状态 | | 调整左上-右下符号 |
| | 选择目标 | | 调整右上-左下符号 |
| | 等待符号 | | 任意移动 |
| | 应用程序启动符号 | | 帮助跳转符号 |
| | 视图动态缩放符号 | | 插入文本符号 |
| | 视图窗口缩放 | | 帮助符号 |
| | 调整命令窗口大小 | | 视图平移符号 |

鼠标的左、右两个键在 AutoCAD 2014 中有特定的功能。通常左键一般执行选择实体的操作，右键一般执行回车键的操作，其基本作用如下。

① 单击鼠标左键：主要用于选择命令，将鼠标光标移至下拉菜单，要选择的菜单将浮起，这时单击鼠标左键将选中这些菜单；鼠标光标在弹出的下拉菜单上移动，要选择的命令变亮时，

单击鼠标左键，将执行此命令；将鼠标光标移至工具条上，所要选择的图标将浮起，单击鼠标左键，将执行此命令；将鼠标光标放在所要选择的对象上，单击鼠标左键即选中此对象。

② 单击鼠标右键：将鼠标光标移至任一工具栏中的某一工具按钮上，单击鼠标右键，将弹出快捷菜单，用户可以定制工具栏；选择目标后，单击鼠标右键的作用就是结束目标选择；在绘图区内任一处单击鼠标右键，会弹出快捷菜单。

③ 双击鼠标左键：双击鼠标左键，一般是执行应用程序或打开一个新的窗口。

④ 拖动：将鼠标光标放在工具栏或对话框上的标题栏，按住鼠标左键并拖动，可以将工具栏或对话框移到新的位置；将鼠标光标放在屏幕滚动条上，按住鼠标左键并拖动即可滚动当前屏幕。

⑤ 转动滚动轮：将鼠标光标放在绘图区某一点，转动滚动轮，图形显示将以该点为中心放大或缩小。

⑥ 双击滚动轮：相当于把当前的文件进行缩放。

## 1.4.2　菜单操作

在应用程序中，把一组相关的命令或程序选项归纳为一个列表，以便于查询和使用。此列表称为菜单，其内容常是预先设置好并放在屏幕上可供用户选择的命令。

### 1．打开菜单

用鼠标单击菜单名，打开菜单。

按 Alt+带下划线字母键可打开某一相应菜单。例如，按"Alt+E"组合键可打开"编辑"菜单，按"Alt+M"组合键可打开"修改"菜单。

### 2．选择菜单命令

打开菜单后，单击菜单命令或使用上下方向键选取命令，按"Enter"键确定；若有子菜单可选用右方向键将其打开，再用上下方向键来选取。

有些带有组合键的菜单命令，可在不打开菜单的情况下直接执行，例如，按"Ctrl+P"组合键执行"打印"命令，按"Ctrl+N"组合键执行新建图形命令。

打开菜单后，按带下划线的快捷字母键即可选择执行的菜单命令。例如，打开"文件"菜单后，直接按"N"键表示执行"新建"菜单命令。

## 1.4.3　工具栏操作

工具栏是 AutoCAD 2014 辅助绘图的重要手段，用户使用工具栏可以非常容易地创建或修改图样。操作工具栏时只需要用鼠标单击相应图标，系统就开始执行相应的命令。在工具栏的空白处单击鼠标右键，在弹出的快捷菜单中可以实现工具栏的显示或隐藏。

### 1．标准工具栏

标准工具栏提供了重要的操作按钮，它包含了最常用的 AutoCAD 2014 命令，图 1-20 所示为位于菜单栏下面的标准工具栏。

在标准工具栏中，有些按钮是单一型的，有些是嵌套的。对于嵌套的按钮，它提供的是一组相关的命令。在那些嵌套按钮上单击鼠标左键，将弹出嵌套的各个按钮。

图 1-20　标准工具栏

### 2．其他工具栏

除标准工具栏外，AutoCAD 2014 的初始界面上还有 5 个常用的工具栏，如图 1-21 所示。最上面的是可以设置文字和标注的"样式"工具栏，中间的"图层"和"特性"工具栏主要是有关物体属性，如图层、颜色、线型、线宽等控制命令。最下面的是最常用的"绘图"和"修改"工具栏。

图 1-21　其他常用工具栏

## 1.4.4　对话框操作

在 AutoCAD 2014 中执行某些命令时，需要通过对话框操作。在 AutoCAD 2014 中，对话框是程序和用户进行信息交换的重要形式。它方便、直观，可把复杂的信息要求反映得清晰明了。

### 1．典型对话框的组成

图 1-22 所示为一个典型的对话框，它与应用程序窗口有许多相似之处，如顶部有标题栏、控制按钮，也可以移动等。但对话框大小固定，不像一般的窗口那样大小可调。图 1-22 所示为执行"格式"/"文字样式"菜单命令后弹出的"文字样式"对话框，它主要包含了以下几个部分。

（1）标题栏

标题栏位于对话框的顶部，它的右边是控制按钮。

（2）文本框

文本框又叫编辑框，是用户输入信息的地方，例如，"宽度因子"文本框中需要输入文本的宽度比例。

（3）复选框

选中时方框内出现了"√"标记，否则是空白。

（4）命令按钮

例如，图 1-22 所示的"应用""取消"等按钮都是命令按钮，单击这些按钮可执行相应的命令。

### 2．对话框的操作

（1）移动和关闭对话框

这两个操作与一般窗口的操作相同。移动对话框，只需要在标题栏上单击鼠标左键并拖动至目的地，然后释放即可；单击控制按钮命令或命令按钮中的 取消 按钮，即可关闭对话框。

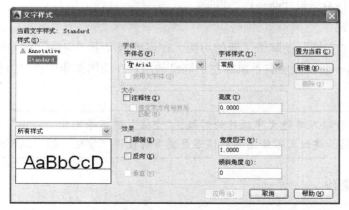

图 1-22　"文字样式"对话框

（2）对话框中激活选项

① 光标移至的选项上将产生一虚线框，表示激活了该选项。

② 利用"Tab"键可以使虚线框从左至右，从上至下在各选项之间切换。

③ 利用"Shift +Tab"组合键，可以使虚线框从右至左，从下至上在各选项之间移动。

④ 同一组选项中，可以使用方向键移动虚线框。

## 1.4.5　键盘操作

### 1. 使用键盘输入

键盘是输入数字和文字的工具，也是 AutoCAD 不可缺少的绘图设备，使用键盘在命令行中输入命令是一种最常用的方式。AutoCAD 的所有命令均可通过键盘输入到命令窗口中。

为了方便用户操作，提高绘图效率，避免过长命令的输入，AutoCAD 为一些常用命令定义了缩写名称——命令别名，命令别名是由命令全名中的几个字母组成，例如，绘直线命令的全名为"line"，其命令别名为"l"；修剪命令的全名为"trim"，其命令别名为"tr"。不论是输入全名还是别名，以及输入字母的大小写都不影响命令的执行效果。

在 AutoCAD 2014 绘图操作时，键盘上有 3 个键被赋予了特殊的含义，下面分别一一介绍。

（1）"Esc"键

"Esc"键的功能是终止当前的任何操作。如果某个命令在执行过程中出现错误操作，可以按"Esc"键终止本次操作，不使错误操作发生。

（2）"Enter"键（"回车"键）

"回车"键的主要功能如下。

① 确认操作。在命令行中输入命令名称或参数选项字母后按"Enter"键，AutoCAD 将执行该命令或切换到相应参数状态。

② 结束对象操作。某些命令允许连续选择对象，在"选择对象"提示后按"Enter"键，结束当前"选择对象"状态，执行该命令的后续操作。

③ 自动执行最近执行过的命令。这是一项很有用的功能，但必须是 AutoCAD 处于等待命令输入状态，即命令行只显示"命令："提示。

（3）"空格"键

AutoCAD 将"空格"键赋予了新的功能，在多数情况下"空格"键等同于"Enter"键，表示确认操作。这一新功能使右手鼠标左手键盘的用户在绘图操作中更加方便，工作效率大大提高。

在进行输入单行文字操作的时候，"空格"键不等同于"Enter"键，这时必须要按"Enter"键。建议大家绘图的时候还是更多的使用"空格"键，这样绘图速度更快。

### 2．功能键操作

功能键操作是 Windows 系统提供的功能键或普通键组合，目的是为用户快速操作提供条件。AutoCAD 2014 中同样包括了 Windows 系统自身的快捷键和 AutoCAD 设定的快捷键，在每一个菜单命令的右边有该命令的快捷键的提示，如表 1-2 所示。

表 1-2　快捷键及功能

| 快捷键 | 功　能 | 快捷键 | 功　能 |
|---|---|---|---|
| F1 | AutoCAD 帮助 | Crtl+N | 新建文件 |
| F2 | 打开文本窗口 | Crtl+O | 打开文件 |
| F3 | 对象捕捉开关 | Crtl+S | 保存文件 |
| F4 | 数字化仪开关 | Crtl+P | 打印文件 |
| F5 | 等轴侧平面转换 | Crtl+Z | 撤销上一步操作 |
| F6 | 坐标转换开关 | Crtl+Y | 重做撤销操作 |
| F7 | 栅格开关 | Crtl+C | 复制 |
| F8 | 正交开关 | Crtl+V | 粘贴 |
| F9 | 捕捉开关 | Crtl+1 | 对象特性管理器 |
| F10 | 极轴开关 | Crtl+2 | AutoCAD 设计中心 |
| F11 | 对象跟踪开关 | Del | 删除对象 |

## 1.5 命令的启动、重复和终止

### 1.5.1　AutoCAD 命令的启动

下面以绘制圆为例介绍命令的启动方法。

① 单击工具栏上的图标即可启动命令，这也是最常用的命令启动方法。例如，绘制圆时，单击"绘图"工具栏的图标⊕，即可启动绘制圆命令。

② 通过下拉菜单启动命令。例如，执行"绘图"/"圆"菜单命令来启

命令的启动、
重复和终止

动绘制圆命令。

　　③ 在命令行输入命令别名或命令全名来启动命令。例如，在命令行提示下，输入 c 并按"Enter"键或"空格"键，即可绘制圆。

　　　　在命令行输入命令别名的时候应该关闭中文输入法，输入的英文字母不区分大小写。

## 1.5.2　AutoCAD 命令的重复和终止

### 1. 命令重复的方法

　　① 在命令行提示下，按"空格"键或"Enter"键会自动重复执行刚刚使用过的命令。例如，刚才执行过绘制圆的命令，按"空格"键则会重复执行绘制圆的命令。

　　② 把光标放置在绘制图域内，单击鼠标右键，弹出图 1-23 所示的快捷菜单，选择"重复"命令即可。

### 2. 命令的终止

可以直接按"Esc"键终止命令。

图 1-23　绘图时右键快捷菜单

## 1.6　对象的选择和删除

## 1.6.1　对象的选择

　　在 AutoCAD 中，正确、快捷地选择对象是进行图形编辑的基础，只要进行图形编辑，用户就必须准确无误地通知 AutoCAD 要对图形中的哪些对象或实体进行操作。

对象的选择方法

　　用户选择对象后，该对象将呈高亮显示，即组成对象的边界轮廓线由原先的实线变成虚线以便与那些未被选中的对象区分开来。AutoCAD 2014 提供了单选：Single；多边形选择：Cpolygon；窗口选择：Window；组选择：Group；交叉选择：Crossing；添加方式：Add；最新选择：Last；移除方式：Remove；框选择：Box；多个对象选择：Multiple；全部选择：All；前几次选择集选择：Previous；栅栏选择：Fence；取消上次选择：Undo；多边形窗选择：Wpolygon；自动方式：Auto 共 16 种对象的选择方式。

　　这些方法可以分 3 种类型：拾取方法、窗口方式和选项方式。使用上述的每一种选择方式，都可以选中要操作的对象，但是对于不同的图形，只有采用合适的选择方式才能达到简捷而高效的目的。下面主要介绍 5 种常用的对象选择方式。

### 1. 用拾取框选择单个对象（单选）

当用户执行编辑命令后，在出现"选择对象："提示下，十字光标被一个小正方形框所取代，并出现在光标所在的当前位置处，在 AutoCAD 中，这个小正方形框被称为拾取框（Pick Box）。将拾取框移至待编辑的目标对象上，单击鼠标左键，即可选中目标对象，此时被选中的目标对象呈高亮显示，如图 1-24 所示。

### 2. 窗口选择（Window）

除了可用单击拾取框方式选择单个对象外，AutoCAD 还提供了矩形选择框方式来选择多个对象。矩形选择框方式又包括窗口选择和交叉选择方式。

当用户执行编辑命令后，在出现"选择对象："提示下，单击鼠标左键，选择第一对角点，从左向右移动鼠标至恰当位置，再单击鼠标左键，即可看到绘图区内出现一个实线的矩形框线，这种对象选择方式称为窗口选择（Window）。如图 1-25 所示，只有全部被包含在该选择框线以内的对象才会被选中，窗口框线以外的对象以及与窗口框线相交的对象不能被选中。

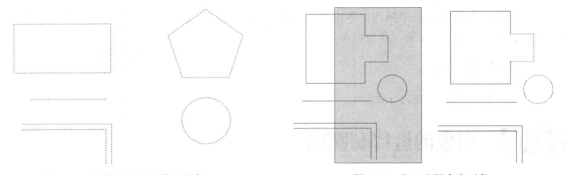

图 1-24　用拾取框选择单个对象　　　　　　　　图 1-25　窗口选择多个对象

### 3. 交叉选择

当用户执行编辑命令后，在出现"选择对象："提示下，单击鼠标左键，选择第一对角点，从右向左移动鼠标至恰当位置，再单击鼠标左键，即可看到绘图区内出现一个呈虚线的矩形，这种对象选择方式称为交叉选择。如图 1-26 所示，包含在该选择框线以内的对象以及与窗口框线相交的对象能被选中，窗口框线以外的对象不能被选中。

### 4. 栅栏选择（Fence）

当用户执行编辑命令后，在出现"选择对象："提示下：输入 f，在绘图区内指定一条栅栏线，栅栏线可以由多条直线组成，折线可以不闭合，凡与栅栏线相交的对象被选中，如图 1-27 所示。

### 5. 全选（All）

当用户执行编辑命令后，在出现"选择对象："提示下，直接输入命令 all（或按"Ctrl+A"组合键），就可以把屏幕内的全部对象（包括图层中关闭的对象）选中，而点选、窗选、交叉选都不能选中隐藏的对象。

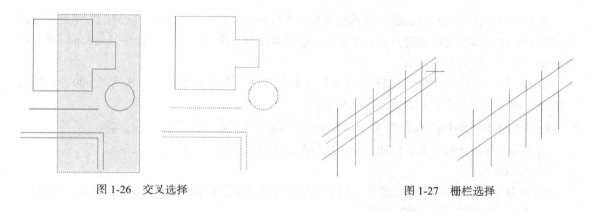

图 1-26　交叉选择　　　　　　　　　　　　　　　图 1-27　栅栏选择

　　　在选择多个对象时，用户如果错误地选择了某个对象，要取消该对象的选择状态，可以在按住"Shift"键的同时，用鼠标左键单击该对象即可取消对象的选择。

## 1.6.2　删除对象

　　删除是绘图工作中最常用的操作之一。删除对象的命令执行方法有以下 3 种。

① 执行"修改"/"删除"菜单命令。

② 在"修改"工具栏上单击 按钮。

③ 在命令行提示下，输入 e 并按"空格"键或"Enter"键。

　　删除命令的操作分为执行命令和选择对象两步。执行步骤的顺序不同，操作过程也有所区别。

（1）先执行命令后选择对象的方式

　　按本方式操作，用户选择对象后，被选对象并不立即删除。只有当按"空格"键或"Enter"键结束命令后，被选对象才被删除。

（2）先选择对象后执行命令方式

　　按本方式操作，一旦执行命令，删除命令就立即执行，而不会出现任何提示。

　　　用户选择对象后，按键盘上的"Delete"键，也可实现删除对象的效果。

## 1.7　放弃（Undo）或重新（Redo）

　　在绘图操作中，错误或不慎的操作是不可避免的。例如，在执行上一节的删除操作时，错误地删除了不该删除的对象，那么还有机会恢复操作之前的状态吗？答案是肯定的。

（1）U 和 Undo 命令

AutoCAD 提供了取消已执行的命令：U 命令和 Undo 命令，这些命令可以采用下面的方法执行。

① 执行"编辑"/"放弃"菜单命令。

② 在"标准"工具栏上单击 按钮。

③ 在命令行提示下，按"Ctrl+Z"组合键或者输入 U 或 undo 后，按"空格"键或"Enter"键。

从命令行直接输入 U 和 undo，其执行效果是不同的。U 命令的功能是一次只能取消最后一次所进行的操作。如果想取消前面的 *n* 次操作，就必须执行 *n* 次 U 命令。U 命令只是 Undo 命令的单个使用方式，没有命令选项。

Undo 命令可以一次取消已进行的一个或多个操作。在"命令："后输入 Undo，然后按"Enter"键或"空格"键后，出现下面提示行。

输入要放弃的操作数目或 [自动(A)/控制(C)/开始(BE)/结束(E)/标记(M)/后退　(B)] <1>:

由于命令行操作较复杂，使用不便，建议单击工具栏按钮 ，执行 U 命令。

（2）Redo 命令

Redo 命令是 Undo 命令的反操作，它起到恢复 U 命令取消的操作，可采用下面的方法执行。

① 执行"编辑"/"重做"菜单命令。

② 在"标准"工具栏上单击 按钮。

③ 在命令行提示下，按"Ctrl+Y"组合键或者输入 redo 后，按"空格"键或"Enter"键。

执行 Redo 命令，必须在 U 或 Undo 命令执行结束后立即执行。

在放弃和重做的时候，建议大家记住"Ctrl+Z"组合键或"Ctrl+Y"组合键，这两个组合键在 Windows 系统下的其他软件中也是通用的。

# 1.8　视图的缩放（Zoom）和平移（Pan）

在 AutoCAD 绘图时，由于图形窗口大小的限制，往往无法看清图形的细节，也就是无法准确地绘图。为此，AutoCAD 提供了多种改变图形显示的方法。通过这些方法我们可以放大图形，从而更好地观察图形的细节，准确地捕捉目标对象，绘制出精确的图形，也可以缩小图形浏览整个图形。

Zoom 和 Pan 命令就是最典型的缩放和平移命令，也是使用频率很高的命令。

视图的缩放和平移

（1）视图缩放

绘图时所能看到的图形都处在视窗中。利用视窗缩放功能，可以改变图形实体在视窗中显示的大小，从而方便地观察在当前视窗中放大或缩小的图形，或准确地进行绘制图形、捕捉目标等操作。启动 Zoom 命令有以下 2 种方式。

① 在"标准"工具栏上单击 按钮。

② 在命令行提示下，输入 zoom(z)并按"空格"键或"Enter"键。

在命令行中输入 z 或 zoom 并按"Enter"键后，命令行出现以下提示信息。

[全部(A)/中心(C)/动态(D)/范围]E(/上一个(P)/比例(S)/窗口(W)/对象(O)] <实时>:

可以看出，AutoCAD 为用户提供了多个参数选择，下面讲述使用较多的参数。

（a）窗口（W）：本选项是 Zoom 命令的的默认选项。此时光标由空心十字光标变成"十"形状，移动光标在绘图区拾取两个对象点确定一个矩形区域，矩形区域代表缩放后的视图范围。

（b）全部（A）：在命令提示行后，输入 A 并按 "Enter" 键或 "空格" 键，选项功能执行。本选项是将当前图形的全部信息都显示在图形窗口屏幕内。

（c）实时：命令栏目出现选项提示行后，按 "Enter" 键或 "空格" 键即可转入 "实时" 选项状态。鼠标的光标变为一个放大镜形，通过 "拖动鼠标" 实施操作。拖动的方向会影响缩放的效果，操作规则和效果分为以下几种。

- 由上向下拖动，缩小图形。
- 由下向上拖动，放大图形。
- 调整到理想视图窗口后，直接按 "Enter" 键，完成操作。

如果单击鼠标右键，则结束本次操作。

（d）上一个（P）：本选项可使操作者从当前视图窗口，以最快的方式回到最近的一个视图或前几个视图中。AutoCAD 为每一视窗保存前 10 次显示的图。对于需要在两个视图间反复快速切换的用户来说，这是一个不错的选择。

（2）视图平移

使用 AutoCAD 绘图时，当前图形文件中所有图形实体并不一定全部显示在屏幕内，如果想查看当前屏幕外的实体，又要保持当前的视图的比例，可以使用平移命令 Pan，启动 Pan 命令的方法有以下 3 种。

① 执行 "视图" / "平移" / "实时" 菜单命令。

② 在 "标准" 工具栏上单击 按钮。

③ 在命令行提示下，输入 pan(p) 并按 "空格" 键或 "Enter" 键。

执行命令后，鼠标变为 "手" 形光标。按住鼠标左键并拖动，可以前后左右平移视图。

用户可以按 "Esc" 键和 "Enter" 键，结束平移状态，也可以单击右键从显示快捷菜单中选择 "退出"。

　　　　操作滚轮鼠标也可以实现缩放和平移效果。滚动滚轮执行缩放命令：向上滚动执行放大功能，向下滚动执行缩小功能。按住滚轮不放执行平移命令，在没有输入的状态下，双击滚动轮相当于执行 "视图" / "缩放" / "范围" 菜单命令。

# 1.9　坐标知识

AutoCAD 的坐标知识对学习 AutoCAD 制图以及以后的施工图绘制是非常必要的，因为以后很多 CAD 命令的使用都和坐标有关。

## 1.9.1　坐标系统

AutoCAD 2014 采用了多种坐标系统以便绘图，如世界坐标系（WCS）和用户坐标系（UCS）。

1. 世界坐标系

世界坐标系（WCS）是 AutoCAD 打开时默认的基本坐标系，也称为通用坐标系。坐标符号如图 1-28（a）所示。本图标是一个平面坐标系统，水平方向代表 X 坐标轴，垂直方向代表 Y 坐标轴。

### 2. 用户坐标系

用户坐标系（UCS）是由用户定义的坐标系，坐标符号如图 1-28（b）所示。对于一些复杂的图形，用户自定义坐标系原点位置和坐标轴方向，创建一个适合当前图形绘制的 UCS 坐标系，使操作更加方便。

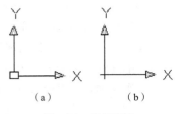

图 1-28　坐标系统

通过观察绘图窗口左下角的坐标系图标的样式，即可区分当前坐标系类型。它们的区别是图标中 X、Y 坐标轴的交点处有一个小方格"□"的是世界坐标系，没有小方格的是用户坐标系，如图 1-28 所示。默认情况下，用户坐标系和世界坐标系重合。

## 1.9.2　坐标表达

任何简单或复杂的图形，都是由不同位置的点，以及点与点之间的连接线（直线或弧线）组合而成的。所以确定图形中各点的位置，是首先要学习的内容。

AutoCAD 确定点的位置一般可以采用以下 3 种方法。

① 在绘图窗口中单击鼠标左键确定点的位置。

② 在目标捕捉方式下，捕捉一些已有图形的特征点，如端点、中心、圆心等。

③ 用键盘输入点的坐标，精确地确定点的位置。

坐标的表达方法

本小节主要介绍第 3 种方法，用键盘输入点的坐标，精确定位点。经常采用的精确定位坐标的方法有两类，即绝对坐标和相对坐标。绝对坐标分为绝对直角坐标和绝对极坐标，相对坐标分为相对直角坐标和相对极坐标。

### 1. 绝对直角坐标

绝对直角坐标是以当前坐标原点为输入坐标值的基准点，输入的点的坐标值都是相对于坐标系原点（0，0，0）的位置而确定的。例如，图 1-29 所示的点 A（12，20）、点 B（22，35）、点 C（40，20）都属于绝对直角坐标。

例如，绘制图 1-29（a）所示线段 AB，已知点 A、点 B 绝对坐标值分别为点 A（12，20）、点 B（22，35），绘制直线 AB 时，命令操作步骤如下。

```
命令:line
指定第一点: 12,20
指定下一点或 [放弃(U)]:22,35
```

绘制图 1-29（b）所示的矩形，可用绝对直角坐标来绘制。其中，矩形的点 C 绝对坐标值为（40，20），长为 30，宽为 20。其命令操作步骤如下。

```
命令: line
指定第一点: 40,20   //先要输入直线 line 命令，并输入点 C 坐标后按空格键
指定下一点或 [放弃(U)]: 70,20
指定下一点或 [放弃(U)]: 70,40
指定下一点或 [闭合(C)/放弃(U)]: 40,40
指定下一点或 [闭合(C)/放弃(U)]: c
```

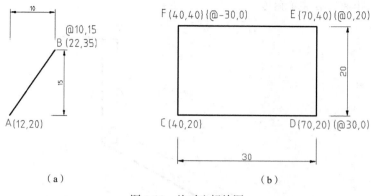

图 1-29　绝对坐标绘图

## 2. 相对直角坐标

相对直角坐标是以前一个输入点为输入坐标值的参考点，输入点的坐标值是以前一点为基准而确定的。用户可以用@X，Y 的方式输入相对直角坐标。@表示相对，X 和 Y 表示位移。

例如，图 1-29（a）中点 B 坐标可以表示为@10，15，表示点 B 相对于点 A（前一点），X 位移变化为 10，Y 位移变化为 15。

例如，图 1-29（b）中点 D 坐标可以表示为@30，0，表示点 D 相对于点 C（前一点），X 位移变化为 30，Y 位移变化为 0。

用相对直角坐标绘制图 1-29（a）所示的 AB 线段时，其命令操作步骤如下。

```
命令:
指定第一点: 12,20
指定下一点或 [放弃(U)]: @10,15
```

用相对直角坐标绘制图 1-29（b）所示的矩形 CDEF 时，其命令操作步骤如下。

```
命令: line
指定第一点: 40,20   //先要输入直线 line 命令,并输入点 C 坐标后按空格键
指定下一点或 [放弃(U)]: @30,0
指定下一点或 [放弃(U)]: @0,20
指定下一点或 [闭合(C)/放弃(U)]: @-30,0
指定下一点或 [闭合(C)/放弃(U)]: c
```

## 3. 绝对极坐标

绝对极坐标以原点为参考点，用距离和角度表示。读者可以输入一个距离，后跟一个 "<" 符号，再加一个角度来表示绝对极坐标，如 $r<\alpha$，其中 $r$ 为距离，$\alpha$ 是该点与参考点之间的连线与 X 轴正方向的夹角。

例如，图 1-30 所示的点 F（30＜60）表示点 F 与原点的距离为 30，点 O、点 F 的连线与 X 轴正方向的夹角为 60°。

## 4. 相对极坐标

相对极坐标通过相对于前一点的极长距离和角度来表示，通常用 "@$r<\alpha$" 表示。其中，@

表示相对，$r$ 表示距离，$\alpha$ 表示角度。

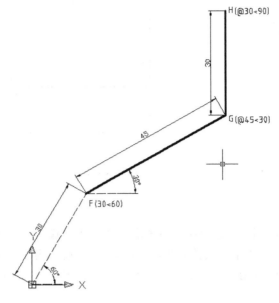

图 1-30　相对极坐标绘图

例如，图 1-30 所示的点 G（@45<30）表示点 G 与前一点（点 F）的距离为 45，点 G 和点 F 的连线与 $X$ 轴正方向的夹角为 30°。同理，点 H（@30<90）也属于相对极坐标。

用相对极坐标绘制图 1-30 所示的 FGH 线段时，其命令操作步骤如下。

```
命令：line
指定第一点：30<60
指定下一点或 [放弃(U)]：@45<30
指定下一点或 [放弃(U)]：@30<90
```

*夹角的规定以 $X$ 轴正方向为基准线。逆时针为正，顺时针为负。*

# 1.10　辅助绘图工具

在实际绘图中，用鼠标定位虽然方便快捷，但精度不高，绘制的图形极不精确，远远不能满足工程制图的要求。但如果过多采用键盘输入坐标来精确定点的操作方式，必定会影响绘图的效率。为解决快速精确定位的问题，AutoCAD 提供了一些绘图辅助工具，包括捕捉、栅格显示、正交模式、极轴追踪、对象捕捉追踪、打开/隐藏线宽等。利用这些辅助绘图工具，能够极大地提高绘图的精度和效率。在学习绘图及编辑命令以前，我们必须要对绘图前的准备工作以及相关的概念有所了解。

辅助绘图工具

## 1.10.1　设置绘图界限

绘图界限就是表明用户的工作区域和图纸的边界。设置绘图界限的目的是为了避免用户所绘制的图形超出某个范围。

AutoCAD 2014 有以下 2 种方法可以设置绘图界限。

① 执行"格式"/"图形界限"菜单命令。

② 在命令行提示下，输入 limits 并按"空格"键或"Enter"键。

在执行 Limits 命令后，命令行出现如下提示。

重新设置模型空间界限：

指定左下角点或 [开(ON)/关(OFF)] <0.0000, 0.0000>： //设置图形界限左下角的位置，默认值为（0，0），用户可以接受其默认值或输入新值

指定右上角点 <420.0000, 297.0000>： //用户可以接受其默认值或输入一个新坐标以确定绘图的右上角位置

## 1.10.2　栅格和捕捉

栅格是现实可见的参照网格点。当栅格打开时，它在图形范围内显示。栅格不是图形的一部分，也不会输出，但对绘图起重要的作用，如同坐标格一样。利用栅格可以对齐对象并且直观地显示对象之间的距离。可根据需要调整栅格距离。可以按"F7"键打开或关闭栅格。图 1-31 所示为打开栅格状态时的绘图区。

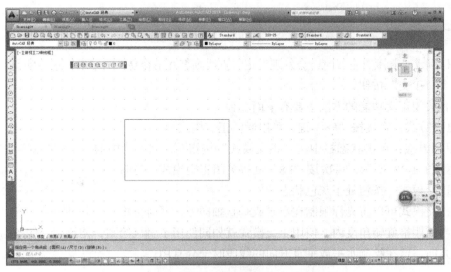

图 1-31　栅格显示

如果捕捉功能打开，则光标锁定在捕捉网格点上，做步进式移动。捕捉间距在 X 方向和 Y 方向可以相同，也可以不同。

用户可以在"草图设置"（见图 1-32）对话框中进行辅助功能的设置，打开该对话框有下面 2 种方法。

① 执行"工具"/"绘图设置"菜单命令。

② 在命令行提示下，输入 dsetting(ds)并按"空格"键或"Enter"键。

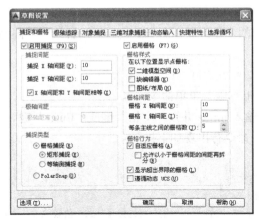

图 1-32　"草图设置"对话框

在对话框中，"捕捉和栅格"选项用来对捕捉栅格功能进行设置。对话框中的"启用捕捉"复选框控制是否打开捕捉功能；在"捕捉间距"选项组中可以设置捕捉间距 $X$ 方向和 $Y$ 方向的距离；利用"F9"键也可以进行打开和关闭捕捉功能之间的切换。

如果栅格间距设置得过小，在屏幕上不能显示栅格点，文本窗口中显示"栅格太密，无法显示"。

## 1.10.3　正交

用鼠标画水平和垂直直线时，会发现真正将直线画直并不容易。为了解决这一问题，AutoCAD 提供了一个"正交"按钮。

打开和关闭正交功能的方法主要有下面 2 种。

① 键盘方式：直接按"F8"键，可以激活正交模式。

② 鼠标方式：单击状态栏中的"正交模式"按钮▣，状态栏中的"正交模式"按钮处于加亮状态，如图 1-33 所示，再次按"F8"键将关闭正交模式，此时状态栏"正交模式"按钮处于灰色状态。

图 1-33　状态栏"正交"模式

使用正交模式可以将光标限制在水平或垂直轴向上，同时也将其限制在当前栅格旋转角度内。使用正交模式就如同使用了直尺绘图，使绘制的线条自动处于水平和垂直方向，这在绘制水平或垂直方向的线段时十分有用。

## 1.10.4　对象捕捉

对象捕捉是一个十分有用的工具。利用它，十字光标可以被强制性地准确定位在已存在的实体的特定点或特定位置上，形象地说，对于屏幕上两条直线的一个交点，若要以这个交点为起点再画直线，就要求能准确地把光标定位在这个交点上，这仅靠肉眼是很难做到的，若利用对象捕捉功能，只需要把交点置于选择框内，甚至选择框的附近，便可准确地定在交点上，从而保证了绘图的精确度。

AutoCAD 所提供的对象捕捉是一种特殊点的输入方法，该操作不能单独进行，只有在执行某个命令需要指定点时才能调用。

### 1. 对象捕捉的特征点

AutoCAD 2014 共有 13 种捕捉特征点，如图 1-34 所示，下面分别对这 13 种对象捕捉方式加以介绍。

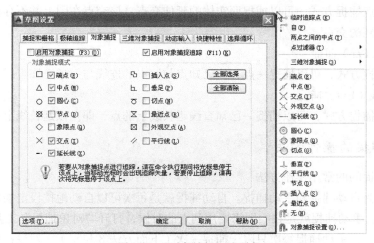

图 1-34　"对象捕捉"选项卡

（1）端点（End）捕捉

使用端点捕捉方式，可以捕捉实体的端点，该实体可以是一条直线，也可以是一段圆弧。

（2）中点（Mid）捕捉

使用中点捕捉方式，可以捕捉一条直线或圆弧的中点。捕捉时只需将靶区放在直线或圆弧上即可，而不必一定放在中部。

（3）圆心（Cen）捕捉

使用圆心捕捉方式，可以捕捉一个圆、圆弧或圆环的圆心。

（4）节点（Nod）捕捉

使用节点捕捉方式，可以捕捉点实体或节点。使用时，需要将靶区放在节点上。

（5）象限点（Qua）捕捉

使用象限点捕捉方式，可以捕捉圆、圆环或弧在整上圆周围的四分点。靶区也总是捕捉离它最近的那个象限点。

（6）交点（Int）捕捉

使用交点捕捉方式，可以捕捉实体的交点，这种方式要求在实体空间必须有一个真实的交点，无论交点目前是否存在，只要延长之后相交于一点即可。

（7）插入点（Ins）捕捉

使用插入点捕捉方式，可以捕捉一个文本或图块的插入点，对于文本来说即是其定位点。

（8）垂足（Per）捕捉

使用垂足捕捉方式，可以在一条直线、圆弧或圆上捕捉一个点，从当前已选定的点到该捕捉点的连线与所选择的实体垂直。

（9）切点（Tan）捕捉

使用切点捕捉方式，可以在圆或圆弧上捕捉一点，使这一点和已经确定的另外一点的连线与圆或圆弧相切。

（10）最近点（Nea）捕捉

使用最近点捕捉方式，可以捕捉直线、弧或其他实体上离靶区中心最近的点。

（11）外观交点（Appint）捕捉

使用外观交点捕捉方式，可以捕捉两实体的延伸交点。该交点在图上并不存在，而仅仅是同方向上延伸后得到的交点。

（12）平行（Par）捕捉

使用平行捕捉方式，可以捕捉一点，使已知点与该点的连线与一条已知直线平行。

（13）延长线（Ext）捕捉

使用延长线捕捉方式，可以捕捉一已知直线延长线上的点，即在该延长线上选择。

## 2. 对象捕捉的操作方法

（1）对象捕捉的的常用操作方法

对象捕捉分为自动捕捉和手动捕捉。自动捕捉就是每次可以自动地按设定捕捉相关的点（下面方法①和②）。手动捕捉就是在绘图需要用到点的时候，打开"对象捕捉"工具栏（图 1-34 所示右侧的工具栏），手动捕捉每次只限于捕捉一次（下面方法③和④）。对象捕捉的常用操作方法主要有以下 4 种。

① 键盘方式：按"F3"键。

② 鼠标方式：单击状态栏上的"对象捕捉"按钮。

③ 工具栏方式：在 AutoCAD 工具栏上的空白处单击鼠标右键，在弹出的快捷菜单中选择"对象捕捉"，结果如图 1-35 所示，直接在"对象捕捉"工具栏上单击相应按钮即可。

图 1-35 "对象捕捉"工具栏

④ 快捷菜单方式：在图形窗口中，执行"Shift"+单击鼠标右键操作（按住"Shift"键不放并单击鼠标右键），弹出图 1-35 所示的"对象捕捉"工具栏，移动鼠标到指定命令后单击，就可激活捕捉相应对象的功能。

（2）自定义对象捕捉模式

频繁地调用快捷菜单和工具栏对象特征点，是一个效率低的操作方法，AutoCAD 通常采用自定义对象捕捉模式，达到优化捕捉操作的目的。自定义模式允许用户同时定义多个捕捉特征点，这样就可避免频繁而重复地调用快捷菜单和工具栏，从而提高绘图效率。

自定义对象捕捉模式的步骤分为以下 2 步。

① 右键单击状态栏上的"对象捕捉"，选中"设置"，出现图 1-34 所示的对话框。

② 在图 1-34 所示的对话框中勾选特征点（AutoCAD 为用户提供了 13 种特征点）。

复选框前的符号，表示各特征点的"显示符"。在命令执行过程中，系统会自动捕捉离鼠标最近的特征点，并显示被捕捉点的"显示符"以提示用户判别。

"捕捉"和"对象捕捉"是两个不同的辅助工具。"捕捉"功能用于捕捉栅格的点，而不能捕捉图形的特征点，这时需要打开"对象捕捉"功能来捕捉图形的特征点，如一条直线的两个端点或中点。

"捕捉"和"栅格"是配套使用的，在"草图设置"对话框中，"捕捉和栅格"选项卡可以设定间矩。"栅格"仅在图形界限中显示，它只作为绘图的辅助工具出现，而不是图形的一部分，只能看到，不能打印。

## 1.10.5　自动追踪（极轴追踪和对象捕捉追踪）

AutoCAD 提供的自动追踪功能可以使用户在特定的角度和位置绘制图形。打开自动追踪功能，执行时，屏幕上会显示临时辅助线，用以帮助用户在指定的角度和位置上精确地绘制图形，自动追踪包括以下两种。

### 1. 极轴追踪

在绘图过程中，利用极轴追踪模式可以在给定的极角方向上出现临时辅线。

极轴追踪的有关设置在"草图设置"对话框中"极轴追踪"选项卡中完成，用"F10"键可以在打开和关闭极轴追踪之间切换。例如，要画一个边长为 60 的正三角形，设置 60° 的追踪角，当出现 60° 追踪线时（见图 1-36），直接输入长度。

辅助按钮中"正交"和"极轴追踪"两个功能不能同时激活。在正交功能激活状态下，光标距离参考点的 $X$ 和 $Y$ 的坐标距离差值 $\Delta X$ 和 $\Delta Y$，决定了直线方向是水平还是竖直。

### 2. 对象捕捉追踪

对象捕捉追踪与对象捕捉功能相关，启用对象捕捉追踪功能之前必须先启动对象捕捉功能。利用对象捕捉追踪可产生对象捕捉点的辅助线。如图 1-37 所示，要求在矩形中间绘制一个圆，可以通过对象捕捉追踪找到两条中线的交点即为圆的圆心，避免了做两条辅助线再找交点的麻烦。

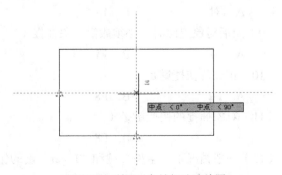

图 1-36　利用极轴模式绘图　　　　　　　图 1-37　利用对象捕捉追踪绘图

# 练 习 题

1．填空题

（1）AutoCAD 2014 经典工作界面主要由_____、_____、_____、_____、_____、_____、_____、_____、_____等部分组成。

（2）按_____键可以启用和关闭正交功能，按_____键可以关闭对象捕捉功能。

（3）矩形选择框方式分为_____和_____两种模式。其中_____要求"从左到右"定义选择窗口的两个对角点，_____要求"从右到左"定义选择窗口的两个对角点。

（4）AutoCAD 坐标表达方式主要有_____、_____、_____、_____ 4 种。

2．选择题

（1）AutoCAD 图形文件的后缀名是（　　）。

    A．.dxf        B．.dwg        C．.dws        D．.dwt

（2）选择样板对话框中的 acad.dwt 为（　　）。

    A．英制无样板打开                B．英制有样板打开

    C．公制无样板打开                D．公制有样板打开

（3）默认状态下 AutoCAD 零角度的方向为（　　）。

    A．东        B．南        C．西        D．北

（4）默认状态下 AutoCAD 角度的测量方向为（　　）。

    A．逆时针为正    B．顺时针为正    C．都不是

（5）对象捕捉辅助工具用于捕捉（　　）。

    A．栅格点

    B．图形对象的特征点

    C．既可捕捉栅格点又可捕捉图形对象的特征点

（6）下列坐标表达方式中，属于直角坐标的是（　　），属于极坐标的是（　　），属于相对直角坐标的是（　　），属于相对极坐标的是（　　）。

    A．10，20    B．10<20    C．@10<20    D．@10，20

（7）设置图形界限的命令是（　　）。

    A．SAVE    B．LIMITS    C．UNITS    D．LAYER

（8）在打开对象捕捉模式下，只可以选择一种对象捕捉模式（　　）。

    A．对        B．错

（9）激活对象追踪时，必须激活对象捕捉（　　）。

    A．对        B．错

（10）正交的快捷键是（　　）。

    A．F2        B．F8        C．F9        D．F3

（11）对象捕捉的快捷键是（　　）。

    A．F2        B．F8        C．F9        D．F3

（12）一般情况下"空格"键和"Enter"键的作用（　　）。

    A．相同        B．不相同        C．差不多        D．没有关系

**3．连线题（请正确连接左右两侧命令）**

| | |
|---|---|
| F3 | 退出 AutoCAD |
| F8 | 终止相应命令和操作 |
| F12 | 启用和关闭正交功能 |
| Esc | 启用和关闭对象捕捉功能 |
| Erase | 启用和关闭动态输入功能 |
| Ctrl+Z | 撤销上次操作 |
| Quit | 视图缩放 |
| Pan | 视图平移 |
| Zoom | 删除对象 |

**4．简答题**

（1）如何启动和退出 AutoCAD 2014?

（2）如何保存 AutoCAD 2014 的文件?

（3）绘图界限有什么作用？如何设置绘图界限?

（4）对象捕捉有多少种？如何激活某种对象捕捉?

（5）命令的启动方法有哪些？各自有什么特点?

（6）选择对象的方法有哪些?

（7）观察图形的方法有哪些?

（8）利用观察图形命令去观察图形，图形的尺寸是否真的变大或缩小了?

**5．上机练习题**

任务 1：设置工作环境

练习定制工作空间，其设置包括设置背景空间为白色，调整绘图光标大小为 14，取消使用鼠标右键快捷菜单；关闭"图层"工具栏和"绘图"工具栏，打开"标注"工具栏和打开工具选项板、特性面板，将工作空间保存为"空间 1"。

设置工作环境

任务 2：设置绘图模板

建立新文件：运行 AutoCAD 软件，建立新模板文件，模板的图形范围是 420×297，设置单位为 Meters，长度、角度单位精确度为小数点后 3 位。

保存：将完成的图形以"学号姓名.dwg"为文件名保存在"桌面"上。

设置绘图模板

任务 3：拓展训练（一）

在绘图区内绘制图形（尺寸不限），如图 1-38 所示。

图 1-38（a）

图 1-38（b）

拓展训练（一）

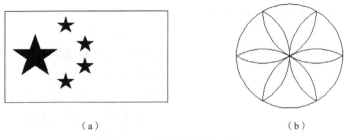

（a） （b）

图 1-38 拓展训练题（一）

任务 4：拓展训练（二）

在绘图区内绘制图 1-39 所示的图形。

图 1-39（a）

图 1-39（b）

拓展训练（二）

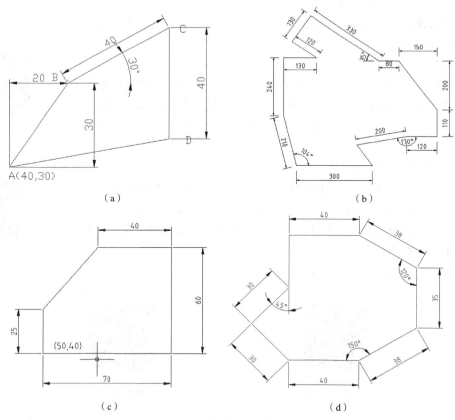

（a） （b）

（c） （d）

图 1-39 拓展训练题（二）

# 第2章
# 基本绘图命令和编辑方法

　　无论多么复杂的几何图形，它都是由基本图形元素组成的，这些基本的图形元素包括直线、圆、圆弧等。绘制、修改、编辑这些基本图形的命令就构成了 AutoCAD 的最基本的绘图命令。

## 2.1　绘制直线几何图形

### 2.1.1　绘制点（Point）

　　在 AutoCAD 中，点可以作为实体，用户可以像创建直线、圆、和圆弧一样创建点。作为实体的点与其他实体相比没有任何区别，同样具有各种实体属性，而且也可以被编辑。

　　在 AutoCAD 中，绘制点的命令是 Point，启动 Point 命令有以下 3 种方法。

① 执行"绘图"/"点"/"单点"菜单命令。

② 在"绘图"工具栏上单击 ▪ 按钮。

③ 在命令行提示下，输入 point(po)并按"空格"键或"Enter"键。

绘制点

　　启动 Point 命令后，要求输入或用光标确定点的位置，确定一点后，便在该点出现一个点的实体。

　　打开"绘图"菜单，单击"点"菜单命令，弹出图 2-1 所示的子菜单，其中列出了 4 种点的操作方法，现分别介绍如下。

① 单点：绘制单个点。

② 多点：绘制多个点。

③ 定数等分：绘制等分点。

④ 定距等分：绘制同距点。

在 AutoCAD 中，点的类型可以定制，用户可以方便地得到自己所需要的点，定制点的类型可通过以下 2 种方法。

① 执行"格式"/"点样式"菜单命令。

② 在命令行提示下，输入 ddptype 并按"空格"键或"Enter"键。

启动该命令后，弹出一个"点样式"对话框，如图 2-2 所示，在该对话框中，用户不仅可以选取自己所需要的点的类型，而且可以调整点的大小，还可以进行一些其他的设置。该对话框中各部分内容介绍如下。

① 点大小：利用输入数值的大小决定点的大小。

② 相对于屏幕设置大小：设置相对尺寸。

③ 按绝对单位设置大小：设置绝对尺寸。

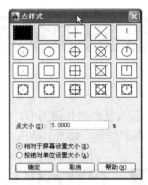

图 2-1　Point 子菜单　　　　　　　图 2-2　"点样式"对话框

Point 命令在绘制建筑施工图中的应用如图 2-3 所示。

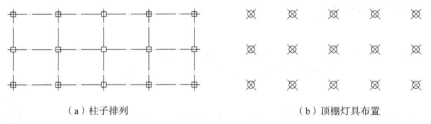

（a）柱子排列　　　　　　　　　　（b）顶棚灯具布置

图 2-3　Point 命令在绘制建筑施工图中的应用

**提示**　　在使用定数等分或定距等分时，必须要先设置点样式，否则看不到已经绘制的点。

## 2.1.2　绘制直线（Line）

绘制直线的命令是 Line，启动 Line 命令，一次可绘制一条线段，也可以连续绘制多条线段（其中每一条都是相互独立的）。

直线段是由起点和终点来确定的，可以通过鼠标或键盘来决定起点或终点。

启动 Line 命令，可使用以下 3 种方法。

① 执行"绘图"/"直线"菜单命令。

② 在"绘图"工具栏上单击按钮。

③ 在命令行提示下，输入 line(l)并按"空格"键或"Enter"键。

启动 Line 命令后，命令行给出如下提示。

| 指定第一个点： | //确定线段的起点 |
| 指定下一点或 [放弃(U)]： | //确定线段终点或输入 U 取消上一段 |
| 指定下一点或 [放弃(U)]： | //如果只绘制一条线段，可在该提示下直接按"空格"键或"Enter"键，以结束绘制线段的操作 |

另外，当连续绘制两条以上的直线段时，命令行反复给出如下的提示。

| 指定下一点或 [闭合(C)/放弃(U)]： | //确定线段的终点，或输入 Close(C)将最后端点和最初起点连线成一闭合的折线，也可以输入 U 取消最近绘制的直线段 |

图 2-4 所示为等腰直角三角形 ABC，直角边长为 100，下面以绘制此三角形为例，说明 Line 命令的使用。

方法一：采用输入相对坐标的方法绘制 AB、BC 线段。用相对坐标法绘制的操作步骤如下。

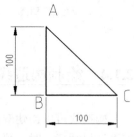

| 命令：line | //启动命令 |
| 指定第一个点： | //用鼠标在屏幕上任意一点单击确定点 A |
| 指定下一点或 [放弃(U)]：@0,-100 | //绘制 AB 线段 |
| 指定下一点或 [放弃(U)]：@100,0 | //绘制 BC 线段 |
| 指定下一点或 [闭合(C)/放弃(U)]：c | //选择"闭合"功能，连接 CA |

图 2-4　绘制三角形

方法二：采用"极轴或正交+长度值"法，本方法的操作要点如下。

① 移动鼠标指定直线绘制的方向（从已确定的端点指向鼠标指针）。

② 键盘输入直线的长度值后按"Enter"键。

其具体操作步骤如下。

| 命令：line | //启动命令 |
| 指定第一个点： | //用鼠标在屏幕上任意一点单击确定点 A |
| 指定下一点或 [放弃(U)]：100 | //按"F10"键打开极轴（或 F8 键），鼠标移至 A 下方，输入 AB 长度 |
| 指定下一点或 [放弃(U)]：100 | //鼠标光标移至点 B 右方，输入 AB 长度 |
| 指定下一点或 [闭合(C)/放弃(U)]：c | //选择"闭合"功能，连接 CA |

## 2.1.3　绘制射线（Ray）

射线可以创建单向无限长的直线，一般用作绘图时的辅助线。例如，在根据平面图画立面图时，可以用来作辅助线。

启动 Ray 命令，可使用以下 2 种方法。

① 执行"绘图"/"射线"菜单命令。

② 在命令行提示下，输入 ray 并按"空格"键或"Enter"键。

操作用鼠标完成，步骤主要有两步：第一步是指定射线的"起点"；第二步是指定射线的

"通过点"。最后按"Enter"键结束操作。绘制效果如图 2-5 所示。

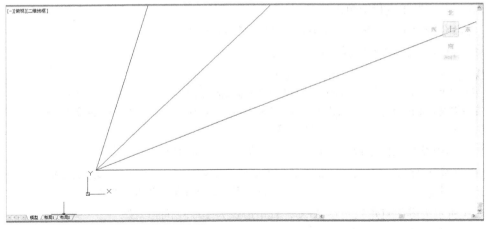

图 2-5　绘制射线

## 2.1.4　绘制构造线（Xline）

构造线可以创建双向无限长的直线，一般用作绘图时的辅助线。例如，在建筑平面图进行三道平行尺寸标注时，可以使用构造线作辅助线，避免了追踪的麻烦。

启动 Xline 命令，可使用以下 3 种方法。

① 执行"绘图"/"构造线"菜单命令。

② 在"绘图"工具栏上单击 按钮。

③ 在命令行提示下，输入 xline(xl)并按"空格"键或"Enter"键。

本命令操作步骤主要有两步：第一步指定构造线的"起点"；第二步指定构造线的"通过点"。

命令执行时的提示内容如下。

指定点或　[水平(H)/垂直(V)/角度(A)/二等分(B)/偏移(O)]：

指定点：//使用两个通过点指定无限长线的位置。如图 2-6 所示，先用鼠标确定第一点，然后在"指定通过点"的提示下，不断指定"通过点"，可以绘制出多条以第一点为中心呈放射线的构造线

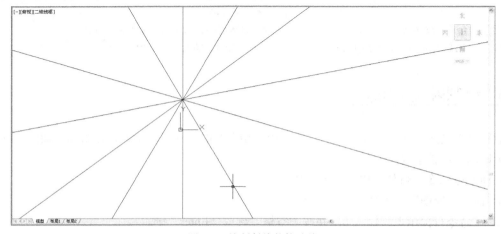

图 2-6　绘制射线状构造线

命令选项说明如下。

水平（H）：一点定线。绘制通过指定点的平行于 X 轴的构造线，如图 2-7 所示。

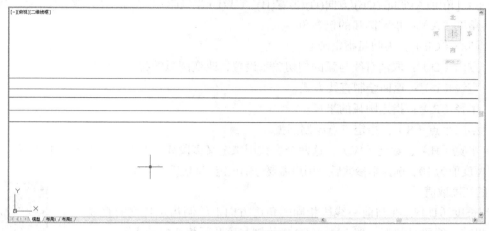

图 2-7　绘制水平构造线

垂直（V）：一点定线。绘制通过指定点的平行于 Y 轴的构造线。

角度（A）：以指定的角度创建一条参照线。

二等分（B）：创建一条参照线，它经过选定的角顶点，并且将选定的两条线之间的夹角平分。

偏移（O）：可以画出与已有直线平行且相隔指定距离的构造线。

## 2.1.5　绘制多段线（Pline）

### 1．绘制多段线（Pline）

多段线（也可以称为多义线），是由等宽或不等宽的、连续的线段和圆弧线组成的一个复合实体。

启动 Pline 命令，可使用以下 3 种方法。

① 执行"绘图"/"构造线"菜单命令。

② 在"绘图"工具栏上单击 按钮。

③ 在命令行提示下，输入 pline(pl)并按"空格"键或"Enter"键。

使用 Line 命令绘制的线称为"单线"，而用 Pline 命令绘制的线称为"多段线"，两者有以下几点区别。

① 单线只有一种线宽；多段线可以定义多种线宽。

② 单线的各线段是相互独立的；多段线各线段是一个整体。用鼠标点选时，一次只能选择一系列单线段中的一段，但可全选多段线（一次绘制完成的）。

③ 单线只能绘制直线，多段线既可绘制直线又可绘制曲线。

多段线在建筑绘图中，用于绘制加粗的墙线及轮廓线、钢筋、箭头等对象。

默认情况下，多段线的宽度为 0.00，同单线的宽度一样。

执行 Pline 命令后，首先指定"起点"，然后会在命令行中出现以下提示信息。

[圆弧(A)/半宽(H)/长度(L)/放弃(U)/宽度(W)]:

多段线的几个参数的功能意义如下。

① 圆弧（A）：该参数控制由绘制直线状态切换到绘制曲线状态。选择该选项后，又会出现以下提示：[角度(A)/圆心(CE)/方向(D)/半宽(H)/直线(L)/半径(R)/第二个点(S)/放弃(U)/宽度(W)]：

- 角度（A）：指定圆弧的包含角。
- 圆心（CE）：为圆弧指定圆心。
- 方向（D）：取消直线与弧的相切关系设置，改变圆弧的起始方向。
- 直线（L）：返回绘制直线方式。
- 半径（R）：指定圆弧的半径。
- 第二个点（S）：指定三点绘制圆弧。

② 半宽（H）、宽度（W）：这两个参数用来定义多段线的宽度，如果定义半宽值为 5，则多段线宽度值为 10。选择本参数后，用户需要分别设定"起点"和"端点"两个位置的宽度数值。

③ 长度（L）：在与前一线段相同的角度方向上绘制指定长度的直线段。如果前一线段是圆弧，那么 AutoCAD 绘制与该圆弧相切的新线段。

④ 放弃（U）：删除最近一次添加到多线段上的线段。

例 2-1

【例 2-1】绘制图 2-8（a）所示的箭头和图 2-8（b）所示的操场跑道。

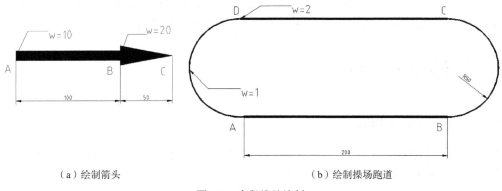

（a）绘制箭头　　　　　　　　　（b）绘制操场跑道

图 2-8　多段线的绘制

图 2-8（a）所示箭头的绘制过程如下。

```
命令: pline
指定起点:
当前线宽为 0.0000
指定下一个点或 [圆弧(A)/半宽(H)/长度(L)/放弃(U)/宽度(W)]: w        //输入线宽子命令
指定起点宽度 <0.0000>: 10                                      //输入 AB 线段起点的线宽
指定端点宽度 <10.0000>: 10                                     //输入 AB 线段端点的线宽
指定下一个点或 [圆弧(A)/半宽(H)/长度(L)/放弃(U)/宽度(W)]: 100     //输入 AB 线段长度
指定下一点或 [圆弧(A)/闭合(C)/半宽(H)/长度(L)/放弃(U)/宽度(W)]: w  //输入线宽子命令
指定起点宽度 <10.0000>: 20                                     //输入 BC 线段起点的线宽
指定端点宽度 <20.0000>: 0                                      //输入 BC 线段端点的线宽
指定下一点或 [圆弧(A)/闭合(C)/半宽(H)/长度(L)/放弃(U)/宽度(W)]: 50  //输入 BC 线段长度
指定下一点或 [圆弧(A)/闭合(C)/半宽(H)/长度(L)/放弃(U)/宽度(W)]:     //按"空格"键结束命令
```

图 2-8（b）所示操场跑道的绘制过程如下。

命令: pline
指定起点:
当前线宽为 0.0000
指定下一个点或 [圆弧(A)/半宽(H)/长度(L)/放弃(U)/宽度(W)]: w                    //输入线宽子命令
指定起点宽度 <0.0000>: 2                                                 //输入 AB 线段起点的线宽
指定端点宽度 <2.0000>: 2                                                 //输入 AB 线段端点的线宽
指定下一个点或 [圆弧(A)/半宽(H)/长度(L)/放弃(U)/宽度(W)]: 200            //输入 AB 线段长度
指定下一点或 [圆弧(A)/闭合(C)/半宽(H)/长度(L)/放弃(U)/宽度(W)]: w        //输入线宽子命令
指定起点宽度 <2.0000>: 1                                                 //输入 BC 线段起点的线宽
指定端点宽度 <1.0000>: 1                                                 //输入 BC 线段端点的线宽
指定下一点或 [圆弧(A)/闭合(C)/半宽(H)/长度(L)/放弃(U)/宽度(W)]: a        //输入圆弧子命令
指定圆弧的端点或
[角度(A)/圆心(CE)/闭合(CL)/方向(D)/半宽(H)/直线(L)/半径(R)/第二个点(S)/放弃(U)/宽度(W)]: a
                                                                         //输入角度子命令
指定包含角: 180                                                          //输入包含角度
指定圆弧的端点或 [圆心(CE)/半径(R)]: 100
指定圆弧的端点或
[角度(A)/圆心(CE)/闭合(CL)/方向(D)/半宽(H)/直线(L)/半径(R)/第二个点(S)/放弃(U)/宽度(W)]: w
                                                                         //输入线宽子命令
指定起点宽度 <1.0000>: 2                                                 //输入 CD 线段起点的线宽
指定端点宽度 <2.0000>: 2                                                 //输入 CD 线段端点的线宽
指定圆弧的端点或
[角度(A)/圆心(CE)/闭合(CL)/方向(D)/半宽(H)/直线(L)/半径(R)/第二个点(S)/放弃(U)/宽度(W)]: l
指定下一点或 [圆弧(A)/闭合(C)/半宽(H)/长度(L)/放弃(U)/宽度(W)]: 200     //输入 CD 线段长度
指定下一点或 [圆弧(A)/闭合(C)/半宽(H)/长度(L)/放弃(U)/宽度(W)]: w        //输入线宽子命令
指定起点宽度 <2.0000>: 1                                                 //输入圆弧 DA 线段起
                                                                           点的线宽
指定端点宽度 <1.0000>: 1                                                 //输入圆弧 DA 线段端
                                                                           点的线宽
指定下一点或 [圆弧(A)/闭合(C)/半宽(H)/长度(L)/放弃(U)/宽度(W)]: a        //输入圆弧子命令
指定圆弧的端点或
[角度(A)/圆心(CE)/闭合(CL)/方向(D)/半宽(H)/直线(L)/半径(R)/第二个点(S)/放弃(U)/宽度(W)]: cl
                                                                         //输入闭合子命令后结
                                                                           束绘图

  对于图 2-8（b）所示的操场跑道，也可以通过画矩形和圆后，修剪，再用多段线编辑（Pedit）来完成。

2. 多段线编辑（Pedit）

多段线编辑（Pedit）执行方式有以下 3 种。

① 执行 "绘图" / "对象" / "多段线" 菜单命令。

② 在 "修改" 工具栏 II 上单击 按钮。

③ 在命令行提示下，输入 pedit(pe)按 "空格" 键或 "Enter" 键。

在工程图绘图过程中，常常遇到要将普通直线转成多段线，普通直线转成圆弧或样条曲线，也可以通过这个命令把一些直线合并成一个整体。我们可以用多段线编辑命令 Pedit 将图 2-9（a）所示的普通矩形变成加粗的矩形，同时也可以将图 2-9（a）所示的三角形中的 3 条直线变为带有宽度的封闭的样条曲线，结果如图 2-9（b）所示。

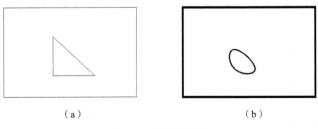

（a）　　　　　　　　　　　　（b）

图 2-9　多段线编辑

将图 2-9（a）所示的图形通过 Pedit 命令转变为图 2-9（b）所示图形的具体操作过程如下。

① 矩形线段加粗。

```
命令: pedit
选择多段线或 [多条(M)]:
输入选项 [打开(O)/合并(J)/宽度(W)/编辑顶点(E)/拟合(F)/样条曲线(S)/非曲线化(D)/线型生成(L)/反转(R)/放弃(U)]: w
指定所有线段的新宽度: 5
```

② 直线三角形转样条曲线。

```
命令: pedit
选择多段线或 [多条(M)]: m
选择对象: 指定对角点: 找到 3 个
选择对象:
是否将直线、圆弧和样条曲线转换为多段线? [是(Y)/否(N)]? <Y> y
输入选项 [闭合(C)/打开(O)/合并(J)/宽度(W)/拟合(F)/样条曲线(S)/非曲线化(D)/线型生成(L)/反转(R)/放弃(U)]: j
合并类型 = 延伸
输入模糊距离或 [合并类型(J)] <0.0000>: 0
多段线已增加 2 条线段
输入选项 [闭合(C)/打开(O)/合并(J)/宽度(W)/拟合(F)/样条曲线(S)/非曲线化(D)/线型生成(L)/反转(R)/放弃(U)]: w
指定所有线段的新宽度: 3
输入选项 [闭合(C)/打开(O)/合并(J)/宽度(W)/拟合(F)/样条曲线(S)/非曲线化(D)/线型生成(L)/反转(R)/放弃(U)]: s
```

## 2.1.6　绘制多线（Mline）

### 1. 绘制多线

多线是 AutoCAD 提供的一种比较特殊的图形对象，一条多线可由 1～16 条平行线组成，绘制多线的命令是 Mline。多线在建筑绘图中又广泛用于绘制墙线、平面窗户等图形。

启动 Mline 命令，可使用以下 2 种方法。

① 执行"绘图"/"多线"菜单命令。

② 在命令行提示下，输入 mline(ml)并按"空格"键或"Enter"键。

多线命令执行后，命令窗口将显示以下提示。

当前设置：对正=上，比例=20.00，样式=STANDARD
指定起点或 [对正(J)/比例(S)/样式(ST)]：

对正、比例和样式是多线的 3 个参数选项，第 1 行显示了 3 个参数的当前值。这 3 个参数的功能意义如下。

① 对正(J)。对正参数用于确定多线的绘制方式，即多线与绘制时光标点之间的关系。选择对正选项后，命令行中显示以下信息。

输入对正类型 [上(T)/无(Z)/下(B)] <上>：

命令选项说明如下。

（a）上（T）：按顺时针方向绘制多线时，光标点在多线的上端线上。

（b）无（Z）：按顺时针方向绘制多线时，光标点在多线的中心位置。

（c）下（B）：按顺时针方向绘制多线时，光标点在多线的下端线上。

各参数效果如图 2-10 所示，图中的小方框表示绘制时鼠标光标的位置。

② 比例（S）。本选项用于确定绘制多线的宽度。图 2-11 所示为比例参数分别为"20""50""100"的对比效果。

③ 样式（ST）。本选项用于选择已定义过的多线样式。默认时为"STANDARD"，即双平行线样式。如果选择新样式，需要先定义新的多线样式。

图 2-10　"对正"参数效果　　　　　图 2-11　"比例"参数效果

## 2.　创建多线样式

AutoCAD 中只提供"STANDARD"一种样式，用户可以根据需要自行创建新的多线样式。下面以"240 墙"为例，说明多线的创建过程。

① 执行"格式"/"多线样式"菜单命令，弹出"多线样式"对话框，如图 2-12 所示。

② 单击 新建(N)... 按钮，弹出"创建新的多线样式"对话框，如图 2-13 所示。在"新样式名"文本框中输入"240 窗"，继续 按钮被激活。

③ 单击 继续 按钮，弹出"新建多线样式：240 窗"对话框，如图 2-14 所示。

图 2-12　"多线样式"对话框

图 2-13　"创建新的多线样式"对话框

图 2-14　"新建多线样式：240 窗"对话框

④ 单击"图元"选项区中的 [添加(A)] 按钮两次，新建 2 个图元，参数设置如图 2-15 所示。选中新建元素，分别设置"偏移"变量为"40"和"−40"，设定结果如图 2-16 所示。

图 2-15　添加 2 个图元

图 2-16　设定新图元"偏移"值

⑤ 单击 ▢确定 按钮，返回"多线样式"对话框。如图 2-17 所示，样式预览框中显示出新多线样"240 窗"的效果。

⑥ 单击 ▢保存(A)... 按钮，弹出"保存多线样式"对话框（见图 2-18），单击 ▢保存(S) 按钮完成多线样式设置，返回图 2-12 所示的"多线样式"对话框。

⑦ 单击 ▢置为当前(U) 按钮，将"240 窗"多线样式设置为默认项。单击 ▢确定 按钮完成设置操作。本步操作起到设置当前多线样式的作用。

图 2-17 "多线样式"对话框

图 2-18 "保存多线样式"对话框

第⑥步将新建多线样式保存到 AutoCAD 的多线样式（acd.mln）中，这是一个良好的操作习惯。如果不进行此步操作，本次新建多线样式只能在当前绘图文件中调用，即使是当前程序打开的其他文件也不能调用。而且下次打开新文件时还需要重新创建，这就大大影响工作效率。在文件中调用多线样式需要进行"加载"操作，即在"多线样式"对话框单击 ▢加载(L)... 按钮，在弹出的"加载多线样式"对话框中选择所需样式的名称即可加载到新样式系统中。

多线可控制的样式非常丰富，可以在"新建多线样式"对话框中"封口"和"填充"区域进行参数设置。图 2-19（a）所示为本次新建样式加设"外弧"和"直线"封口的设置效果。图 2-19（b）所示为"外弧"和"直线"封口及"填充"的设置效果。

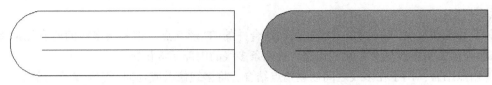

（a）"外弧"和"直线"封口的设置　　　　　　　　（b）"封口+填充"设置

图 2-19 "封口"和"填充"设置的多线样式

## 3．编辑多线命令（Mledit）

（1）启动 Mledit 命令，可使用以下 3 种方法。

① 执行"修改"/"对象"/"多线"菜单命令。

② 在命令行提示下，输入 mledit 并按"空格"键或"Enter"键。

③ 双击多线对象。

（2）操作说明。

上述 3 种方法执行命令后，弹出图 2-20 所示的"多线编辑工具"对话框。该对话框中提供了 4 大类 12 种编辑方式，以四列显示样例图像。第一列控制"交叉"的多线，第二列控制"T 形相交"的多线，第三列控制"角点结合和顶点"，第四列控制"多线中的打断"。单击各项图标，退出该对话框切换到绘图的窗口，按提示选择要编辑的多线。

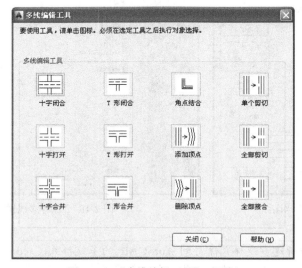

图 2-20　"多线编辑工具"对话框

下面对该对话框中的常用的选项进行说明。

① 十字打开：用于在两条多线之间创建打开的十字交点。第一条多线的所有元素被断开，第二条多线外部元素被断开而内部保持原状。

② 十字合并：用于在两条多线之间创建合并的十字交点。选择多次的次序并不重要，因为两条多线外部元素都将被断开而内部元素保持原状。

③ T 形打开：用于在两条多线之间创建打开的 T 形交点。第一条多线的所有元素将被断开，从而与第二条多线的外线呈交汇性的相交，但第二条多线的内部元素保持原状，两条多线内部元素不相交。

④ T 形合并：用于在两条多线之间创建合并的 T 形交点。第一条多线的所有元素将被断开，从而与第二条多线呈交汇性的相交，且两条多线的内部元素相交。

⑤ 角点结合：用于在多线之间创建角点结合。将多线修剪或延伸到它们的交点处。

进行"十字"和"T 形"两大类型编辑时，"第一条多线"和"第二条多线"的选择顺序将产生不同的编辑效果，其效果规律是：第二条多线贯通并截断第一条多线。按图 2-21（a）所示选择第一条多线和第二条多线，编辑效果如图 2-21（b）～图 2-21（f）所示，由于样图所采用的是"双平行线"样式，所有"十字打开"和"十字合并"、"T 形打开"和"T 形合并"的编辑效果是相同的。对于"三平行线以上"多线样式，两者编辑效果是不同的。

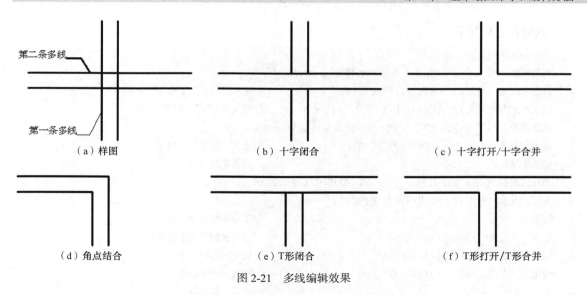

（a）样图　　　　　　　　　　（b）十字闭合　　　　　　　　　（c）十字打开/十字合并

第二条多线

第一条多线

（d）角点结合　　　　　　　　（e）T形闭合　　　　　　　　　（f）T形打开/T形合并

图 2-21　多线编辑效果

【例 2-2】现在以绘制墙体（见图 2-22）来示范多线的绘制及编辑。
打开轴线图素材（或者自己画），如图 2-23 所示。

例 2-2

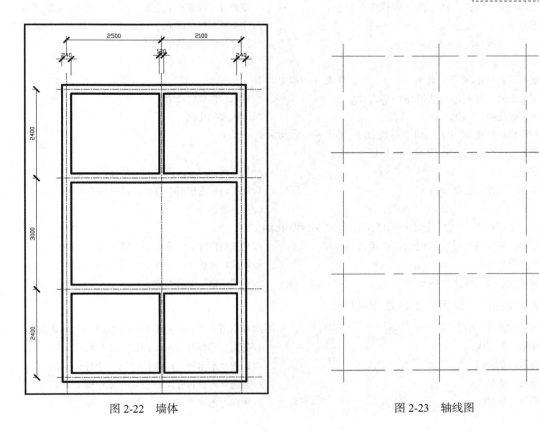

图 2-22　墙体　　　　　　　　　　　　　　　　图 2-23　轴线图

其操作过程如下。

```
命令: mline
当前设置: 对正 = 上, 比例 = 20.00, 样式 = STANDARD
指定起点或 [对正(J)/比例(S)/样式(ST)]: j          //输入"对正"子命令
输入对正类型 [上(T)/无(Z)/下(B)] <上>: z          //输入"对正"类型子命令
当前设置: 对正 = 无, 比例 = 20.00, 样式 = STANDARD
指定起点或 [对正(J)/比例(S)/样式(ST)]: s          //输入"样式"子命令
输入多线比例 <20.00>: 240                        //输入多线比例
当前设置: 对正 = 无, 比例 = 240.00, 样式 = STANDARD
指定起点或 [对正(J)/比例(S)/样式(ST)]:
指定下一点:                                      //用光标捕捉左上角点
指定下一点或 [放弃(U)]:                           //用光标捕捉右上角点
指定下一点或 [闭合(C)/放弃(U)]:                    //用光标捕捉右下角点
指定下一点或 [闭合(C)/放弃(U)]: c                 //输入闭合子命令
命令: mline                                      //输入多线命令
当前设置: 对正 = 无, 比例 = 240.00, 样式 = STANDARD
指定起点或 [对正(J)/比例(S)/样式(ST)]:            //用光标捕捉里面上边240墙体的左边对应的交点
指定下一点:                                      //用光标捕捉里面上边240墙体的右边对应的交点
指定下一点或 [放弃(U)]:                           //按"空格"键结束命令
命令: mline
当前设置: 对正 = 无, 比例 = 240.00, 样式 = STANDARD
指定起点或 [对正(J)/比例(S)/样式(ST)]:            //用光标捕捉里面下边240墙体的左边对应的交点
指定下一点:                                      //用光标捕捉里面下边240墙体的右边对应的交点
指定下一点或 [放弃(U)]:                           //按"空格"键结束命令
命令: mline
当前设置: 对正 = 无, 比例 = 240.00, 样式 = STANDARD
指定起点或 [对正(J)/比例(S)/样式(ST)]: s          //输入"样式"命令
输入多线比例 <240.00>: 120                       //输入多线比例
当前设置: 对正 = 无, 比例 = 120.00, 样式 = STANDARD
指定起点或 [对正(J)/比例(S)/样式(ST)]:
指定下一点:                                      //用光标捕捉里面上边120墙体的上交点
指定下一点或 [放弃(U)]:                           //用光标捕捉里面上边120墙体的下交点
命令: mline                                      //输入多线命令
当前设置: 对正 = 无, 比例 = 120.00, 样式 = STANDARD
指定起点或 [对正(J)/比例(S)/样式(ST)]:            //用光标捕捉里面下边120墙体的上交点
指定下一点:                                      //用光标捕捉里面下边120墙体的下交点
指定下一点或 [放弃(U)]:                           //按"空格"键结束命令
```

画完墙线后，得到图 2-24 所示的图形。

```
命令:mledit                   //弹出图 2-25 所示的"多线编辑工具"对话框
选择第一条多线:               //先选 T 形竖直方向的(图 2-24 中标记为 1)
选择第二条多线:               //后选 T 形水平方向的(图 2-24 中标记为 2)
选择第一条多线:               //先选 T 形竖直方向的(图 2-24 中标记为 1)
选择第二条多线:               //后选 T 形水平方向的(图 2-24 中标记为 2)
```

以此类推，把其他的修剪完，就得到图 2-22 所示的墙体。

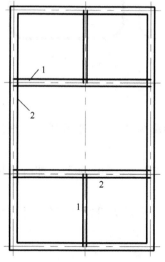

图 2-24 绘制墙线

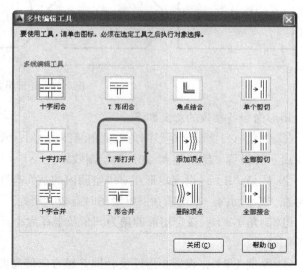

图 2-25 "多线编辑工具"对话框

## 2.1.7 绘制矩形（Rectang）

绘制矩形的命令是 Rectang。启动 Rectang 命令有以下 3 种方法。

① 执行"绘图"/"构造线"菜单命令。

② 在"绘图"工具栏上单击□按钮。

③ 在命令行提示下，输入 rectang z(rec)并按"空格"键或"Enter"键。

启动 Rectang 命令后，命令行给出如下提示。

指定第一个角点或 [倒角(C)/标高(E)/圆角(F)/厚度(T)/宽度(W)]:

确定了第 1 个角点后，出现提示：

指定另一个角点或 [面积(A)/尺寸(D)/旋转(R)]:

【例 2-3】绘制图 2-26（a）所示一个长度 200，宽度 100 的矩形。其操作过程如下。

例 2-3

```
命令: rec                                                    //启动命令
指定第一个角点或 [倒角(C)/标高(E)/圆角(F)/厚度(T)/宽度(W)]:    //单击鼠标确定矩形左下角
指定另一个角点或 [面积(A)/尺寸(D)/旋转(R)]: d                   //切换到输入尺寸
指定矩形的长度 <10.0000>: 200                                 //输入长度值
指定矩形的宽度 <10.0000>: 100                                 //输入宽度值
指定另一个角点或 [面积(A)/尺寸(D)/旋转(R)]:                     //确定矩形另一角点位置
```

还可以采用"相对坐标法"，这样更加简便。

```
命令: rec                                                    //启动命令
指定第一个角点或 [倒角(C)/标高(E)/圆角(F)/厚度(T)/宽度(W)]:    //单击鼠标确定矩形左下角
指定另一个角点或 [面积(A)/尺寸(D)/旋转(R)]: @200,100            //用相对坐标输入另一角点
```

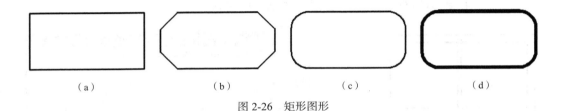

图 2-26  矩形图形

矩形命令各参数的意义如下。

① 倒角（C）：设定矩形四角为倒角及倒角大小。默认倒角距离为"0"，即不倒角。图 2-26（b）所示为设置"倒角距离=30"的绘制效果。

② 标高（E）：设定矩形在三维空间内的基面高度。默认时"Z 坐标=0.000"，即所绘制的矩形在 XY 平面内。本选项在三维绘图时有较大用处。

③ 圆角（F）：设定矩形四角为圆角及半径大小。图 2-26（c）所示为设置"圆角半径=30"的绘制效果。

④ 厚度（T）：设置矩形厚度，即 Z 轴方向的高度。

⑤ 宽度（W）：设置线条的宽度。矩形是多段线的一种特殊形式。图 2-26（d）所示为设置"线宽=30"的绘制效果。

用 Rectang 命令画出的矩形，AutoCAD 把它当作一个实体，其 4 条边是一条复合线。若要使其各边成为单一直线进行分别编辑，需要使用炸开（Explode）命令。

## 2.1.8  绘制正多边形（Polygon）

绘制正边形的命令是 Polygon。启动 Polygon 命令有以下 3 种方法。

① 执行"绘图"/"正多边形"菜单命令。

② 在"绘图"工具栏上单击◯按钮。

③ 在命令行提示下，输入 polygon(pol)并按"空格"键或"Enter"键。

正多边形是由最少3条，至多1024条长度相等的边组成的封闭多段线。

绘制正多边形有以下 3 种方法。

绘制正多边形

### 1. 内接法画正多边形（已知中心至顶点的距离）

如图 2-27（a）所示，假想一个圆，要绘制的正多边形内接于其中，即正多边形的每一个顶点都落在这个圆周上，操作完毕后，圆本身并不绘制出来。这种绘制方法需要提供正多边形的 3 个参数：边数；外接圆半径（即正多边形中心至每个顶点的距离）；正边多形的中心。启动 Polygon 命令后，命令行出现如下提示。

```
命令: polygon
输入侧面数 <4>:                          //确定正多边形的边数
指定正多边形的中心点或 [边(E)]:           //确定正多边形中心点
输入选项 [内接于圆(I)/外切于圆(C)] <I>: //选择内接或外切方式，内接方式为默认项，可直接按"Enter"键
指定圆的半径:                            //确定外接圆的半径
```

### 2. 外切法画正多边形（已知中心至边的距离）

如图 2-27（b）所示，假想一个圆，正多边形与圆外切，即正多边形的各边均在假想圆之外，且各边与假想圆相切，这就是外切法绘制正多边的原理。这种绘制方法需要提供正多边形的 3 个参数：边数；外切圆半径，即正多边形中心至边的距离；正边多形的中心。启动 Polygon 命令后，命令行出现如下提示。

```
命令：Polygon
输入侧面数<4>：                           //确定正多边形的边数
指定正多边形的中心点或 [边(E)]：          //确定正多边形中心点
输入选项 [内接于圆(I)/外切于圆(C)] < I >： //输入C后按"空格"键或"Enter"键
指定圆的半径：                            //输入内接圆的半径
```

### 3. 由边长确定正多边形

如图 2-27（c）所示，这种方法需要正多边形的边数和边长两个参数。如果需要绘制一个正多边形，使其中一个角通过某一点，则适合采用这种方式。一般情况下，如果正多边形的边长是已知的，用这种方法就非常方便。

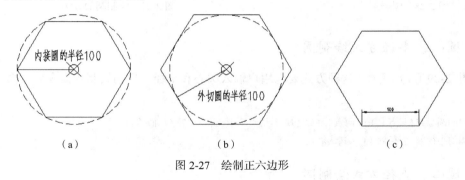

（a）　　　　　　　　　　（b）　　　　　　　　　　（c）

图 2-27　绘制正六边形

## 2.2　绘制曲线对象

使用 AutoCAD 2014 可以创建各种各样的曲线对象，曲线对象包括圆、圆弧、圆环、样条曲线、椭圆或椭圆弧、修订云线等。

### 2.2.1　绘制圆（Circle）

圆是建筑工程图中另一种使用最多的基本实体，可以用来表示轴圈编号、详图符号等。AutoCAD 2014 提供了 6 种绘制圆的方式，以满足不同条件绘制圆的要求，这些方式是通过圆心、半径、直径和圆上的点等参数来控制的。

绘制圆的命令是 Circle。可以通过以下 3 种方法启动 Circle 命令。

① 执行"绘图"/"圆"/"圆子菜单" 菜单命令，如图 2-28 所示。

② 在"绘图"工具栏上单击◎按钮。

③ 在命令行提示下，输入 circle(c)并按"空格"键或"Enter"键。

在下拉菜单"绘图"中单击"圆"命令，弹出其子菜单，列出了绘制圆的 6 种方法，如图 2-29 所示。

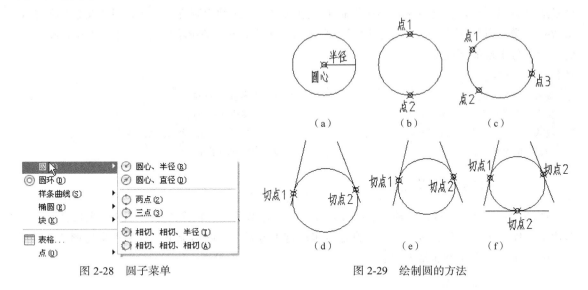

图 2-28　圆子菜单　　　　　　　　　图 2-29　绘制圆的方法

## 1. 圆心、半径方式绘制圆

如图 2-29（a）所示，这种方式要求用户输入圆心和半径。启动绘制圆命令后，命令行给出如下提示。

| | |
|---|---|
| 指定圆的圆心或[三点(3P)/两点(2P)/切点、切点、半径(T)]: | //确定圆心 |
| 指定圆的半径或[直径(D)] <默认值>: | //确定圆的半径 |

## 2. 圆心、直径方式绘制圆

这种方式要求用户输入圆心和直径。启动绘制圆命令后，命令行给出如下提示。

| | |
|---|---|
| 指定圆的圆心或 [三点(3P)/两点(2P)/切点、切点、半径(T)]: | //确定圆心 |
| 指定圆的半径或 [直径(D)] <默认值>: | //输入 D 并按"Enter"键，确定用圆心和直径方式绘制圆 |
| 指定圆的直径 <默认值>: | //确定圆的直径 |

## 3. 两点方式绘制圆

如图 2-29（b）所示，这种方式通过确定圆的大小及位置，即要求指定直径上的两点。启动绘制圆命令后，命令行给出如下提示。

| | |
|---|---|
| 指定圆的圆心或 [三点(3P)/两点(2P)/切点、切点、半径(T)]: | //输入 2P，确定用两点方式绘制圆 |
| 指定圆直径的第一个端点: | //确定第一个点 |
| 指定圆直径的第二个端点: | //确定第二个点 |

## 4. 三点方式绘制圆

如图 2-29（c）所示，这种方式要求用户输入在圆周上的任意 3 个点。启动绘制圆命令后，命令行给出如下提示。

| | |
|---|---|
| 指定圆的圆心或[三点(3P)/两点(2P)/切点、切点、半径(T)]: | //输入 3P，确定用三点方式绘制圆 |
| 指定圆上的第一个点: | //确定圆上第一个点 |
| 指定圆上的第二个点: | //确定圆上第二个点 |
| 指定圆上的第三个点: | //确定圆上第三个点 |

### 5. 相切、相切、半径方式绘制圆

如图 2-29（d）所示，当需要绘制两个实体的公切圆时，可采用这种方式。该方式要用户确定和公切圆相切的两个实体及公切圆的半径大小。启动绘制圆命令后，命令行给出如下提示。

| | |
|---|---|
| 指定对象与圆的第一个切点: | //选择第一目标实体 |
| 指定对象与圆的第二个切点: | //选择第二目标实体 |
| 指定圆的半径 <当前值>: | |

如图 2-29（d）、（e）所示，两图中的两条线是完全相同的。采用本方法绘制圆时，按提示移动鼠标光标到左直线上（会自动出现"切点捕捉"标记），在左直线上任意位置单击切点 1；同理，在右直线上指定切点 2。程序会自动计算并在命令行提示出一个圆的半径值，用户如认可该值则按"Enter"键结束命令，绘制结果如图 2-29(d)所示。如果输入一个比提示值小的半径，程序计算后，绘制结果如图 2-29（e）所示。

### 6. 相切、相切、相切方式绘制圆

如图 2-29(f)所示，当需要画 3 个实体的公切圆时，可采用这种方式。该方式要求用户确定公切圆和这 3 个实体的切点。启动绘制圆命令后，命令行给出如下提示。

| | |
|---|---|
| 指定圆的圆心或 [三点(3P)/两点(2P)/切点、切点、半径(T)]: | //输入 3P，确定相切、相切、相切方式绘制圆 |
| 指定圆上的第一个点: _tan 到 | //选择第一目标实体 |
| 指定圆上的第二个点: _tan 到 | //选择第二目标实体 |
| 指定圆上的第三个点: _tan 到 | //选择第三目标实体 |

## 2.2.2　绘制圆弧（Arc）

圆弧是图形中重要的实体，AutoCAD 提供了多种不同的画弧方式，这些方式是根据起点、方向、中点、包角、终点、弦长等控制点来确定的。

绘制圆弧的命令是 Arc。可以通过以下 3 种方法启动 Arc 命令。

① 执行"绘图"/"圆弧"/"圆子菜单"菜单命令。

② 在"绘图"工具栏上单击 按钮。

③ 在命令行提示下，输入 arc(a)并按"空格"键或"Enter"键。

弧形墙体或门扇（见图 2-30）是建筑绘图中最常见的圆弧形图形。AutoCAD 提供了丰富的绘制圆弧的方法。当打开圆弧下拉菜单时，其中列出了绘制圆弧的 11 种方法，如图 2-31 所示。

绘制圆弧

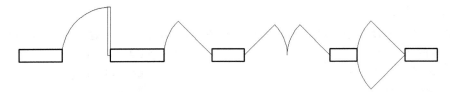

图 2-30　平面图

## 1. 三点方式绘制圆弧

三点绘制圆弧方法要求用户输入弧的起点、第二点和终点，圆弧的方向以起点、终点方向确定，顺时针或逆时针均可。输入终点时可采用将圆弧拖至所需要的位置。启动 Arc 命令后，命令行给出如下提示。

| | |
|---|---|
| 指定圆弧的起点或［圆心(C)］： | //确定圆弧的起点 |
| 指定圆弧的第二个点或 ［圆心(C)/端点(E)］： | //确定第二点 |
| 指定圆弧的端点： | //确定终点 |

图 2-31　圆弧子菜单

## 2. 起点、圆心、端点方式绘制圆弧

当已知起点、圆心、端点时，可以通过起点、圆心及用于确定端点的第三点绘制圆弧。起点和圆心之间的距离确定半径。端点由从圆心引出的通过第三点的直线决定。选用不同的选项，可以先指定起点，也可以先指定圆心。

启动 Arc 命令后，命令行给出如下提示。

| | |
|---|---|
| 指定圆弧的起点或 ［圆心(C)］： | //确定圆弧的起点 |
| 指定圆弧的第二个点或 ［圆心(C)/端点(E)］： | //输入C并按"空格"键或"Enter"键 |
| 指定圆弧的圆心： | //确定圆弧的圆心 |
| 指定圆弧的端点或 ［角度(A)/弦长(L)］： | //确定圆弧的端点 |

## 3. 起点、圆心、角度方式绘制圆弧

这种方式要求用户输入起点、圆心及其所对应的圆心角。起点和圆心之间的距离确定半径。圆弧的另一端通过指定将圆弧的圆心用作顶点的夹角来确定。使用不同的选项，可以先指定起点，也可以先指定圆心。

启动 Arc 命令后，命令行给出如下提示。

| | |
|---|---|
| 指定圆弧的起点或 ［圆心(C)］： | //确定圆弧的起点 |
| 指定圆弧的第二个点或 ［圆心(C)/端点(E)］： | //输入C并按"空格"键或"Enter"键 |
| 指定圆弧的圆心： | //确定圆弧的圆心 |
| 指定圆弧的端点或 ［角度(A)/弦长(L)］： | //输入A并按"空格"键或"Enter"键 |
| 指定包含角： | //确定包含角 |

## 4. 起点、圆心、长度方式绘制圆弧

该方法中，弦长是指弧长对应的弦长，弦是连接弧上两点的线段。沿逆时针绘制时，若弦长

为正，则得到与弦长相应的最小的弧，反之，则得到最大的弧。起点和圆心之间的距离确定半径。圆弧的另一端通过指定圆弧的起点与端点之间的弦长来确定。选用不同的选项，可以先指定起点，也可以先指定圆心。

启动 Arc 命令后，命令行给出如下提示。

```
指定圆弧的起点或 [圆心(C)]：           //确定圆弧的起点
指定圆弧的第二个点或 [圆心(C)/端点(E)]： //输入 C 并按"空格"键或"Enter"键
指定圆弧的圆心：                       //确定圆弧的圆心
指定圆弧的端点或 [角度(A)/弦长(L)]：    //输入 L 按"空格"键或"Enter"键
指定弦长：                            //确定弦长
```

### 5．起点、端点、角度方式绘制圆弧

此方式要求用户输入弧的起点、端点和包含角以确定弧的形状大小。圆弧端点之间的夹角确定圆弧的圆心和半径。

启动 Arc 命令后，命令行给出如下提示。

```
指定圆弧的起点或 [圆心(C)]：             //确定圆弧的起点
指定圆弧的第二个点或 [圆心(C)/端点(E)]：  //输入 E 并按"空格"键或"Enter"键
指定圆弧的端点：                        //确定端点
指定圆弧的圆心或 [角度(A)/方向(D)/半径(R)]： //输入 A 并按"空格"键或"Enter"键
指定包含角：                           //确定包含角
```

### 6．起点、端点、方向方式绘制圆弧

该方式中，方向是指弧的切线方向，该方向用角度表示。弧的大小是由起点、终点之间的距离及弧度所决定的。弧的起始方向与给出的方向相切。启动 Arc 命令后，命令行给出如下提示。

```
指定圆弧的起点或 [圆心(C)]：             //确定圆弧的起点
指定圆弧的第二个点或 [圆心(C)/端点(E)]：  //输入 E 并按"空格"键或"Enter"键
指定圆弧的端点：                        //确定端点
指定圆弧的圆心或 [角度(A)/方向(D)/半径(R)]： //输入 D 并按"空格"键或"Enter"键
指定圆弧的起点切向：                     //确定点的开始方向半径
```

### 7．起点、端点、半径方式绘制圆弧

用起点、端点、半径方式绘制圆弧时，用户只能沿逆时针方向绘制圆弧。若半径为正，则得到起点和端点之间的劣弧（短弧）；反之，则得到优弧。

Arc 命令后，命令行给出如下提示。

```
指定圆弧的起点或 [圆心](C)]：            //确定圆弧的起点
指定圆弧的第二个点或 [圆心(C)/端点(E)]：  //输入 E 并按"空格"键或"Enter"键
指定圆弧的端点：                        //确定端点
指定圆弧的圆心或 [角度(A)/方向(D)/半径(R)]： //输入 R 并按"空格"键
指定圆弧的半径：                        //输入圆弧的半径
```

### 8．其他方式绘制圆弧

除以上 7 种绘制圆弧的方式以外，还有以下 4 种方式也可绘制圆弧。

① 圆心、起点、端点绘制圆弧。

② 圆心、起点、角度绘制圆弧。

③ 圆心、起点、长度绘制圆弧。

④ 继续：从一段已有的弧开始继续绘制圆弧。

---

与绘制圆不同，圆弧不是一个封闭的图形，绘制时涉及起点和端点，有顺时针和逆时针的区别。输入参数（圆心）角度、（弦）长度、半径时有以下规则。

① 输入圆心角（包含角）时，以逆时针为正，顺时针为负。

② 输入弦长值时，弦长值不能大于直径，按逆时针方向绘制，弦长值为正值时画劣弧（小弧），弦长值为负值时画优弧（大弧）。

③ 输入半径时，按逆时针方向，半径值为正值时画劣弧（小弧），半径值为负值时画优弧（大弧）。

④ 当绘制圆弧有困难时，经常出现"起点端点角度必须不同"字样式，关闭DYN动态输入。

---

## 2.2.3 绘制圆环（Donut）

绘制圆环的命令是 Donut，绘制圆环时，用户只需要指定内径和外径，便可连续点取圆心绘制出多个圆环。

启动 Donut 命令，可使用以下 3 种方法。

① 执行"绘图"/"构造线"菜单命令。

② 在命令行提示下，输入 donut(do)并按"空格"键或"Enter"键。

启动 Donut 命令后，命令行出现如下提示。

| | |
|---|---|
| 指定圆环的内径 <当前值>： | //指定一个内径 |
| 指定圆环的外径 <当前值>： | //指定一个外径 |
| 指定圆环的中心点或 <退出>： | //输入坐标或单击以确定圆环的中心 |
| 指定圆环的中心点或 <退出>： | //指定下一个圆环的中心，或按"空格"键结束该命令 |

最后绘出圆环的两圆之间的部分是填实的，如图 2-32（a）所示。

如果令圆环的内径=0，将得到一个实心圆环，如图 2-32（b）所示。

建筑图中的钢筋点、建筑构造详细做法的引出点端点，就是用实心圆环绘制完成的。

AutoCAD 规定，系统变量 Fillmode=0 时，圆环为空心，如图 2-32（c）所示。

  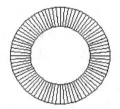

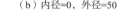

（a）内径=30，外径=50　　　　（b）内径=0，外径=50　　　　（c）内径=30，外径=50

图 2-32　绘制不同形式的圆环

## 2.2.4　绘制样条曲线（Spline）

由用户指定一定数量、位置确定的拟合点或控制点，然后利用 AutoCAD 2014 可自行拟合出一条光滑或最大程度地接近这些拟合点或控制点的曲线，这条曲线就是样条曲线，在建筑图形中，Spline 主要用来绘制曲线型的家具模型、地形图中的等高线、局部剖面图的分界线等。确定这条曲线至少需要起点、终点和曲线上任意一点，拟合点越多越精确。绘制样条曲线的命令是 Spline，它可以用来绘制二维或三维样条曲线。

启动 Spline 命令绘制样条曲线，可采用以下 3 种方法。

① 执行"绘图"/"样条曲线"/"拟合点"或"控制点"菜单命令。

② 在"绘图"工具栏上单击 ∼ 按钮。

③ 在命令行提示下，输入 spline(spl)并按"空格"键或"Enter"键。

如果将样条曲线的当前控制方式设为拟合，如图 2-33 所示，命令执行过程如下。

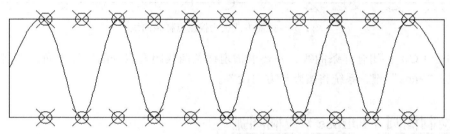

图 2-33　控制方式设为拟合的样条曲线

```
命令：spline
当前设置：方式=拟合　节点=弦
指定第一个点或 [方式(M)/节点(K)/对象(O)]：
输入下一个点或 [起点切向(T)/公差(L)]：
输入下一个点或 [端点相切(T)/公差(L)/放弃(U)]：
输入下一个点或 [端点相切(T)/公差(L)/放弃(U)/闭合(C)]：
输入下一个点或 [端点相切(T)/公差(L)/放弃(U)/闭合(C)]：
输入下一个点或 [端点相切(T)/公差(L)/放弃(U)/闭合(C)]：
```

命令选项说明如下。

① 起点切向（T）：提示指定样条曲线第 1 点的切线方向。

② 端点相切（T）：提示指定样条曲线最后一点的切线方向，可以直接在绘图区单击一点来确定切线方向，也可以使用"切点"或"垂足"对象捕捉模式使样条曲线方向与已有对象相切或垂直。如果不指定切线方向，可以直接按"Enter"键，AutoCAD 将按默认方向设置。

③ 公差（L）：输入曲线的公差，值越大，曲线越远离指定的点；值越小，曲线越靠近指定的点。

如果将样条曲线的当前控制方式设为控制点，如图 2-34 所示，命令执行过程如下。

```
命令：spline
当前设置：方式=控制点　阶数=3
```

指定第一个点或 [方式(M)/阶数(D)/对象(O)]：M
输入样条曲线创建方式 [拟合(F)/控制点(CV)] <CV>：CV
当前设置：方式=控制点    阶数=3
指定第一个点或 [方式(M)/阶数(D)/对象(O)]：
输入下一个点：
输入下一个点或 [放弃(U)]：
输入下一个点或 [闭合(C)/放弃(U)]：
输入下一个点或 [闭合(C)/放弃(U)]：

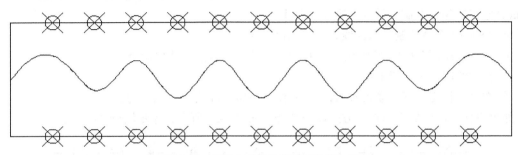

图 2-34　控制方式设为控制点样条曲线

④ 闭合（C）：闭合样条曲线，并要求指定样条曲线闭合点处的切线方向，不指定切线方向，直接按"Enter"键，系统将按默认方向设置。

## 2.2.5　绘制椭圆（Ellipse）或椭圆弧

椭圆由定义其长度和宽度的两条轴决定，较长的轴称为长轴，较短的轴称为短轴，建筑施工图中常用椭圆来表示轴测图或特殊构配件。在 AutoCAD 2014 中，用户可以绘制椭圆（首尾相连的封闭图形）和椭圆弧（首届不相连，椭圆的一部分），绘制椭圆和椭圆弧的方法基本相同。

启动 Ellipse 命令绘制椭圆或椭圆弧，可采用以下 3 种方法。

① 执行"绘图"/"椭圆"/"圆心"或"轴、端点"菜单命令。

② 在"绘图"工具栏上单击 ⬭ 按钮。

③ 在命令行提示下，输入 ellipse(el)并按"空格"键或"Enter"键。

AutoCAD 提供了 2 种绘制椭圆的方法，同时提供了一种绘制椭圆弧的方法。

【例 2-4】绘制图 2-35 所示的 100×60 的椭圆。

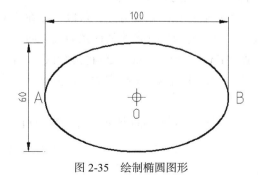

例 2-4

图 2-35　绘制椭圆图形

绘制该椭圆有以下 2 种方法。

方法一：通过"轴、端点"绘制椭圆，该命令执行过程如下。

| | |
|---|---|
| 命令：ellipse | //启动命令 |
| 指定椭圆的轴端点或 [圆弧(A)/中心点(C)]： | //单击鼠标确定端点 A |
| 指定轴的另一个端点：100 | //打开极轴输入 100 |
| 指定另一条半轴长度或 [旋转(R)]：30 | //输入另一半轴长度 |

方法二：通过"中心点"绘制椭圆，该命令执行过程如下。

| | |
|---|---|
| 命令：ellipse | //启动命令 |
| 指定椭圆的轴端点或 [圆弧(A)/中心点(C)]：c | //输入 C 后按"Enter"键，通过中心点方式绘制椭圆 |
| 指定椭圆的中心点： | //指定中心点 0 |
| 指定轴的端点：50 | //输入中心点至端点距离 |
| 指定另一条半轴长度或 [旋转(R)]：30 | //输入另一半轴长度 |

## 2.2.6　绘制修订云线（Revcloud）

修订云线（见图 2-36）是由连续圆弧组成的多段线，线中弧长最大值和最小值可设定。它用于在查看阶段提醒用户注意图形的某个部分。

在查看或用红线圈阅图形时，可以使用修订云线功能亮显标记以提高工作效率。

启动 Revcloud 命令绘制修订云线，可采用以下 3 种方法。

① 执行"绘图"/"修订云线"菜单命令。

② 在"绘图"工具栏上单击 按钮。

③ 在命令行提示下，输入 revcloud 并按"空格"键或"Enter"键。

修订云线绘制命令在系统注册表中存储上一次使用的圆弧长度。在

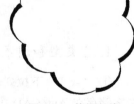

图 2-36　修订云线

具有不同比例因子的图形中使用程序时，用 DIMSCALE 的值乘以此值来保持一致。最大弧长不能大于最小弧长的 3 倍。

## 2.3　图案填充和渐变填充

### 2.3.1　图案填充

在建筑剖面图中，用户需要表达剖切部位或构件的建筑材料的种类，在 AutoCAD 2014 中，图案填充（Bhatch）命令提供了 69 种填充图案，使原来烦琐的操作变得十分便捷。一般情况下，一个填充区域选择一种填充图案就可以表达清楚构件材料（如通用建筑材料），必要时用户可以在一个填充区域选择两种或多种填充图案表达构件材料（如钢筋混凝土构件）。启动图案填充命令有下列 3 种方法。

① 执行"绘图"/"图案填充"菜单命令。

② 在"绘图"工具栏上单击 按钮。

③ 在命令行提示下，输入 bhatch(h/bh)并按"空格"键或"Enter"键。

启动 Bhatch 命令后，弹出图 2-37 所示的"图案填充和渐变色"对话框，选择"图案填充"选项卡，下面分别介绍对话框的各部分内容。

图 2-37 "图案填充和渐变色"对话框中的"图案填充"选项卡

### 1. "类型和图案"选项区

① "类型"下拉列表框。它确定图案的类型，包括预定义、用户定义和自定义 3 种。预定义图案储存在 AutoCAD 附带的 acad.pat 或 acadiso.pat 文件中。自定义图案包含任何自定义的 PAT 文件中的图案，这些文件已添加到搜索路径中。

② "图案"下拉列表框。它显示图案的名称。用户可以从该下拉列表框中选择图案名称，也可以单击右侧的 按钮，从弹出的"填充图案选项板"对话框中选择，如图 2-38 所示。该对话框包含 4 个选项卡，每个选项卡代表一类图案定义，每类又包含了多种图案供用户选择。

（a）

（b）

图 2-38 "填充图案选项板"对话框

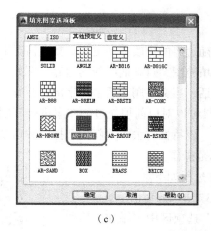

（c）　　　　　　　　　　　　　（d）

图 2-38　"填充图案选项板"对话框（续）

### 2．"角度和比例"选项区

① "角度"下拉列表框。它确定图案填充时的旋转角度。调整时以默认角度为基础。例如，普通黏土砖图例填充角度设为 0°。

② "比例"下位列表框。它确定图案填充时的比例，即控制疏密程度。

③ "双向"复选框。它在"类型"中选择"用户定义"时才起作用，即默认为一组平行线组成填充图案。选中时为两组相互正交的平行线组成的填充图案。

④ "相对图纸空间"复选框。它用于控制是否相对于图纸空间单位确定填充图案的比例。此选项优势在于可以按照布局的比例方便地显示填充图案。

⑤ "间距"编辑框。它只有在"类型"选择为"用户定义"时才起作用，即用于确定填充平行线间的距离。

⑥ "ISO 笔宽"下拉列表框。它只有在"样例"选择了"ISO"类型图案时才允许用户进行设置，即在下拉列表框中选择相应数值控制图案比例。

### 3．"图案填充原点"选项区

"图案填充原点"选项组控制图案生成的起始位置。某些图案填充需要与图案填充边上的一点对齐。默认情况下，所有图案填充原点都相对于当前的 UCS 原点，也可以选择"指定的原点"及下面的选项重新指定原点。

### 4．"边界"选项区

用户可以通过"添加：拾取点"和"添加：选择对象"的方式进行选择，以指定图案填充的边界。

① 添加：拾取点。它指定封闭域中的点。AutoCAD 将对包括拾取点在内的最前端封闭域进行图案填充。

② 添加：选择对象。它选择封闭区域的对象，将对所选对象围成封闭区域进行图案填充，此时应该注意封闭区域的选择顺序。

### 5．"选项"选项区

① 创建"关联"图案填充。"关联"图案填充随边界的更改自动更新。默认情况下，图案填充与填充边界是关联的。当填充边界发生变化时，填充图案自动适应新的边界。例如，在所填充区域中有文字时，如果不选择"关联"进行填充的话，当文字删除后，文字部分会有一个空白。

② 继承特性。这个相当于格式刷，用这个工具可以对以前填充过的图案进行复制，它会把"图案""角度""比例"这些参数一起复制过来。该特性省去了重新去选择图案角度等麻烦。

【例 2-5】就某厨房的地板材料进行图案填充示范操作。

例 2-5

打开素材图文件，如图 2-39 所示，具体的操作过程如下。

① 输入 bhatch 后，按"Enter"键，出现图 2-37 所示的对话框。

② 选择对象（指定填充边界），单击"边界"选项区中"添加：拾取点"按钮▦（见图 2-37 所示的椭圆标记 1），对话框暂时隐藏，并切换到绘图窗口。移动鼠标光标到图 2-39 所示的图形内部的任意点，单击鼠标左键，图形边界上显示出"蚂蚁线"，按"空格"键或"Enter"键重新回到图 2-37 所示的"图案填充和渐变色"对话框。

③ 选择填充图案，单击"图案"下拉列表框右侧的▦按钮（见图 2-37 所示椭圆标记 2），弹出"填充图案选项板"对话框，在图 2-38（c）中选择"AR-PARQ1"图案样式样式。单击"确定"按钮。重新回到图 2-37 所示的"图案填充和渐变色"对话框。

④ 调整"角度"和"比例"（如图 2-37 所示椭圆标记 3）。角度按默认 0°，比例选择"2"。最后单击"确定"按钮。最终完成的图案填充效果如图 2-40 所示。

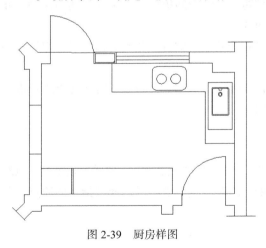

图 2-39　厨房样图

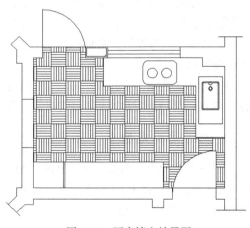

图 2-40　厨房填充效果图

## 2.3.2　渐变填充

渐变填充是指从一种颜色到另一种颜色的平滑过渡。它是对图案命令的增强。渐变能产生光的效果，启动图案填充命令有以下 3 种方法。

① 执行"绘图" / "渐变色"菜单命令。

② 在"绘图"工具栏上单击▦按钮。

③ 在命令行提示下，输入 gradient 并按"空格"键或"Enter"键。

启动 Bhatch 命令后，弹出图 2-41 所示的"图案填充和渐变色"对话框，选择"渐变色"选项卡，其中的"边界"和"选项"跟前面的图案填充是一样的。下面分别介绍该选项卡中各部分的内容。

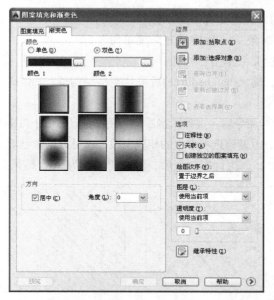

图 2-41　"图案填充和渐变色"对话框中的"渐变色"选项卡

## 1．"颜色"选项区

该选项区包含"单色"和"双色"两个单选按钮，以及 9 种固定渐变填充方案。

（1）"单色"单选按钮。选中该单选按钮，可以使用由一种颜色产生的渐变色来进行图案填充。单击其他的按钮，在弹出的对话框中选择需要的颜色，以及调整渐变色的渐变过程。

（2）"双色"单选按钮。选中该单选按钮，可以使用由两种颜色产生的渐变色来进行图案填充。

## 2．"方向"选项区

这里可设置填充的位置和角度。

（1）"居中"复选框

它指定对称的渐变配置。如果没有选定此选项，渐变填充将朝左上方变化，创建光源在对象左边的图案。

（2）"角度"下拉列表框

它指定渐变填充的角度，它是相对当前 UCS 指定角度。此选项与指定图案填充的角度互不影响。渐变填充的效果如图 2-42 所示。

（a）　　　　　　　　　（b）　　　　　　　　　（c）

图 2-42　渐变填充效果

### 2.3.3　编辑图案命令

执行编辑图案命令的方式主要有下面 4 种。

① 执行"绘图"/"对象"/"图案填充"菜单命令。

② 在"修改"工具栏Ⅱ上单击 按钮。

③ 在命令行提示下，输入 hatchedit(he)后按"空格"键或"Enter"键。

④ 双击图案填充对象。

按上述前 3 种方法执行命令后，选择图案后弹出图 2-37 所示的"图案填充和渐变色"对话框，选择"图案填充"选项卡，改变该选项卡中的相应参数，就可以编辑已填充图案。例如，图 2-43（a）所示样图，其填充比例为 25，执行本命令后，修改比例值为 10，结果如图 2-43（b）所示。

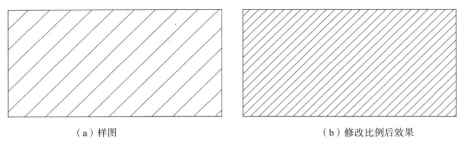

（a）样图　　　　　　　　　　　　　　　（b）修改比例后效果

图 2-43　编辑图案填充效果

利用上述第④种方法，即双击图案填充对象后，弹出来的对话框与前面 3 种方法执行命令后弹出的对话框不同，如图 2-44 所示。在该对话框中修改"比例"的值即可。除此之外，还可以单击图案中间的蓝色小圆点 ，配合"Ctrl"键，在拉伸、原点、图案填充比例和图案填充角度之间进行切换，通过移动鼠标光标来改变比例和角度等参数，如图 2-45 所示。这个是 AutoCAD 2014 较之以前的版本有改进的地方。

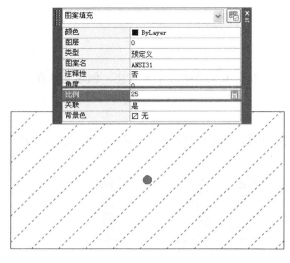

图 2-44　编辑图案填充效果

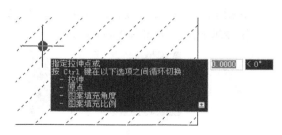

图 2-45　夹点编辑图案填充

## 2.4　图形编辑命令

AutoCAD 的优势不仅是具有强大的绘图功能，更在于其强大的编辑功能。

编辑是指对图形进行修改、移动、复制以及删除等操作。AutoCAD 2014 的编辑命令，从功能上可分为 3 类：复制对象类、修剪对象类、改变形状位置类。

编辑命令均需要选择已存在的对象，有关选择对象的操作知识见第 1.6 节。

AutoCAD 提供了复制（Copy）、镜像（Mirror）、阵列（Array）和偏移（Offset）4 种复制对象的命令；移动（Move）、旋转（Rotate）、缩放（Scale）和拉伸（Stretch）4 个命令，用来快捷改变图形的形状和位置；修剪（Trim）、延伸（Extend）、倒角（Chamfer）、圆角（Fillet）、打断（Bread）、合并（Join）、光顺曲线（Blend）和分解（Explode）8 个命令，用来快捷改变图形的形状和位置。

### 2.4.1　复制（Copy）

复制对象将图中选择对象一次或多次复制到指定的位置，而原对象位置不变。

AutoCAD 可使用以下 3 种方法启动 Copy 命令。

① 执行"修改"/"复制"菜单命令。

② 在"修改"工具栏上单击 按钮。

③ 在命令行提示下，输入 copy（co、cp）并按"空格"键或"Enter"键。

启动 Copy 命令后，命令行给出如下提示。

| | |
|---|---|
| 选择对象： | //选择要复制的实体目标 |
| 当前设置：复制模式 = 多个 | |
| 指定基点或 [位移(D)/模式(O)] <位移>： | //确定复制操作的基准点位置，这时可借助目标捕捉功能或十字光标确定基点位置 |
| 指定第二个点或 [阵列(A)] <使用第一个点作为位移>： | //确定复制目标的终点位置。终点位置通常可借助目标捕捉功能或相对坐标（即相对基点的终点坐标）来确定 |
| 指定第二个点或 [阵列(A)/退出(E)/放弃(U)] <退出>： | //要求用户确定另一个终点的位置，直到用户按"空格"键或"Enter"键结束 |

命令选项说明如下。

① 模式（O）。有两个模式可选：单个（S）或多个（M），系统默认为多个。

② 阵列（A）。在确定基点时，选此选项后，系统会询问"输入要进行阵列的项目数："，通过此选项可以实现一次复杂多行或多列的操作。这个是之前早期版本没有的功能，如图 2-46 所示。

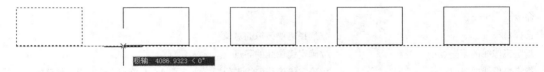

图 2-46　复制时选择"阵列"效果

复制命令执行过程中，允许连续选择对象，如果选择完毕，必须按"空格"键或"Enter"

键结束选择状态。

【例2-6】以复制图2-47（a）所示的台阶示意图为例，说明复制命令的操作过程。

```
命令：COPY                                              //启动命令
选择对象：指定对角点：找到 2 个                         //选择要复制的台阶踏步
选择对象：                                              //按"空格"键确认选择对象
当前设置：复制模式 = 多个
指定基点或 [位移(D)/模式(O)] <位移>：                  //单击确定基点"1"
指定第二个点或 [阵列(A)] <使用第一个点作为位移>：      //将基本点"1"放在目标点"2"上
指定第二个点或 [阵列(A)/退出(E)/放弃(U)] <退出>：      //依次将基点"1"放在目标点上
指定第二个点或 [阵列(A)/退出(E)/放弃(U)] <退出>：
```

操作结果如图2-47（b）所示。

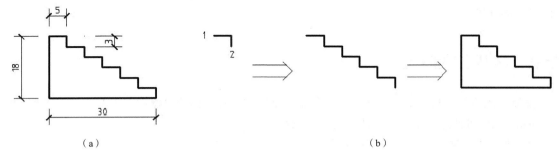

（a）　　　　　　　　　　　　　　　　（b）

图 2-47　复制对象

在"指定第二个点……"的提示信息下，可以选择 2 种方式指定第二点：输入两点距离或指定相对坐标。

## 2.4.2　镜像（Mirror）

在实际绘图过程中，经常会遇到一些对称的图形。AutoCAD 提供了图形镜像（Mirror）功能，即只需要绘制出相对称图形的一部分。利用 Mirror 命令就可对称地将另一部分镜像复制出来，如图2-48所示。

例 2-6 和例 2-7

AutoCAD 可使用以下 3 种方法启动 Mirror 命令。

① 执行"修改"/"镜像"菜单命令。

② 在"修改"工具栏上单击❀按钮。

③ 在命令行提示下，输入 mirror(mi)并按"空格"键或"Enter"键。

启动 Mirror 命令后，命令行给出如下提示。

```
命令：mirror
选择对象：                                    //选择需要镜像的对象
指定镜像线的第一点：                          //确定镜像线的起点
指定镜像线的第二点：                          //确定镜像线的终点位置（确定了起点和终点，镜像线也就确定下来了，
                                              系统以该镜像线为轴复制另一部分图形
要删除源对象吗? [是(Y)/否(N)] <N>：//确定是否删除所选择的对象。默认为N
```

64

系统变量的参数值会影响到文字镜像结果，如图 2-49 所示，当 Mirrtext=1 时，文字对象同其他对象一样镜像处理，当 Mirrtext=0 时，文字不做镜像处理，在命令行直接输入 Mirrtext，可重新设置 Mirrtext 参数值。

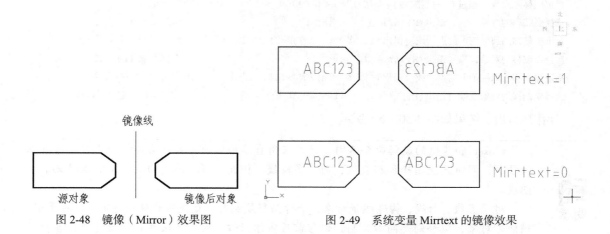

图 2-48　镜像（Mirror）效果图　　　　　　图 2-49　系统变量 Mirrtext 的镜像效果

## 2.4.3　偏移（Offset）

偏移也称为平行复制，它是将选定的对象按指定距离平行地复制过去，主要绘制平行线或同心类的图形。在建筑工程图样绘制过程中，常常使用该命令将单一直线或多段线生成双墙线、环形跑道、人行横道线、轴线、栏杆等。

AutoCAD 可使用以下 3 种方法启动 Offset 命令。

① 执行"修改"/"偏移"菜单命令。

② 在"修改"工具栏上单击 按钮。

③ 在命令行提示下，输入 offset(o)并按"空格"键或"Enter"键。

启动 Offset 命令后，命令行给出如下提示。

```
命令: offset
当前设置: 删除源=否  图层=源  OFFSETGAPTYPE=0            //命令当前设置
指定偏移距离或 [通过(T)/删除(E)/图层(L)] <551.7880>:     //输入偏移距离或选择其他选项
选择要偏移的对象, 或 [退出(E)/放弃(U)] <退出>:           //选择要偏移的对象
选择要偏移的对象, 或 [退出(E)/放弃(U)] <退出>:           //指定偏移的方向
指定要偏移的那一侧上的点, 或 [退出(E)/多个(M)/放弃(U)] <退出>:
```

命令选项说明如下。

① 指定距离：在距现有对象指定的距离处创建对象。要在偏移带角点的多段线时获得最佳效果。

② 删除：偏移源对象后将源对象删除。

③ 多个：输入"多个"偏移模式，这将使用当前偏移距离重复进行偏移操作。

④ 图层：确定将偏移对象创建在当前图层上还是源对象所在的图层上。

【例2-7】利用直线命令绘制2条长度为30且互相垂直的直线，如图2-50（a）所示，然后执行偏移命令，具体操作步骤如下。

```
命令：OFFSET                                          //启动命令
当前设置：删除源=否  图层=源  OFFSETGAPTYPE=0          //当前参数
指定偏移距离或 [通过(T)/删除(E)/图层(L)] <30.0000>: 30   //输入距离30
选择要偏移的对象，或 [退出(E)/放弃(U)] <退出>：          //选择要偏移的"L1"
指定要偏移的那一侧上的点，或 [退出(E)/多个(M)/放弃(U)] <退出>： //单击"L1"下方的一点
选择要偏移的对象，或 [退出(E)/放弃(U)] <退出>：          //选择要偏移的"L2"
指定要偏移的那一侧上的点，或 [退出(E)/多个(M)/放弃(U)] <退出>： //单击"L2"右方的一点
选择要偏移的对象，或 [退出(E)/放弃(U)] <退出>：*取消*      //按"空格"键结束操作
```

操作执行后，结果如图2-50（b）所示。

Offset和其他的编辑命令不同，只能采用直接拾取的方式一次选择一个对象进行编辑复制，同时只能选择偏移直线、圆、多段线、椭圆、多边线或曲线，不能偏移文本、图块。

对于直线、射线、构造线等对象，平行偏移复制时，直线的长度保持不变。对于圆、椭圆等对象，偏移则是同心复制，偏移前后实体同心。对于多段线将逐段进行，各长度将重新调整。

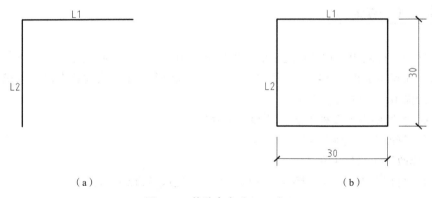

（a）                                    （b）

图2-50　偏移命令（Offset）

## 2.4.4　阵列（Array）

阵列对象操作是可以根据已有对象绘制出多个具有规律性的相同形体。AutoCAD 2014有3种阵列方式：①矩形阵列，阵列后对象组合成一个有行、列特征的"矩形"形体；②环形阵列，阵列对象按某个中心点进行环形复制，阵列后的对象形成一个"环"形体。③路径阵列，阵列对象按用户指定的路径进行复制，阵列后的对象沿着路径实现有规律的分布。阵列对象时，用户首先需要启动阵列对象，然后根据需要绘制相应的阵列方式。

可使用以下3种方法启动Array命令。

① 执行"修改"/"阵列"菜单命令。

② 在"修改"工具栏上单击按钮。

③ 在命令行提示下，输入 array(ar)并按"空格"键或"Enter"键。

### 1. 矩形阵列

可使用以下 3 种方法启动矩形阵列命令。

① 执行"修改"/"阵列"/"矩形阵列"菜单命令。

② 在"修改"工具栏上单击 按钮，鼠标左键长按"阵列"按钮，然后在"扩展"工具栏中单击"矩形阵列"按钮。

③ 在命令行提示下，输入 arrayrect 并按"空格"键或"Enter"键。

命令执行过程如下。

```
命令: arrayrect
选择对象: 找到 1 个
选择对象:
类型 = 矩形  关联 = 否
选择夹点以编辑阵列或 [关联(AS)/基点(B)/计数(COU)/间距(S)/列数(COL)/行数(R)/层数(L)/退出(X)] <
退出>: as
创建关联阵列 [是(Y)/否(N)] <否>: y
```

命令选项说明如下。

① 关联（AS）：指定阵列中的对象是关联的还是独立的，设置为"是"时，阵列形成的对象成为一个整体，反之阵列形成的对象将成为一个个单独的实体。

② 基点（B）：指定用于在阵列中放置项目的基点。

③ 计数（COU）：指定行数和列数，并使用户在移动鼠标光标时可以动态观察结果（一种比"行和列"选项更快捷的方法）。

④ 间距（S）：指定行间距和列间距，并使用户在移动鼠标光标时可以动态观察结果。

⑤ 列数（COL）：指定编辑列数和列间距。

⑥ 行数（R）：指定阵列中的行数、它们之间的距离以及行之间的增量标高。

⑦ 层数（L）：指定三维阵列的层数和层间距。

⑧ 退出（X）：退出命令。

【例 2-8】绘制一个 500×300 的矩形，执行 5 行 6 列的矩形阵列，行偏移为 450，列偏移为 750。其具体操作过程如下。

```
命令: rectang                                          //启动矩形命令
指定第一个角点或 [倒角(C)/标高(E)/圆角(F)/厚度(T)/宽度(W)]:   //鼠标到矩形内任意点单击
指定另一个角点或 [面积(A)/尺寸(D)/旋转(R)]: @500,300        //相对坐标确定另一点
命令: arrayrect                                        //执行矩形阵列
选择对象: 找到 1 个                                      //选择对象
选择对象:
类型 = 矩形  关联 = 是                                   //当前设置
选择夹点以编辑阵列或 [关联(AS)/基点(B)/计数(COU)/间距(S)/列数(COL)/行数(R)/层数(L)/退出
(X)] <退出>: COL                                       //选择"列数"子命令
输入列数数或 [表达式(E)] <4>: 6                          //输入阵列的列数
指定列数之间的距离或 [总计(T)/表达式(E)] <750>: 750        //输入列间距
选择夹点以编辑阵列或 [关联(AS)/基点(B)/计数(COU)/间距(S)/列数(COL)/行数(R)/层数(L)/退出(X)]
```

```
<退出>: r                                                        //选择"行数"子命令
    输入行数数或 [表达式(E)] <3>: 5                                //输入阵列的行数
    指定 行数 之间的距离或 [总计(T)/表达式(E)] <450>: 450           //输入行间距
    指定 行数 之间的标高增量或 [表达式(E)] <0>:                      //标高增量 0,按"空格"键
    选择夹点以编辑阵列或 [关联(AS)/基点(B)/计数(COU)/间距(S)/列数(COL)/行数(R)/层数(L)/退出
(X)] <退出>:                                                     //按"空格"键结束操作
```

完成后的效果如图 2-51 所示。

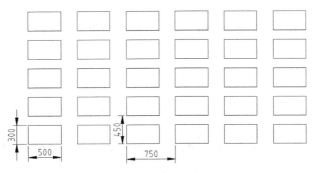

例 2-8 和例 2-9

图 2-51　矩形阵列（Arrayect）

在上述的操作过程，选择对象后，也可以使用夹点编辑，拖动鼠标光标以确定行数和列数，再用"间距"子命令设置其行间距和列间距来完成。除此之外，还可以使用"计数"和"间距"两个子命令来完成。

2. 环形阵列

可使用以下 3 种方法启动环形阵列命令。

① 执行"修改"/"阵列"/"环形阵列"菜单命令。

② 在"修改"工具栏上单击器按钮，鼠标左键长按"阵列"按钮，然后在"扩展"工具栏中单击"环形阵列"按钮。

③ 在命令行提示下，输入 arrayrect 并按"空格"键或"Enter"键。

命令执行过程如下。

```
命令: arraypolar
选择对象: 指定对角点: 找到 1 个
选择对象:
类型 = 极轴  关联 = 是
指定阵列的中心点或 [基点(B)/旋转轴(A)]:
选择夹点以编辑阵列或 [关联(AS)/基点(B)/项目(I)/项目间角度(A)/填充角度(F)/行(ROW)/层(L)/旋转项
目(ROT)/退出(X)] <退出>: (COL)/行数(R)/层数(L)/退出(X)] <退出>: as 创建关联阵列 [是(Y)/否(N)] <
否>: y
```

命令选项说明如下。

① 关联（AS）：和矩形阵列选项相同。

② 基点(B)：这个要区别于中心点，它是指定用于在阵列中放置对象的基点，如图 2-52 所示。

③ 项目（I）：使用值或表达式指定阵列中的项目数。

④ 项目间角度（A）：使用值或表达式指定项目之间的角度。

⑤ 填充角度（F）：使用值或表达式指定阵列中第一个和最后一个项目之间的角度。默认的填充角为 360°。

⑥ 行（ROW）：指定阵列中的行数、它们之间的距离以及行之间的增量标高。

⑦ 层（L）：指定（三维阵列的）层数和层间距。

⑧ 旋转项目（ROT）：控制在排列项目时是否旋转项目。

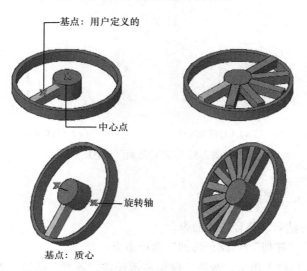

图 2-52　基点和中心点的区别

【例 2-9】绘制一个 100×300 的矩形，在 360° 的范围内做环形阵列，环形阵列的数量为 12。按接 1 行或 2 行进行区别，行的距离为 450。

```
命令: rectang                                                //启动矩形命令
指定第一个角点或 [倒角(C)/标高(E)/圆角(F)/厚度(T)/宽度(W)]:
                                                             //在矩形内任意点单击鼠标 左键
指定另一个角点或 [面积(A)/尺寸(D)/旋转(R)]: @100,300        //相对坐标确定另一点
命令: arraypolar
选择对象: 指定对角点: 找到 1 个                              //执行环形阵列
选择对象:                                                    //选择对象
类型 = 极轴  关联 = 是                                       //当前设置
指定阵列的中心点或 [基点(B)/旋转轴(A)]: 750                  //指定中心点
选择夹点以编辑阵列或 [关联(AS)/基点(B)/项目(I)/项目间角度(A)/填充角度(F)/行(ROW)/层(L)/旋转项
目(ROT)/退出(X)] <退出>: i                                  //选择"项目"子命令
输入阵列中的项目数或 [表达式(E)] <6>: 12                     //输入环形阵列的个数
选择夹点以编辑阵列或 [关联(AS)/基点(B)/项目(I)/项目间角度(A)/填充角度(F)/行(ROW)/层(L)/旋转项
目(ROT)/退出(X)] <退出>: row                                //选择"行"子命令
输入行数数或 [表达式(E)] <1>: 2                              //输入阵列的行数
指定 行数 之间的距离或 [总计(T)/表达式(E)] <450>: 450        //输入 2 行间距
指定 行数 之间的标高增量或 [表达式(E)] <0>:                  //标高增量 0
选择夹点以编辑阵列或 [关联(AS)/基点(B)/项目(I)/项目间角度(A)/填充角度(F)/行(ROW)/层(L)/旋转项
目(ROT)/退出(X)] <退出>:                                    //按"空格"键结束操作
```

完成后的效果如图 2-53 所示。

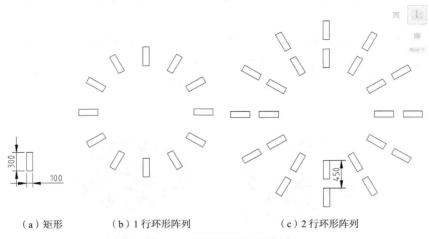

（a）矩形　　　　（b）1行环形阵列　　　　（c）2行环形阵列

图2-53　"环形阵列"示意图

### 3．路径阵列

可使用以下3种方法启动路径阵列命令。

① 执行"修改"/"阵列"/"路径阵列"菜单命令。

② 在"修改"工具栏上单击按钮，鼠标左键长按"阵列"按钮，然后在"扩展"工具栏中单击"路径阵列"按钮。

③ 在命令行提示下，输入arraypath并按"空格"键或"Enter"键。

命令执行过程如下。

```
命令：arraypath
选择对象：指定对角点：找到 1 个
选择对象：（选择要阵列的对象）
类型 = 路径  关联 = 是
选择路径曲线：
选择夹点以编辑阵列或 [关联(AS)/方法(M)/基点(B)/切向(T)/项目(I)/行(R)/层(L)/对齐项目(A)/Z 方向(Z)/退出(X)] <退出>：
```

后续操作由用户所选择的选项决定。

命令选项说明如下。

① 关联（AS）：和矩形阵列选项相同。

② 方法（M）：控制如何沿路径分布项目，是按定数等分还是定距等分。

③ 基点（B）：指定用于在相对于路径曲线起点的阵列中放置项目的基点。

④ 切向（T）：指定阵列中的项目如何相对于路径的起始方向对齐。

⑤ 项目（I）：根据"方法"设置，指定项目数或项目之间的距离。

⑥ 行（R）：指定阵列中的行数、它们之间的距离以及行之间的增量标高。

⑦ 层（L）：指定三维阵列的层数和层间距。

⑧ 对齐项目（A）：指定是否对齐每个项目以与路径的方向相切。对齐相对于第1个项目的方向。

⑨ Z方向（Z）：控制是否保持项目的原始Z方向或沿三维路径自然倾斜项目。

图 2-54 所示为"路径阵列"示意图。

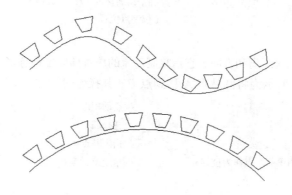

图 2-54　"路径阵列"示意图

 对于 AutoCAD 早期版本，AutoCAD 2014 中阵列命令可以说是变化很大的，如果想要按以前的方法通过对话框进行阵列，则要输入 arrayclassic，得到图 2-55 所示的"阵列"对话框。

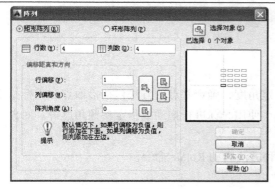

（a）早期版本的矩形阵列

（b）早期版本的环形阵列

图 2-55　"阵列"对话框

## 2.4.5　移动（Move）

移动图形的过程和复制图形的过程基本相似，AutoCAD 2014 中。用户可以将原对象按指定角度和方向进行移动，也可使用坐标、栅格、对象捕捉等其他工具精确移动对象。

移动图形的命令是 Move，可以使用以下 3 种方法启动 Move 命令。

① 执行"修改" / "移动"菜单命令。

② 在"修改"工具栏上单击 ✛ 按钮。

③ 在命令行提示下，输入 move(m)并按"空格"键或"Enter"键。

启动 Move 命令后，命令行给出如下提示。

命令：move
选择对象：　　　　　　　　　　　　//选择要移动的对象

| 指定基点或 [位移(D)] <位移>： | //确定移动基点，可以通过目标捕捉选择对象上一些特殊点 |
|---|---|
| 指定第二个点或 <使用第一个点作为位移>： | //确定移动终点。这时可以输入相对坐标或通过目标捕捉来准确定位终点位置 |

选项说明如下。

位移（D）：指定相对距离和方向。它指复制对象的放置离原位置有多远以及以哪个方向放置。

【例 2-10】图 2-56 所示为将圆从点 A 移到点 C。其操作过程如下。

| 命令：move | //启动矩形命令 |
|---|---|
| 选择对象：找到 1 个 | //选择圆 |
| 指定基点或 [位移(D)] <位移>： | //指定基点 A |
| 指定第二个点或 <使用第一个点作为位移>： | //指定第二点 C |

图 2-56　阵列示意图

例 2-10 ～ 例 2-12

## 2.4.6　旋转（Rotate）

旋转对象可以绕指定基点将图形对象旋转一定角度，确定基点的方法包括拾取点和坐标指定点 2 种，而确定旋转角度的方法包括输入角度值、使用光标进行拖动或指定参照角度等。对象旋转后，其位置发生变化，但整体形状并不发生改变。

旋转图形的命令是 Rotate，可以使用以下 3 种方法启动 Rotate 命令。

① 执行"修改"/"旋转"菜单命令。

② 在"修改"工具栏上单击⟳按钮。

③ 在命令行提示下，输入 rotate(ro)并按"空格"键或"Enter"键。

启动 Rotate 命令后，命令行给出如下提示。

| 命令：rotate |
|---|
| UCS 当前的正角方向：ANGDIR=逆时针　ANGBASE=0 |
| 选择对象：指定对角点：找到 5 个 |
| 指定基点： |
| 指定旋转角度，或 [复制(C)/参照(R)] <0>：30 |

选项说明如下。

① 旋转角度：决定对象绕基点旋转的角度。旋转轴通过指定的基点，并且平行于当前 UCS 的 Z 轴。

② 复制（C）：创建要旋转的选定对象的副本。

③ 参照（R）：将对象从指定的角度旋转到新的绝对角度。旋转视口对象时，视口的边框仍然保持与绘图区域的边界平行。

【例 2-11】图 2-57 所示为将左图旋转到右图。其操作过程如下。

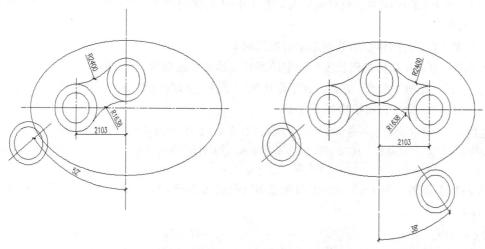

图 2-57　旋转（带复制）示意图

| | |
|---|---|
| 命令：rotate | //启动旋转命令 |
| UCS 当前的正角方向：ANGDIR=逆时针 ANGBASE=0 | //当前设置参数 |
| 选择对象：指定对角点：找到 3 个 | |
| 选择对象： | //选择圆和直线 |
| 指定基点： | //指定基点：即圆心 0 |
| 指定旋转角度，或 [复制(C)/参照(R)] <0>：c | //输入"复制"子命令 |
| 旋转一组选定对象 | |
| 指定旋转角度，或 [复制(C)/参照(R)] <0>：90 | //输入旋转角度 90（52+38） |

## 2.4.7　按比例缩放（Scale）

缩放对象可以将图形对象、文字对象或尺寸对象在 $X$、$Y$ 方向按统一比例放大或缩小，使缩放后对象的比例保持不变。

按比例缩放的命令是 Scale，可以使用以下 3 种方法启动 Scale 命令。

① 执行"修改"/"缩放"菜单命令。

② 在"修改"工具栏上单击 按钮。

③ 在命令行提示下，输入 scale(sc)并按"空格"键或"Enter"键。

启动 Scale 命令后，命令行给出如下提示。

| | |
|---|---|
| 命令：scale | |
| 选择对象： | //选择要进行比例缩放的对象 |
| 指定基点： | //确定缩放的基点 |
| 指定比例因子或 [复制(C)/参照(R)]： | //输入比例系数 |

选项说明如下。

① 比例因子：当不知道对象要放大（或缩小）多少倍时，可以采用相对比例方式来缩放对

象。该方式要求用户分别确定比例缩放前后的参考长度和新长度。新长度和参考长度的比值就是比例因子，大于 1 的比例因子使对象放大。介于 0～1 的比例因子使对象缩小。还可以拖动光标使对象变大或变小。

② 复制（C）：创建要缩放的选定对象的副本。

③ 参照（R）：将按参照长度和指定的新长度缩放所选对象。

要选择相对比例（参照）方式，在指定比例因子或 [复制(C)/参照(R)]：提示下，输入 R 并按"空格"键即可。命令行将给出如下提示。

指定参照长度 <1.0000>：//确定参考长度，可以直接输入一个值，也可以通过光标捕捉两个端点

指定新的长度或 [点(P)]：//确定新长度，可直接输入一个长度值，也可以确定一个点，该点和缩放基点连线的长度就是新长度

【例 2-12】将图 2-58（a）所示图形通过缩放变成图 2-58（b）、图 2-58（c）所示的图形。其操作过程如下。

命令：scale                                    //启动缩放命令
选择对象：指定对角点：找到 11 个                 //框选对象
指定基点：
指定比例因子或 [复制(C)/参照(R)]：0.5           //输入比例因子 0.5
命令：SCALE                                    //重复命令
选择对象：指定对角点：找到 11 个                 //框选对象
指定基点：
指定比例因子或 [复制(C)/参照(R)]：r             //输入"参照"子命令
指定参照长度 <475.5988>：指定第二点：           //光标拾取点指定参考长度
指定新的长度或 [点(P)] <800.0000>：500          //输入新长度

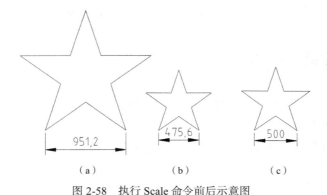

（a）        （b）        （c）

图 2-58　执行 Scale 命令前后示意图

## 2.4.8　拉伸对象（Stretch）

缩放操作是将对象在 X、Y 两个方向上同时放大或缩小，而拉抻操作则是将对象沿着指定的方向和角度进行拉长或缩短，在操作过程中，只能以交叉窗口方式选择对象，与窗口相交的对象（包含在内的）通过改变窗口内夹点位置的方式改变对象的形状。窗口内的对象仅发生位置的变化，而不发生形状的变化。

拉伸的命令是 Stretch，可以使用以下 3 种方法启动 Stretch 命令。

① 执行"修改"/"拉伸"菜单命令。

② 在"修改"工具栏上单击 按钮。

③ 在命令行提示下，输入 stretch(s)并按"空格"键或"Enter"键。

启动 Stretch 命令后，命令行给出如下提示。

```
命令：stretch
以交叉窗口或交叉多边形选择要拉伸的对象...
选择对象：//要以交叉选的方式选择要拉伸的对象，然后按空格键
指定对角点：找到 31 个
指定基点或 [位移(D)] <位移>：
指定第二个点或 <使用第一个点作为位移>：
```

选项说明如下。

① 基点：指定拉伸操作过程中的基点。

② 位移(D)：指定操作的位移量。

③ 第二个点：对象就从基点到第二点拉伸矢量距离。

【例2-13】对图 2-59（a）所示图形对象执行拉伸命令。其操作过程如下。

```
命令：stretch                              //启动拉伸命令
以交叉窗口或交叉多边形选择要拉伸的对象...
选择对象：指定对角点：找到 31 个           //要以交叉选的方式选择要拉伸的对象（虚线内）
选择对象：
指定基点或 [位移(D)] <位移>：              //在图形内任意指定一点
指定第二个点或 <使用第一个点作为位移>：1000  //输入拉伸的距离 1000
```

操作执行后，结果如图 2-59（b）所示。

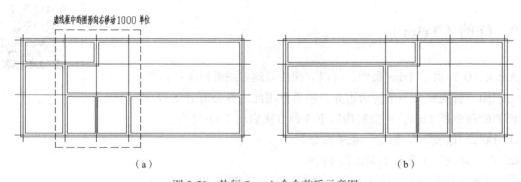

虚线框中的图形向右移动1000 单位

（a） （b）

图 2-59 执行 Stretch 命令前后示意图

提示

执行拉伸命令要注意：①必须采用"交叉窗口"选择，即从右到左选择。②选择的范围很关键，如果将对象全部选中，则对象将执行"移动"操作，一般这个操作针对的是选择部分对象的拉伸操作。如图 2-60 所示，同样是向右拉伸 1000，但是效果明显不同。③并非所有的对象都能拉抻，AutoCAD 只能拉伸由 Line、Arc、Solid、Pline 和 Trace 等命令绘制的带有端点的图形对象。

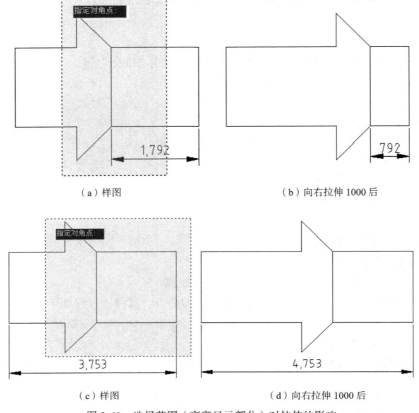

图 2-60　选择范围（高亮显示部分）对拉伸的影响

## 2.4.9　修剪（Trim）

图 2-60 操作

AutoCAD 提供了 Trim 命令，可以方便快速地对图形对象进行修剪，该命令要求用户首先定义一个剪切边界，然后再用此边界去剪对象的一部分。

修剪的命令是 Trim，可以使用以下 3 种方法启动 Trim 命令。

① 执行"修改"/"修剪"菜单命令。

② 在"修改"工具栏上单击  按钮。

③ 在命令行提示下，输入 trim(tr)并按"空格"键或"Enter"键。

启动 Trim 命令后，命令行给出如下提示。

命令：trim
当前设置：投影=UCS，边=无
选择剪切边...
　　选择对象或 <全部选择>：//选择对象作为剪切边界。可连续选多个对象作为边界，选择完毕后按"空格"键或"Enter"键，也可以直接按"空格"键或"Enter"键
　　选择要修剪的对象，或按住 Shift 键选择要延伸的对象，或[栏选(F)/窗交(C)/投影(P)/边(E)/删除(R)/放弃(U)]：//选取要剪切对象的被剪切部分，将其剪掉。按"空格"键即可退出命令

命令选项说明如下。

① 栏选（F）：以绘制直线的方式来剪切对象。但这条直线是临时的，当你修剪完后会自动消失。

② 窗交（C）：以框选的方式来剪切对象。

③ 投影（P）：指定修剪对象时使用的投影方法，有无、UCS、视图 3 种投影方法。默认是 UCS，它是指在当前用户坐标系 $XY$ 平面上的投影。

④ 边（E）：设置剪切边的属性。选择该选项将出现如下提示。

> 输入隐含边延伸模式 [延伸(E)/不延伸(N)] <延伸>：选择延伸选项，剪切边界可以无限延长，边界与被剪对象不必相交。选择不延伸选项，剪切边界只有与被剪切对象相交时才有效。

例 2-14 和例 2-15

⑤ 删除（R）：删除选定的对象。用此选项提供了一种用来删除不需要对象的简便方法，而无须退出命令。

⑥ 放弃（U）：取消所做的剪切。

**【例 2-14】** 对图 2-61（a）所示图形对象执行修剪命令，其操作过程如下。

```
命令：trim                                            //启动命令
当前设置：投影=UCS，边=延伸
选择剪切边...
选择对象或 <全部选择>：指定对角点：找到 2 个        //选择"界线1"和"界线2"
选择对象：                                            //按"空格"键结束边界选择
选择要修剪的对象，或按住 Shift 键选择要延伸的对象，或
[栏选(F)/窗交(C)/投影(P)/边(E)/删除(R)/放弃(U)]：指定对角点：  //点选竖线1的下段
选择要修剪的对象，或按住 Shift 键选择要延伸的对象，或
[栏选(F)/窗交(C)/投影(P)/边(E)/删除(R)/放弃(U)]：指定对角点：  //点选竖线2的中段
选择要修剪的对象，或按住 Shift 键选择要延伸的对象，或
[栏选(F)/窗交(C)/投影(P)/边(E)/删除(R)/放弃(U)]：指定对角点：  //点选竖线3的上段
选择要修剪的对象，或按住 Shift 键选择要延伸的对象，或
[栏选(F)/窗交(C)/投影(P)/边(E)/删除(R)/放弃(U)]：           //按"空格"键或"Enter"键结束
```

操作执行后，结果如图 2-61（b）所示。

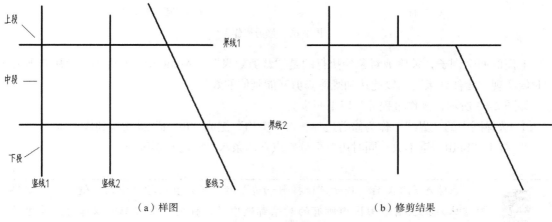

（a）样图　　　　　　　　　　　　　　　（b）修剪结果

图 2-61　修剪操作

修剪默认时，"边（E）"参数为"不延伸"，即只能修剪"剪切边界只有与被剪切对象相交"的对象。如果两者不相交，则修剪无法实现，如图 2-62（a）所示，这种情况，用户需要设置"边（E）"参数为"延伸"，就可对不相交的图形执行修剪操作。

```
命令: trim                                           //启动命令
当前设置:投影=UCS, 边=无
选择剪切边...
选择对象或 <全部选择>: 找到 1 个                        //选择"界线 1"和"界线 2"
选择对象: 找到 1 个, 总计 2 个                          //按"空格"键结束边界选择
选择对象: //设置"边"参数模式
选择要修剪的对象, 或按住 Shift 键选择要延伸的对象, 或        //选择延伸模式
[栏选(F)/窗交(C)/投影(P)/边(E)/删除(R)/放弃(U)]: e        //点选竖线 1 的上段
输入隐含边延伸模式 [延伸(E)/不延伸(N)] <不延伸>: E
选择要修剪的对象, 或按住 Shift 键选择要延伸的对象, 或        //点选竖线 1 的下段
[栏选(F)/窗交(C)/投影(P)/边(E)/删除(R)/放弃(U)]:
选择要修剪的对象, 或按住 Shift 键选择要延伸的对象, 或        //按"空格"键或"Enter"键结束
[栏选(F)/窗交(C)/投影(P)/边(E)/删除(R)/放弃(U)]: 指定对角点:
选择要修剪的对象, 或按住 Shift 键选择要延伸的对象, 或
[栏选(F)/窗交(C)/投影(P)/边(E)/删除(R)/放弃(U)]:
```

操作执行后，结果如图 2-62（b）所示。

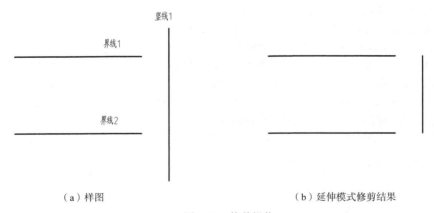

竖线1

界线1

界线2

（a）样图　　　　　　　　　　　　　（b）延伸模式修剪结果

图 2-62　修剪操作

上面的两个例子，被修剪对象均执行的是"裁剪效果"。AutoCAD 允许用户使用修剪命令的时候实现"延伸效果"，以此达到既能修剪又能延伸的效果。

如图 2-63 所示，操作过程分为以下两步。

① 选择图中的"界线"作为修剪边界，按"空格"键或"Enter"键切换到修剪状态。

② 按下"Shift"键不放，同时用鼠标分别点选两条水平线的右端区域。

提示

　　　　在输入完 TR 后，提示"选择剪切边"时，可以直接按"空格"键，按"空格"键意味着把当前绘图区内所有的对象都选中了，任何一条线都可以作为修剪边界，也能作为被修剪对象。这个操作对初学者很有用，也很容易上手。

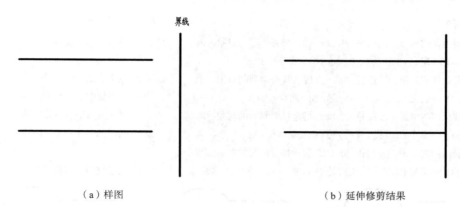

（a）样图　　　　　　　　　　　　（b）延伸修剪结果

图 2-63　修剪操作

## 2.4.10　延伸（Extend）

AutoCAD 提供了 Extend 命令，可以方便快速地对图形对象进行延伸，该命令要求用户首先定义一个剪切边界，然后再用此边界去剪对象的一部分。

延伸的命令是 Extend，可以使用以下 3 种方法启动 Extend 命令。

① 执行"修改"/"延伸"菜单命令。

② 在"修改"工具栏上单击-/ 按钮。

③ 在命令行提示下，输入 extend(ex)并按"空格"键或"Enter"键。

启动 Extend 命令后，命令行给出如下提示。

```
命令：extend
当前设置：投影=UCS，边=延伸
选择边界的边...
    选择对象或 <全部选择>：//选择作为边界的目标，可以是直线、弧、多段线、椭圆和椭圆弧
    选择要延伸的对象，或按住 Shift 键选择要修剪的对象，或[栏选](F)/窗交(C)/投影(P)/边(E)/放弃(U)]：
//选择先延伸的对象
```

此命令选项与前面的修剪命令选项基本一致的。

延伸命令的操作分为以下两个步骤。

① 选择延伸的边界。

② 选择被延伸的对象。"先选边界的边，再选延伸对象"是本命令执行的关键之一。

修剪默认时，边界设置为"不延伸"，即只能处理"被延伸线段能够延伸到指定边界上"的情况。如果边界模式设置为"延伸"状态，只要延伸线和边界（或其延长线）能够相交，延伸命令就可以执行。

在延伸状态下，按下"Shift"键不放，可切换到修剪状态。

【例 2-15】对图 2-64（a）所示的图形，进行延伸操作。其具体操作步骤如下。

```
命令：extend                              //启动命令
当前设置:投影=UCS，边=延伸
选择边界的边...
选择对象或 <全部选择>：找到 1 个            //选择圆作为边界线
```

选择对象：
选择要延伸的对象，或按住 Shift 键选择要修剪的对象，或 　　　//点选上水平线右端
[栏选(F)/窗交(C)/投影(P)/边(E)/放弃(U)]：
选择要延伸的对象，或按住 Shift 键选择要修剪的对象，或 　　　//点选下水平线右端
[栏选(F)/窗交(C)/投影(P)/边(E)/放弃(U)]： 　　　　　　　　　//结果如图 2-64(b)所示
选择要延伸的对象，或按住 Shift 键选择要修剪的对象，或 　　　//再次点选下水平线右端
[栏选(F)/窗交(C)/投影(P)/边(E)/放弃(U)]： 　　　　　　　　　//结果如图 2-64(c)所示
选择要延伸的对象，或按住 Shift 键选择要修剪的对象，或
[栏选(F)/窗交(C)/投影(P)/边(E)/放弃(U)]： 　　　　　　　　　//按"空格"键或"Enter"键结束

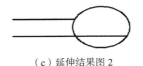

（a）延伸样图　　　　　　　　（b）延伸结果图 1　　　　　　　（c）延伸结果图 2

图 2-64　延伸操作

## 2.4.11　倒角（Chamfer）

倒角就是在两条非平行线之间快速创建直线。倒角既可以输入每条边的倒角距离，也可以指定某条边上的倒角的长度及与此边的夹角。

倒角的命令是 Chamfer，可以使用以下 3 种方法启动 Chamfer 命令。

① 执行"修改"/"倒角"菜单命令。

② 在"修改"工具栏上单击 按钮。

③ 在命令行提示下，输入 chamfer(cha)并按"空格"键或"Enter"键。

启动 Chamfer 命令后，命令行给出如下提示。

命令:chamfer
（"修剪"模式）当前倒角距离 1 = 0.0000，距离 2 = 0.0000
选择第一条直线或 [放弃(U)/多段线(P)/距离(D)/角度(A)/修剪(T)/方式(E)/多个(M)]:
选择第二条直线，或按住 Shift 键选择直线以应用角点或 [距离(D)/角度(A)/方法(M)]:

选项说明如下。

① 放弃（U）：取消上一次的倒角操作。

② 多段线（P）：选择多段线，选择该选项后，将出现如下提示。

选择二维多段线或 [距离(D)/角度(A)/方法(M)]: //选择二维多段线，选择完毕后，即可将该多段线相邻边进行倒角

③ 距离（D）：确定两个新的倒角距离。选择该选项后，将出现如下提示。

指定第一个倒角距离 <0.0000>: //确定第一个倒角距离，即从两个对象的交点到倒角线起点的距离
指定第二个倒角距离 <0.0000>: //输入第二个实体上的倒角距离

④ 角度（A）：确定第一个倒角距离和角度。选择该选项后，将出现如下提示。

指定第一条直线的倒角长度 <0.0000>: //确定第一个倒角距离
指定第一条直线的倒角角度 <0>: //确定倒角线相对于第一个实体的角度，而倒角线是以该角度为方向延伸至第二
　　　　　　　　　　　　　个实体并与之相交的

⑤ 修剪（T）：确定倒角的修剪状态。选择该选项后，将出现如下提示。

输入修剪模式选项[修剪(T)/不修剪(N)] <修剪>: //T 表示修剪，N 表示不修剪

⑥ 方式（E）：确定进行倒角的方式。选择该选项后，将出现如下提示。

输入修剪方法 [距离(D)/角度(A)] <距离>: //选择 D 或 A 这两倒角方法之一。第一次
使用倒角方式将作为本次倒角操作的默认方式

例 2-16 和例 2-17

⑦ 多个（M）：在不结束命令的情况下对多个对象进行操作。

倒角命令的实现有两种方法：距离法和距离角度法。

【例 2-16】图 2-65（a）、（b）所示图形分别属于"无交点"和"有交点"
两种情况，但是按"距离法"操作，它们的效果是一样的。其操作过程如下。

命令: chamfer　　　　　　　　　　　//启动命令
（"修剪"模式）当前倒角距离 1 = 0.0000，距离 2 = 0.0000
选择第一条直线或 [放弃(U)/多段线(P)/距离(D)/角度(A)/修剪(T)/方式(E)/多个(M)]: d
　　　　　　　　　　　　　　　　　//切换到"距离设置"
指定 第一个 倒角距离 <0.0000>: 30　　//设定距离1=30
指定 第二个 倒角距离 <30.0000>: 50　//设定距离2=50
选择第一条直线或 [放弃(U)/多段线(P)/距离(D)/角度(A)/修剪(T)/方式(E)/多个(M)]:
　　　　　　　　　　　　　　　　　//选择左边的直线
选择第二条直线，或按住 Shift 键选择直线以应用角点或 [距离(D)/角度(A)/方法(M)]:
　　　　　　　　　　　　　　　　　//选择下面的直线

操作执行后，结果如图 2-65（c）所示。

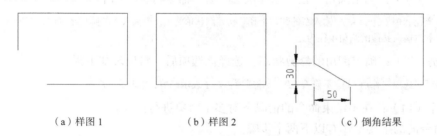

（a）样图1　　　　　　　　（b）样图2　　　　　　　　（c）倒角结果

图 2-65　距离法倒角操作

距离角度法只需要输入完倒角命令后选择"角度（A）"，再接着设置一个距离和角度。

如果设置"两距离法"的两个倒角距离参数值均等于 0，或设置"距离角度法"的两个参数
"倒角距离=0，倒角角度=0"，倒角命令可以修剪（见图 2-66（a））和延伸（见图 2-66（b））。
本例中的选取点落在两直线的下段和右段区域。

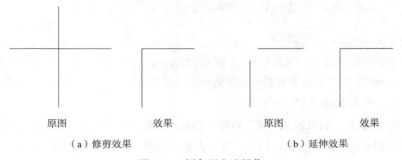

原图　　　　　　　　效果　　　　　　　　原图　　　　　　　　效果

（a）修剪效果　　　　　　　　　　　（b）延伸效果

图 2-66　倒角距离法操作

## 2.4.12　圆角（Fillet）

　　圆角就是在两条非平行线之间快速创建圆弧，也就是通过一个指定半径的圆弧来光滑地连接两个对象。

　　圆角的命令是 Fillet，可以使用以下 3 种方法启动 Fillet 命令。

　　① 执行"修改"/"圆角"菜单命令。

　　② 在"修改"工具栏上单击 按钮。

　　③ 在命令行提示下，输入 fillet(f)并按"空格"键或"Enter"键。

　　启动 Chamfer 命令后，命令行给出如下提示。

```
命令:fillet
当前设置：模式 = 修剪，半径 = 0.0000
选择第一个对象或 [放弃(U)/多段线(P)/半径(R)/修剪(T)/多个(M)]:
选择第二个对象，或按住 Shift 键选择对象以应用角点或 [半径(R)]:
```

　　选项说明如下。

　　① 放弃（U）：取消上一次的圆角操作。

　　② 多段线（P）：选择多段线，选择该选项后，将出现如下提示。

```
选择二维多段线或 [半径(R)]://选择二维多段线，将以默认的圆角半径对整个多段线相邻各边两两进行圆角操作
```

　　③ 半径（R）：确定圆角半径。选择该选项后，命令行提示如下。

```
指定圆角半径 <0.0000>://输入新的圆角半径。初始默认值为 0，当输入新的圆角半径时，该值将作为新的默认
半径值，直至下次输入其他的圆角半径为止
```

　　④ 修剪（T）：确定倒角的修剪状态。选择该选项后，将出现如下提示。

```
输入修剪模式选项 [修剪(T)/不修剪(N)] <修剪>://T 表示修剪，N 表示不修剪
```

　　⑤ 多个（M）：在不结束命令的情况下对多个对象进行操作。

　　圆角命令的的主要操作有以下两个步骤。

　　① 设置圆角半径。

　　② 选择要倒圆角的对象。

　　【例 2-17】图 2-67（a）所示矩形执行倒圆角命令，其操作过程如下。

```
①命令：f                                               //启动命令
当前设置：模式 = 修剪，半径 = 0.0000
②选择第一个对象或 [放弃(U)/多段线(P)/半径(R)/修剪(T)/多个(M)]：r
                                                       //当前设置切换到"输入半径"
③指定圆角半径 <0.0000>：30                              //设定圆角半径=30
④选择第一个对象或 [放弃(U)/多段线(P)/半径(R)/修剪(T)/多个(M)]：//选择左边的直线
选择第二个对象，或按住 Shift 键选择对象以应用角点或 [半径(R)]：//选择下面的直线
```

　　操作执行后，结果如图 2-67（b）所示。

　　在上述操作第④步。如果输入"T"后按"Enter"键，然后出现"输入修剪模式选项 [修剪(T)/不修剪(N)] <修剪>"提示信息，输入"N"表示不修剪，其结果如图 2-67（b）所示右上角的形状。

在上述操作第④步，如果输入"P"后按"Enter"键，然后出现"选择二维多段线或 [半径 (R)]"提示信息。再点选矩形的任意边。倒圆角命令执行后结果如图 2-67（c）所示。

（a）样图　　　　　　（b）倒圆角结果 1　　　　　　（c）倒圆角结果 2

图 2-67　倒圆角操作

与倒角（Chamfer）命令不同，圆角（Fillet）命令不仅适用于直线对象，也可以对圆弧等对象倒圆角。如图 2-68(a)所示，首先设置"半径=30"；然后按点 1、点 2 位置选择第 1、第 2 对象，结果如图 2-68（b）所示；如果按点 1、点 3 位置选择第 1、第 2 对象，结果如图 2-68（c）所示。

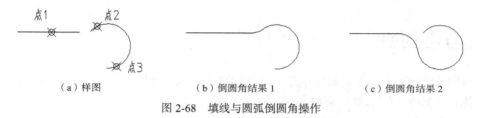

（a）样图　　　　　　（b）倒圆角结果 1　　　　　　（c）倒圆角结果 2

图 2-68　填线与圆弧倒圆角操作

## 2.4.13　打断（Break）

打断（Break）命令可以把存在的对象（大部分指线性对象）切割成两部分或删除对象的一部分。

打断的命令是 Break，可以使用以下 3 种方法启动 Break 命令。

① 执行"修改"/"打断"菜单命令。

② 在"修改"工具栏上单击 按钮。

③ 在命令行提示下，输入 break(br)并按"空格"键或"Enter"键。

启动 Break 命令后，命令行给出如下提示。

```
命令:break
选择对象:选择需要打断的对象
指定第二个打断点 或 [第一点(F)]://选择二点，第一点会在选择对象时默认选中
```

本命令 Break 的操作分两步：①选择要打断的对象。②确定要打断的第一、第二点。

当选择打断对象时，AutoCAD 自动将选择点作为"第一个打断点"。如果重新指定打断点，要输入 F，并按"空格"键，重新指定第一打断点。命令执行后，将第一、第二打断点之间的部分删除。若第一、第二打断点重合于一点，命令执行后，将对象切割成两部分。

例 2-18

【例 2-18】图 2-69（a）所示矩形执行倒圆角命令，其操作过程如下。

| 命令：break | //启动命令 |
| 选择对象： | //选择上水平线 |
| 指定第二个打断点 或 [第一点(F)]：f | //重新指定打断的第一点 |
| 指定第一个打断点：30 | //第一点，打开极轴，从中点往左30 |
| 指定第二个打断点：30 | //第二点，打开极轴，从中点往右30 |

操作执行后，结果如图2-69（b）所示。

（a）样图　　　　　　　　　　（b）打断结果

图2-69　打断操作

## 2.4.14　合并（Join）

合并对象操作可以将多个对象合并成一个完整的对象。可以使用以下3种方法启动join命令。

① 执行"修改"/"合并"菜单命令。

② 在"修改"工具栏上单击 ↠ 按钮。

③ 在命令行提示下，输入join(j)并按"空格"键或"Enter"键。

启动Join命令后，执行过程如下。

| 命令：join |
| 选择源对象或要一次合并的多个对象： |
| 选择要合并的对象： |

选择源对象：选择一条直线、多段线、圆弧、椭圆弧、样条曲线等。根据选定的源对象，显示以下提示之一。

① 直线：选择要合并到源的直线，选择一条或多条直线并按"空格"键或"Enter"键。直线必须共线（位于同一无限长的直线上），但是它们之间可以有间隙。

② 圆弧：选择圆弧，合并到源或进行 [闭合(L)]，选择一个或多个圆弧并按"空格"键或"Enter"键或输入L。圆弧对象必须位于同一假想的圆上，但是它们之间有间隙。"闭合"选项可以将源圆弧转换成圆。将图2-70（a）所示图形执行合并命令，最后结果如图2-70（b）所示，过程略。

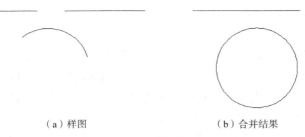

（a）样图　　　　　　　　　　（b）合并结果

图2-70　合并操作

### 2.4.15　光顺曲线（Blend）

光顺曲线是 AutoCAD 2014 新增加的修改工具，光顺曲线主要是可以在两条选定的直线或曲线之间的间隙中创建样条曲线，可以使用以下 3 种方法启动 Blend 命令。

① 执行"修改"/"光顺曲线"菜单命令。

② 在"修改"工具栏上单击 按钮。

③ 在命令行提示下，输入 blend(bl)并按"空格"键或"Enter"键。

启动 Blend 命令后，执行过程如下。

```
命令:blend
连续性 = 相切
选择第一个对象或 [连续性(CON)]:        //选择第一条曲线,如果选"连续性(CON)"会有提示:
输入连续性 [相切(T)/平滑(S)] <相切>     //默认为相切模式
选择第二个点:                          //选择第二条曲线
```

【例 2-19】将图 2-71（a）所示两条曲线执行光顺曲线命令，其操作过程如下。

```
命令: blend                      //启动命令
连续性 = 相切                     //默认的连续性模式
选择第一个对象或 [连续性(CON)]:   //选择左边的曲线
选择第二个点:                    //选择右边的曲线
```

操作执行后，结果如图 2-71（b）所示。

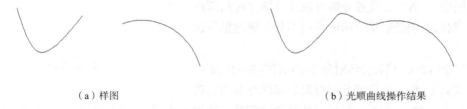

（a）样图　　　　　　　　　　　　（b）光顺曲线操作结果

图 2-71　打断操作

### 2.4.16　分解（炸开）（Explode）

分解对象可以将合成对象分解为其他部件对象。在 AutoCAD 中，图块是一个相对独立的整体，是一组图形实体的集合。因此，用户无法单独编辑图块内部的实体，只能对图块本身进行编辑操作。AutoCAD 提供了 Explode 命令用于炸开图块。从而使其所属的图形实体成为可编辑的单独实体。AutoCAD 2014 中分解命令有 Explode 和 Xplode 两个。

启用前者分解（炸开）的命令是 Explode，可以使用以下 3 种方法启动。

① 执行"修改"/"打断"菜单命令。

② 在"修改"工具栏上单击 按钮。

③ 在命令行提示下，输入 explode(x)并按"空格"键或"Enter"键。

启动 Explode 命令后，命令行给出如下提示。

```
命令:explode
选择对象://使用选择对象方法选择对象并按"Enter"键完成分解
```

执行命令后，就会将对象分解成单个的图形。

在 AutoCAD 中多线、多段线、矩形、多边形都是由几个基本的图形元素组成的集合体，"分解"命令对它也适用。如果多段线（Pline）被定义了线宽，在执行分解命令后，线宽参数将不再起作用。

Explode 命令中程序将指出总共选择了多少对象，在这些对象中有多少对象不能被分解。如果选择了多个有效对象，AutoCAD 2014 将出现单独分解和全局两个选项。

启动 Explode 命令后，命令行给出如下提示。

```
命令:explode
选择对象: //选择对象如图 2-72 所示
找到 5 个对象。2 个无效。
单独分解(I)/<全局(G)>: i
输入选项
[全部(A)/颜色(C)/图层(LA)/线型(LT)/线宽(LW)/从父块继承(I)/分解(E)] <分解>:
```

各选项说明如下。

① 全部（A）：设置分解对象之后部件对象的颜色、线型、线宽和图层。将显示与颜色、线型、线宽和图层选项相关联的提示。

② 颜色（C）：设置分解对象之后部件对象的颜色。

③ 图层（LA）：设置分解对象之后部件对象所在的图层。默认选项是继承当前图层而不是分解对象所在的图层。

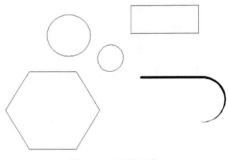

图 2-72　选择对象

④ 线型（LT）：设置分解对象之后部件对象的线型。

⑤ 线宽（LW）：设置分解对象后部件对象的线宽。

⑥ 从父块继承（I）：如果部件对象的颜色、线型和线宽为"BYBLOCK"并且对象是在图层 0 上绘制的，则将部件对象的颜色、线型、线宽和图层设定为分解对象的对应项。

⑦ 分解（E）：将一个合成对象分解为单个的部件对象，这与 Explode 命令的功能完全一样。

## 2.4.17　夹点编辑

用户在不执行任何命令的情况下，选择了某个对象后，所选对象呈虚线显示状态，而且被选对象上将出现一些小的蓝色正方形框，这些正方形框被称为"夹点"（Grips）。

夹点是图形对象的特征点。每个图形对象都有其各自的特征点——夹点。图 2-73 所示为常见图形的夹点位置。例如，直线对象的夹点有 3 个，两个端点和一个中点；多段线的夹点是每段的两个端点；尺寸标注的夹点有 5 个，左右线的两点夹点，标注文字处有一个夹点。圆也有 5 个夹点，一个圆心和 4 个象限点。

当鼠标光标经过夹点时，AutoCAD 自动将鼠标光标与夹点精确对齐，从而可得到图形的精确位置。鼠标光标与夹点对齐后单击左键可选中夹点，并可进一步进行移动、镜像、旋转、比例缩放、拉伸和复制等操作。

夹点具有温点和热点两种状态。操作者可以通过夹点的形状和颜色来判断。首次选择对象时，夹点显示为"蓝色实心"小方框，此时为"温点"状态，再次点选呈现温点状态的夹点，夹点被激活并显示为"红色实心"小方框，此时为"热点"状态。

夹点处于"热点"状态时才能进行编辑。夹点编辑包括移动、镜像、旋转、缩放和拉伸 5 种编辑操作。在热夹点处右击，将弹出图 2-74 所示的夹点编辑菜单。

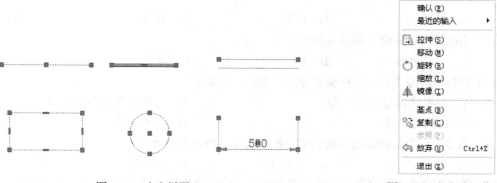

图 2-73　夹点样图　　　　　　　　　　　　图 2-74　夹点编辑菜单

如果某个夹点处于热点状态，则按"Esc"键可以使之变为温点状态，再次按"Esc"键可取消所有对象的夹点显示。如果仅仅需要取消选择集中某个对象上的夹点显示，可按住"Shift"键的同时选择该对象，使之变为温点状态。

夹点被激活后，默认情况首先处于"拉伸"编辑状态。在"拉伸"编辑状态，选择同一对象不同位置的夹点，其操作的结果会有所不同。例如，对图 2-75（a）所示的直线，选择中点是执行移动操作（见图 2-75（b））；选择端点是执行拉长操作（见图 2-75（c））。

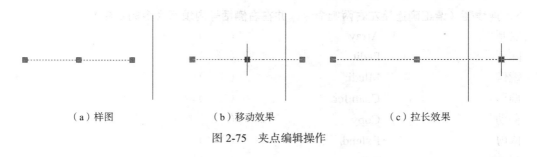

（a）样图　　　　　　　　（b）移动效果　　　　　　　（c）拉长效果

图 2-75　夹点编辑操作

# 练 习 题

1. 填空题

（1）控制镜像文字复制结果的系统变量是_____，变量值为_____时文字不做镜像处理。

（2）阵列命令的复制方式方式分为_____、_____和_____3类。

（3）多线Mline对象编辑对话框提供了_____大类_____种编辑方法。

（4）拉伸Stretch命令执行时必须采用窗选方式选择对象。对于全部处于窗口内的对象执行_____操作。

（5）执行Trim命令修剪对象时，若要实现"延伸效果"，需要按住键盘上的_____键不放的同时单击要延伸的线段。

2．选择题

（1）复制对象时可能改变复制对象大小的命令是（　　），只能复制一次被选对象的复制命令是（　　）。

A．复制　　　　　B．阵列　　　　　C．镜像　　　　　D．偏移

（2）不能作为偏移命令偏移对象的是（　　）。

A．正多边形　　　B．圆　　　　　　C．多线　　　　　D．多段线

（3）执行延伸命令，在选择被延伸的对象时，应单击（　　）。

A．靠近延伸边界的一端　　　　　　B．远离延伸边界的一端

C．中间的位置　　　　　　　　　　D．没有关系

（4）用多线命令绘制轴线在墙的中心线的墙时，对正方式就为（　　）。

A．无　　　　　　B．上对正　　　　C．下对正　　　　D．以上皆可

（5）用圆角命令进行修角必须满足两个条件：模式应为修剪模式；圆角半径应该为（　　）。

A．10　　　　　　B．20　　　　　　C．0　　　　　　D．5

（6）用阵列命令复制对象时，行数和列数的计算应（　　）被阵列本身。

A．不包括　　　　　　　　　　　　B．包括

C．包括行，不包括列　　　　　　　D．包手列，不包括行

（7）比例命令是将图形沿X、Y方向（　　）地放大或缩小。

A．等比例　　　　　　　　　　　　B．不等比列

C．既可等比例又可不等比例

3．连线题（请正确连接左右两侧命令，并在右侧括号内填写命令的别名）

复制　　　　Array　　　　（　　）
阵列　　　　Pedit　　　　（　　）
镜像　　　　Mledit　　　　（　　）
偏移　　　　Chamfer　　　　（　　）
移动　　　　Copy　　　　（　　）
修剪　　　　Extend　　　　（　　）
延伸　　　　Fillet　　　　（　　）
倒角　　　　Mirror　　　　（　　）
圆角　　　　Move　　　　（　　）
编辑多段线　　Offset　　　　（　　）
编辑多线　　Trim　　　　（　　）

### 4．简答题

（1）执行偏移命令的 3 个具体步骤是什么？

（2）如何改变线段线宽？

（3）简述比例和拉伸命令的区别，以及执行比例命令时比例因子的计算方法？

（4）简述复制、位伸等编辑命令中基点的作用？

（5）用多段线和直线命令分别绘制一个矩形，然后执行偏移命令，所得的结果是否相同？

（6）默认情况多线的当前设置是什么？

### 5．上机练习题

利用 AutoCAD 2014 绘制图 2-76 所示的图形。

图 2-76（a）

图 2-76（b）

图 2-76（c）

图 2-76（d）

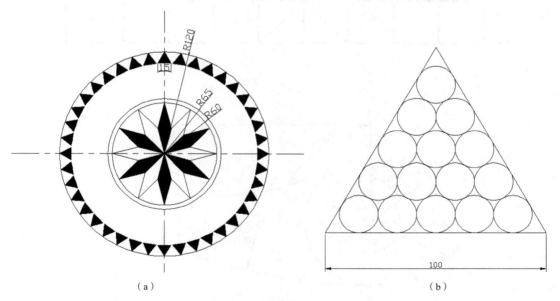

（a）　　　　　　　　　　　　　　　（b）

图 2-76　上机练习题图样

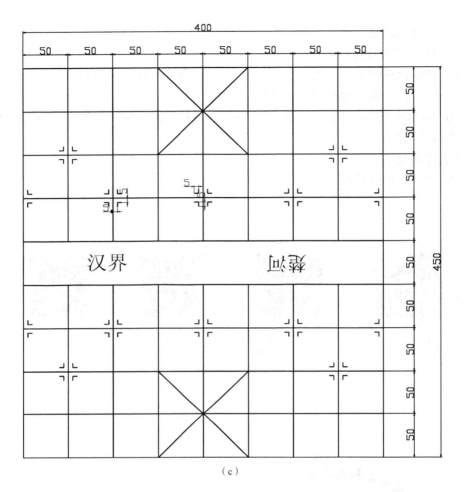

（c）

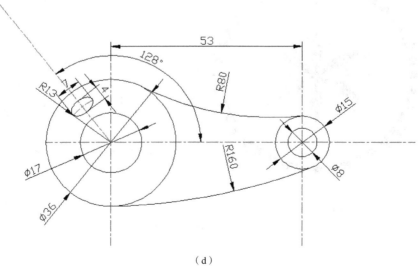

（d）

图 2-76  上机练习题图样（续）

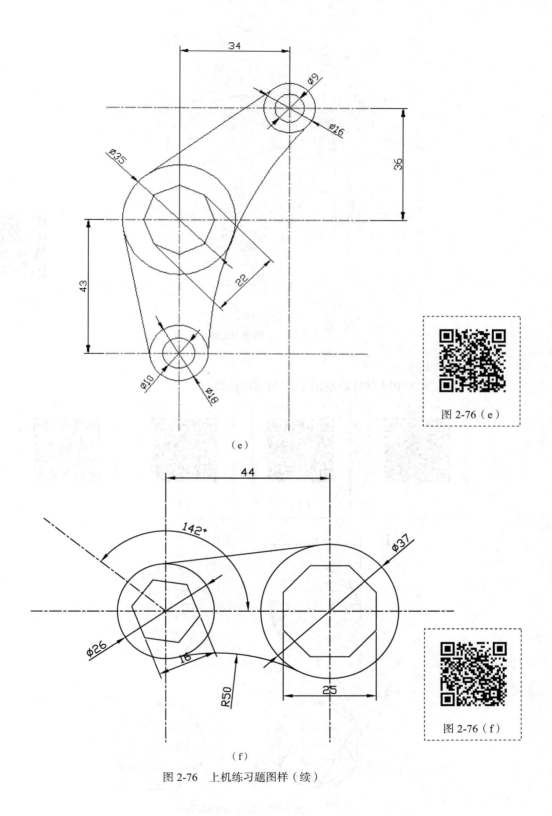

（e）

图 2-76（e）

（f）

图 2-76（f）

图 2-76 上机练习题图样（续）

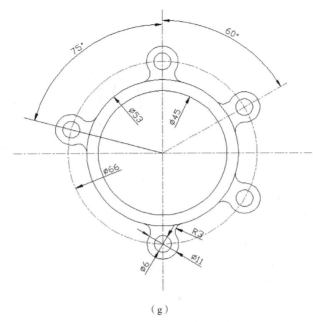

图 2-76（g）

（g）

图 2-76　上机练习题图样（续）

## 6. 拓展训练题

利用 AutoCAD 2014 软件绘制图 2-77 所示的图形。

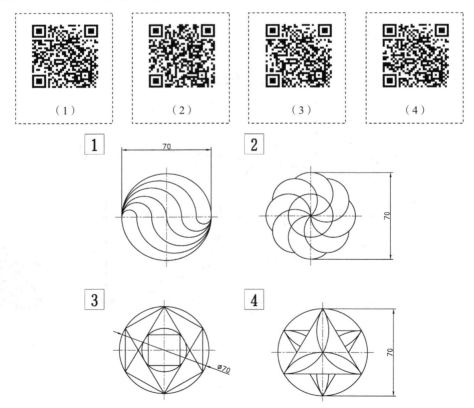

图 2-77　拓展训练题图样

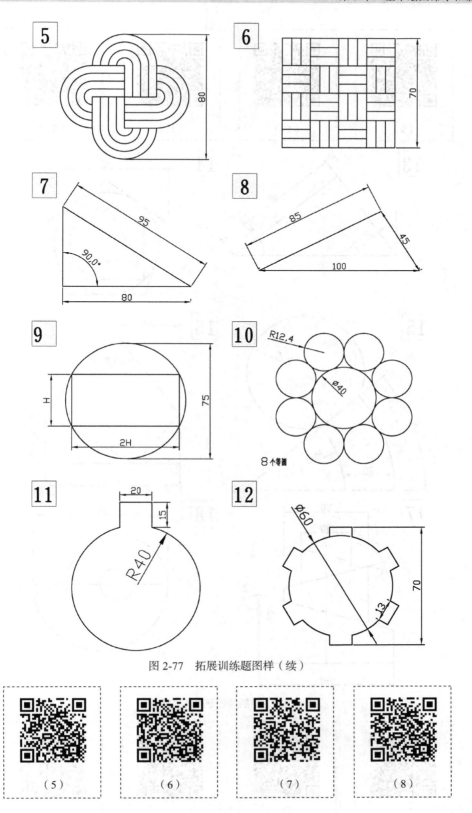

图 2-77　拓展训练题图样（续）

（5）　　　　　（6）　　　　　（7）　　　　　（8）

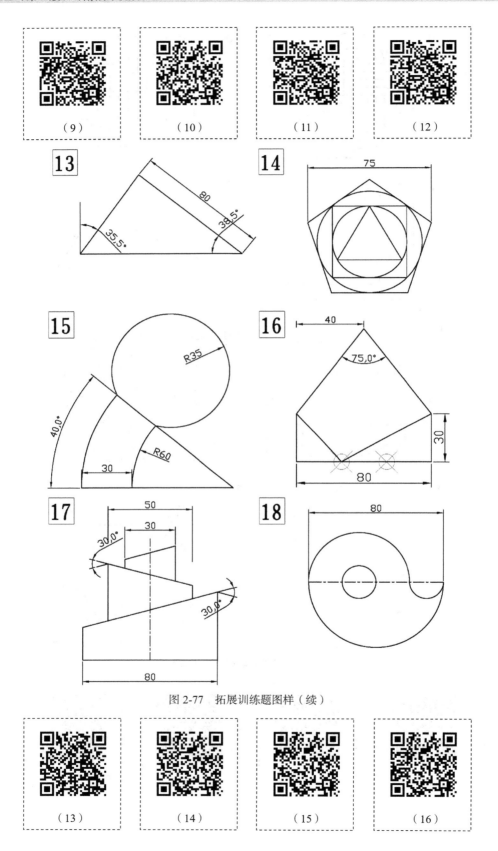

图 2-77 拓展训练题图样（续）

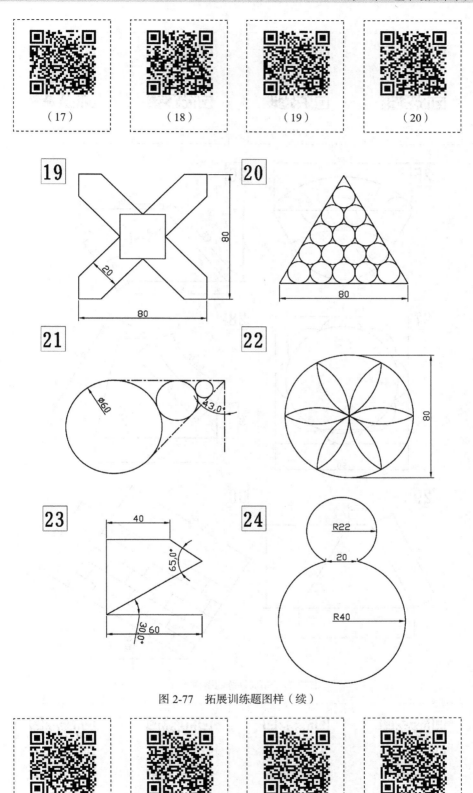

图 2-77　拓展训练题图样（续）

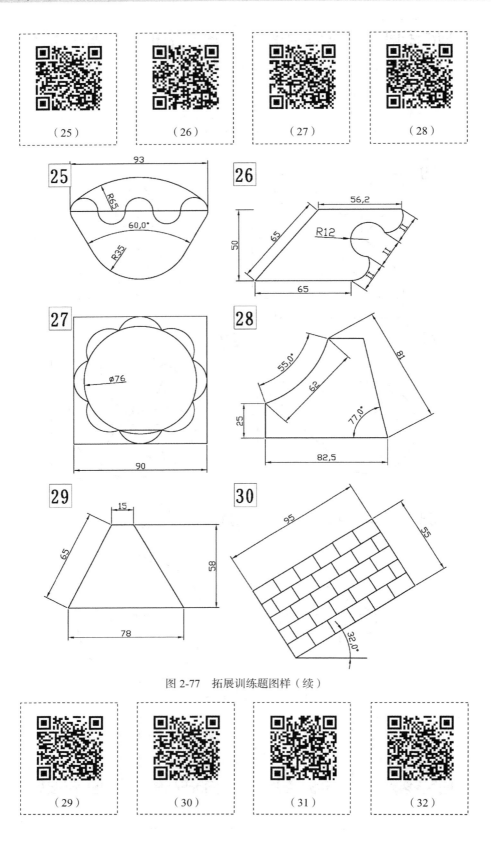

图 2-77　拓展训练题图样（续）

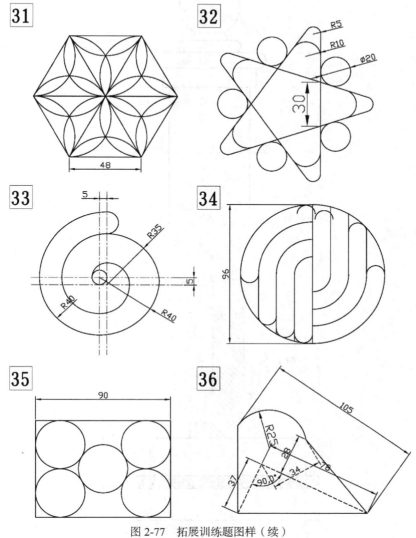

图 2-77　拓展训练题图样（续）

（33）

（34）

（35）

（36）

**7．精确绘图题（高新技术类考证题）**

按照尺寸绘制图 2-78 所示的建筑图形。

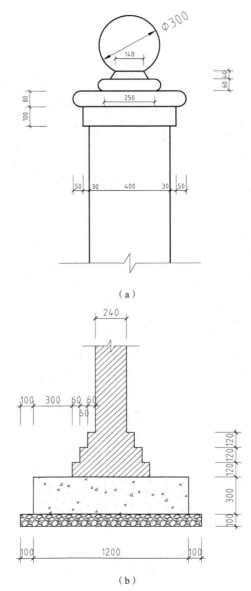

（a）

（b）

图 2-78　精确绘图题图样

# 第3章

## 文字与尺寸标注

　　用 AutoCAD 绘制建筑设计图的过程可分为绘图、编辑、标注和打印 4 个阶段。在标注阶段，设计人员需要标注出所绘制的墙体、门窗等图形对象的位置、长度等尺寸信息。另外，还要添加文字说明或表格来表达施工材料、构造做法、施工要求等设计信息。

## 3.1 文字

　　文字对象是 AutoCAD 图形中很重要的图形元素，在一个完整的图样中，通常都包含一些文字注释来标注图样中的一些非图形信息，如工程制图中的材料说明、施工要求等。AutoCAD 2014 中用户通过文字样式设置文字字体样式、大小等特性，通过单行文字或多行文字实现文字标注，而角度、直径标注等特殊符号则通过代码来表示。

### 3.1.1 创建文字样式（Style）

　　文字样式是定义文本标注时的各种参数和表现形式。用户可以在文字样式中设置字体高度等参数。

　　创建文字样式的命令为 Style，启动 Style 命令可以采用以下 3 种方法。

　　① 执行"格式"/"文字样式"菜单命令。

　　② 在"标准"工具栏上单击 按钮。

　　③ 在命令行提示下，输入 style (st)并按"空格"键或"Enter"键。

　　启动 Style 命令后，弹出"文字样式"对话框，如图 3-1 所示。在该对话框中，用户可以进行字体样式的设置。

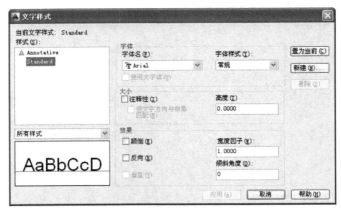

图 3-1　"文字样式"对话框

下面介绍"文字样式"对话框中的各项内容。

（1）"样式"选项组

"文字样式"对话框的"样式"选项组中显示了文字样式的名称、可以创建新的文字样式、为已有的文字样式重命名或删除文字样式，各选项的含义如下。

①"新建"按钮：单击该按钮，打开"新建文字样式"对话框。在"样式名"文本框中输入新建文字样式名称后，单击"确定"按钮可以创建新的文字样式。新建文字样式将显示在"样式"下拉列表框中。

②"删除"按钮：单击该按钮可以删除某一已有的文字样式，但无法删除已经使用的文字样式和默认的 Standard 样式。

如果需要对已经使用的样式重命名，要单击该样式名然后单击右键，找到"重命名"选项即可。

（2）"字体"选项组

"文字样式"对话框的"字体"选项组用于设置文字样式使用的字体、字高等属性。其中，"字体名"下拉列表框用于选择字体；"字体样式"下拉列表框用于选择字体格式，如斜体、粗体、常规字体等；选中"使用大字体"复选框，"字体样式"下拉列表框变为"大字体"下拉列表框，用于选择大字体样式。

AutoCAD 提供的字体分为两类：一类是 Windows 系统字体，如 TrueType 字体，包括宋体、黑体、楷体等汉字，字体扩展名为.tif；另一类是 AutoCAD 特有的形文字，字体扩展名为.shx。

AutoCAD 提供了符合标注要求的字体形文件：gbenor.shx、gbeitc.shx 和 gbcbig.shx 文件。其中，gbenor.shx 和 gbeitc.shx 文件分别用于标注直体和斜体字母与数字；gbcbig.shx 则用于标注中文。

Windows 中文字体分为两类：不带@符号为现代横向书写风格，而带@符号的字体则为古典竖向风格，其区别如图 3-2 所示。

（3）"大小"选项组

①"使文字方向与布局匹配"复选框：只有用户选择注释性文字后，才能指定图纸空间视口的文字方向与布局方向匹配。

② 高度：根据输入值设置文字高度。如果将文字的高度设为 0，在使用 TEXT 命令标注文字时，命令行将显示"指定高度"提示，要求指定文字的高度。如果在"高度"文本框中输入了文字高度，AutoCAD 将按此高度标注文字，而不再提示指定高度。

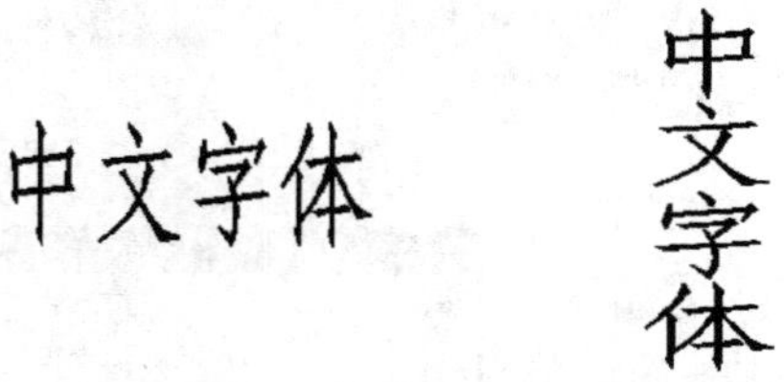

中文字体

中文字体

（a）横向风格　　　　　（b）竖向风格

图 3-2　字体区别

（4）"效果"选项组

效果主要是修改字体的特性，例如，宽度比例、倾斜角以及是否颠倒显示、反向或垂直对齐，如图 3-3 所示。

① 颠倒：确定是否将文本文字旋转 180°。

② 反向：确定是否将文字以镜像方式标注。

③ 垂直：控制文本是水平标注还是垂直标注。

④ 宽度因子：可以设置文字字符的高度和宽度之比，当"宽度比例"值为 1 时，将按系统定义的高宽比书写文字；当"宽度比例"小于 1 时，字符会变窄；当"宽度比例"大于 1 时，字符则变宽。

⑤ 倾斜角度：可以设置文字的倾斜角度，角度为 0° 时不倾斜；角度为正值时向右倾斜；为负值时向左倾斜。

AutoCA2014
默认效果

AutoCA2014
宽度比例=1.5

AutoCA2014
宽度比例=0.7

AutoCA2014
颠倒效果

AutoCAD2014
（垂直文字）

AutoCA2014
倾斜角度=30

AutoCA2014
倾斜角度=-30

AutoCA2014
反向效果

垂直效果

图 3-3　文字效果

【例 3-1】创建文字样式名为"hz"，字体为"仿宋_GB2312"，宽度比例 0.7。

其操作步骤如下。

① 在"文字样式"对话框中单击"新建"按钮，弹出"新建文字样式"对话框，如图 3-4（a）所示。在"样式名"中输入"hz"，后，单击"确定"按钮。

例 3-1

② 在"字体名"下拉列表框中选择"仿宋_GB2312"字体，宽度因子输入 0.7，最后单击"应用"按钮即可，如图 3-4（b）所示。如果要用这个样式来写文字，最后还要单击"置为当前"按钮。

（a）新建文字样式　　　　　　　　　　　　　（b）为新样式设置参数

图 3-4　创建"hz"文字样

## 3.1.2　单行文字标注（Dtext）

### 1. 创建单行文字

字体样式创建完毕后，便可以进行文字标注了，文字标注有 2 种方式：一种是单行文字标注（Dtext），单行文字并不是说此命令一次只能标注一行文字，实际上每一次命令能够标注多行文字，只是不会自动换行输入；另一种是多行文字标注（Mtext），一次可以输入多行文字。

可以通过以下 2 种方法启动 Dtext 命令。

① 执行"绘图"/"文字"/"单行文字"菜单命令。

② 在命令行提示下，输入 dtext (dt)后按"空格"键或"Enter"键。

启动 Dtext 命令后，命令行出现如下提示。

当前文字样式："hz"　文字高度：5.0000　注释性：否　对正：左

系统列出当前的参数值。

指定文字的起点 或 [对正(J)/样式(S)]:
指定高度 <5.0000>:　　　　　　　//输入文本的高度
指定文字的旋转角度 <0>:　　　　　//输入文本的旋转角度，这个要区别于倾斜角度

下面对文字的起点、对正方式、样式分别介绍。

（1）指定文字的起点

默认情况下，通过指定单行文字行基线的起点位置创建文字。如果当前文字样式的高度设置为 0，系统将显示"指定高度"提示信息，要求指定文字高度，否则不显示该提示信息，而在"文字样式"对话框中设置文字高度。

接着，系统显示"指定文字的旋转角度<0>"提示信息，要求指定文字的旋转角度。文字旋转角度是指文字行排列方向与水平线的夹角，默认角度为 0°。输入文字旋转角度，或按"Enter"键使用默认角度 0°，最后输入文字即可。

（2）设置对正方式

在"指定文字的起点或 [对正(J)/样式(S)]"提示信息后输入 J，可以设置文字的排列方式。此时命令行显示如下提示信息。

输入对正选项 [左 (L) /对齐 (A) /调整 (F) /中心 (C) /中间 (M) /右 (R) /左上 (TL) /中上 (TC) /右上 (TR) /左中 (ML) /正中 (MC) /右中 (MR) /左下 (BL) /中下 (BC) /右下 (BR) ]<左上 (TL) >:

在 AutoCAD 2014 中，系统为文字提供了多种对正方式，如图 3-5 所示。

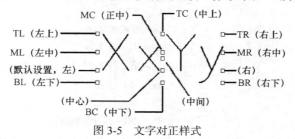

图 3-5　文字对正样式

（3）设置当前文字样式

在"指定文字的起点或 [对正(J)/样式(S)]"提示下输入 S，可以设置当前使用的文字样式。选择该选项时，命令行显示如下提示信息。

输入样式名或 [?] <Mytext>:

可以直接输入文字样式的名称，也可输入"?"，在"AutoCAD 文本窗口"中显示当前图形已有的文字样式，如图 3-6 所示。

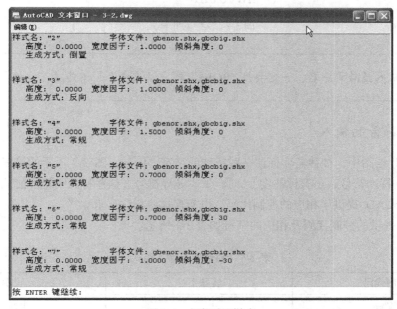

图 3-6　文字对正样式

单行文字（Dtext）命令主要分为以下几个步骤。

① 设置字体参数。
② 指定插入点。
③ 设置字体高度和旋转角度。
④ 输入文字。

例 3-2

【例 3-2】要完成图 3-7 所示的文字，用单行文字（Dtext）命令操作步骤如下。

```
①命令: dt                                    //启动命令
当前文字样式: "hz"   文字高度: 10.0000 注释性: 否 对正: 左（当前文字样式的参数）
②指定文字的起点 或 [对正(J)/样式(S)]:         //单击鼠标确定文字的输入位置
③指定高度 <10.0000>: 5                       //输入高度=5
④指定文字的旋转角度 <0>: 0                    //输入旋转角度=0
⑤12345                                       //输入第 1 行文字
⑥标准层平面图                                 //输入第 2 行文字
⑦%%P0.000                                    //输入第 3 行文字
⑧%%uAutoCAD                                  //输入第 4 行文字
⑨                                            //按 "Enter" 键结束输入
```

操作执行后，结果如图 3-7 所示，第⑤～第⑧步操作中的按 "Enter" 键操作，起到换行作用。

12345

标准层平面图

±0.000

AutoCAD

图 3-7　文字对正样式

**提示**　输入最后文字后，一定要按 "Enter" 键来结束命令，不能按 "空格" 键。

### 2. 特殊符号的输入

在实际设计绘图中，往往需要标注一些特殊的字符。例如，图 3-7 所示的第三、四行文字使用了 AutoCAD 特殊符号，还有标注度（°）、±、φ 等符号。这些特殊字符不能从键盘上直接输入，因此 AutoCAD 提供了相应的控制代码，以实现这些标注要求。

AutoCAD 提供的控制代码及相应的字符如表 3-1 所示。

表 3-1　特殊符号输入格式

| 控制代码 | 特殊字符 | 说明 |
| --- | --- | --- |
| %%o | $-$ | 上画线 |
| %%u | $-$ | 下画线 |
| %%d | ° | 度 |
| %%P | ± | 绘制正/负公差符号 |
| %%c | φ | 直径符号 |
| %%% | % | 百分比符号 |

AutoCAD 提供的控制代码，均由两个%%和一个字母组成。在输入控制代码时，该控制代码也临时显示在屏幕上，当结束文本创建命令时，这些控制代码将从屏幕上消失，转换成相应的特

殊符号。

### 3. 单行文字的编辑（ED）

单行文字编辑主要包括文字内容和文字高度的编辑。

（1）文字内容的编辑

① 采用双击文字直接修改文字内容。这种方法非常实用。

② 输入"ddedit"命令后，单击文字即可修改文字内容。

③ 通过菜单方法。

单行文字可进行单独编辑。编辑单行文字包括编辑文字的内容、对正方式及缩放比例，可以执行"修改"/"对象"/"文字"菜单命令进行设置。各命令的功能如下。

（a）"编辑"命令（DDEDIT）：选择该命令，然后在绘图窗口中单击需要编辑的单行文字，进入文字编辑状态，可以重新输入文本内容。

（b）"比例"命令（SCALETEXT）：选择该命令，然后在绘图窗口中单击需要编辑的单行文字，此时需要输入缩放的基点以及指定新高度、匹配对象（M）或缩放比例（S）。

（c）对正"命令"（JUSTIFYTEXT）：选择该命令，然后在绘图窗口中单击需要编辑的单行文字，此时可以重新设置文字的对正方式。

（2）文字高度的编辑

对于仅仅修改文字的内容是比较简单的，但是对于单行文字并不能通过双击来编辑文字的高度。对于文字的高度，可采用以下 2 种方法进行编辑修改。

① 通过菜单方法，通过"修改"/"对象"/"文字"下的"比例"选项可以修改其对正方式和高度。

② 通过选择文字，然后在命令行中输入 mo 或按"Ctrl+1"组合键弹出"特性"选项面板（先选择文字还是先按命令都可以），如图 3-8 所示。通过这个面板可以修改文字内容、文字样式、对正方式、高度、宽度因子等。

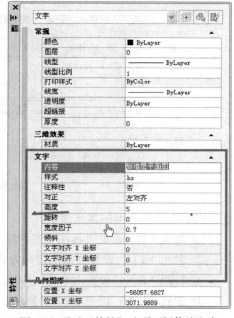

图 3-8　通过"特性"选项面板修改文字

## 3.1.3　多行文字标注（Mtext）

### 1. 创建多行文字

用 Dtext 命令虽然也可以标注多行文本，但换行时，定位及行列对齐比较困难，且标注结束后每行文本都是一个单独的实体，不易编辑。AutoCAD 为此提供了 Mtext 命令，使用 Mtext 可以一次标注多行文字，并且各行文字都以指定宽度对齐，共同作为一个实体，这一命令在注写设计说明中非常有用。

AutoCAD 可以通过以下 3 种方法启动 Mtext 命令。

① 执行"绘图"/"文字"/"多行文字"菜单命令。

② 在"修改"工具栏上单击 **A** 按钮。

③ 在命令行提示下，输入 mtext (mt)并按"空格"键或"Enter"键。

启动 Mtext 命令后，命令行出现如下提示。

```
命令：mt
当前文字样式："hz"  文字高度： 5  注释性： 否
指定第一角点：                              //确定一点作为标注文本框的第
                                            一角点
指定对角点或 [高度(H)/对正(J)/行距(L)/旋转(R)/样式(S)/宽度(W)/栏(C)]://确定标注文本框的另一角点
```

启动 Mtext 后，AutoCAD 2014 根据所标注文本的宽度和高度或字体排列方式等这些数据确定文本框的大小，并自动弹出一个专门用于多行文字编辑的"文字格式"对话框，如图 3-9 所示。

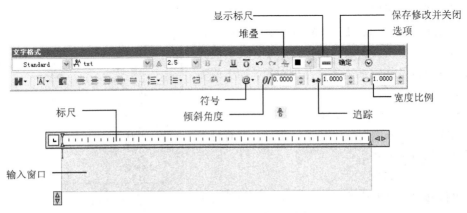

图 3-9 "文字格式"对话框

提示中其他选项的含义如下。

① 高度（H）：设置标注文字的高度。

② 对正（J）：设置文本的排列方式。

③ 行距（L）：设置文本行间距。

④ 旋转（R）：设置文本的倾斜度。

⑤ 样式（S）：设置文本字体样式。

⑥ 宽度（W）：设置文本框的宽度。

⑦ 栏（C）：设置文本的栏数。

"文字格式"对话框各工具栏的功能说明如下。

① 使用"文字格式"工具栏。使用"文字格式"工具栏，可以设置文字样式、文字字体、文字高度、加粗、倾斜或加下画线效果。

单击"堆叠/非堆叠"按钮，可以创建堆叠文字（堆叠文字是一种垂直对齐的文字或分数）。在使用时，需要分别输入分子和分母，其间使用/、#或^分隔，然后选择这一部分文字，单击按钮即可。

② 设置缩进、制表位和多行文字宽度。在文字输入窗口的标尺上单击鼠标右键，从弹出的"标尺"快捷菜单中选择"段落"命令，打开"段落"对话框，如图 3-10（a）所示，可以从中设置缩进和制表位位置。其中，在"左缩进"选项组的"第一行"文本框中设置首行和段落的缩

进位置；在"制表位"列表框中可设置制表符的位置，单击"添加"按钮可设置新制表位，单击"删除"按钮可清除列表框中的所有设置。

在"标尺"快捷菜单中选择"设置多行文字高度"子命令，可打开"设置多行文字高度"对话框，在"高度"文本框中可以设置多行文字的高度，如图 3-10（b）所示。

在"标尺"快捷菜单中选择"设置多行文字宽度"子命令，可打开"设置多行文字宽度"对话框，在"宽度"文本框中可以设置多行文字的宽度，如图 3-10（c）所示。

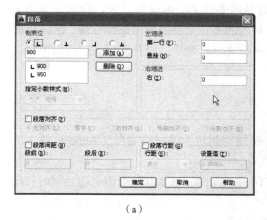
（a）

（b）

（c）

图 3-10 "设置文字格式"对话框

③ 使用选项菜单。在"文字格式"工具栏中单击"选项"按钮，打开多行文字的选项菜单，可以对多行文本进行更多的设置。在文字输入窗口中右击，将弹出一个快捷菜单，该快捷菜单与选项菜单中的主要命令一一对应，如图 3-11 所示。

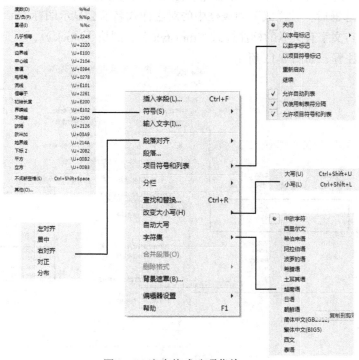

图 3-11 文字格式选项菜单

④ 输入文字。在多行文字的文字输入窗口中，可以直接输入多行文字，也可以在文字输入窗口中右击，从弹出的快捷菜单中选择"输入文字"命令，将已经在其他文字编辑器中创建的文字内容直接导入到当前图形中。

## 2. 编辑多行文字（ED）

编辑创建的多行文字，可选择"修改"/"对象"/"文字"/"编辑"命令（DDEDIT），并单击创建的多行文字，打开多行文字编辑窗口，然后参照多行文字的设置方法，修改并编辑文字。也可以在绘图窗口中双击输入的多行文字，或在输入的多行文字上单击鼠标右键，从弹出的快捷菜单中选择"重复编辑多行文字"命令或"编辑多行文字"命令，打开多行文字编辑窗口。

## 3.1.4 注释性文本

AutoCAD 2014 可以将文字、尺寸、块、属性、引线等指定为注释性对象（Annotative）的选项。

假设我们现在要把一张 1:100 的图改成 1:200 打印，或者在一张 1:100 图面上还要同时打印 1:20、1:10 的大样图，我们只能设置一个新的标注样式，然后对文字高度、填充比例、图块比例等修改一遍。而 AutoCAD 添加注释性的目的就是解决这个问题的，对于不同比例、打印输出时尺寸要求一致的一些图面元素可以设置注释性比例，当调整模型空间或布局空间视口的注释比例时，这些对象的尺寸就会自动按比例变化。

① 用于定义注释性文字样式的命令也是 Style，其创建的过程与前面的文字样式相同。执行该命令后，在打开的"文字样式"对话框中，除按介绍的过程设置样式外，还应选中"注释性"复选框。选中复选框后，"样式"列表框中的对应样式名前会显示图标，表示该样式属于注释性文字样式。与文字有关联的标注样式（dimstyle）、图块（block）、填充（hatch），在对话框中都可以看到注释，如图 3-12 所示。

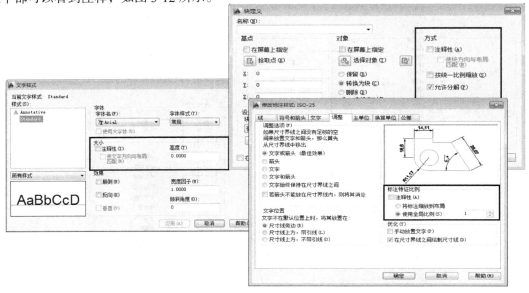

图 3-12　注释性文本的应用

② 标注注释性文字。如果有可能按不同比例或多比例布图、出图，我们就可以考虑使用注释性文字。首先要给图形对象设置注释性比例，设置方式有两种：一种是先设置带注释性的文字样式、标注样式，用 Dtext 或 Mtext 命令标注文字时，使用这些样式的文字和标注就自动成为注释性对象，然后按前面的方法标注即可；另一种是选中对象后，在属性框（按"Ctrl+1"组合键）中"注释性"一栏设置为"是"，如图 3-13 所示。

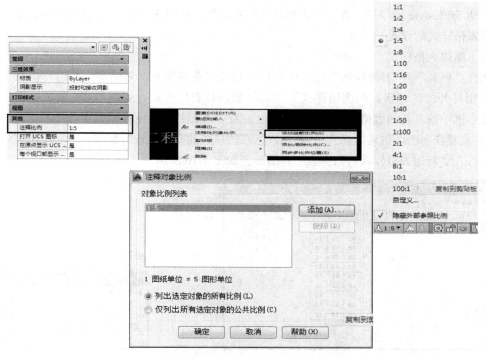

图 3-13　设置注释性文本比例

对象被设置为注释性后，会多出一些参数，如注释比例（objectscale）、文字会增加图纸文字高度（设置打印时文字高度）和模型文字高度。对象的注释比例可以通过命令（objectscale）、属性框（按"Ctrl+1"组合键）、右键菜单来添加。如果图中所有注释性对象都采用相同的比例，直接在底部状态栏调整空间的注释比例也可以将比例添加到对象的比例列表中，这种方式比较简单。但如果希望有些注释性对象在某种比例时不显示或不改变大小，也可以不自动添加。

# 3.2　表格

表格是行和列中包含数据的对象，门窗表和材料表是建筑施工图纸中的关键要素，AutoCAD 2014 具备了表格创建和编辑功能，可以弥补低版本在这些处理方面的不足。

## 3.2.1　创建表格样式（Tablestyle）

表格使用行和列以一种简洁清晰的形式提供信息，常用于一些组件的图形中。表格样式控制一个表格的外观，用于保证标准的字体、颜色、文本、高度和行距。用户可以使用默认的表格样式，也可以根据需要自定义表格样式。

创建表格样式的命令为 Tablestyle，启动 Tablestyle 命令可以采用以下 3 种方法。

① 执行"格式"/"表格样式"菜单命令。

② 在"标准"工具栏上单击 按钮。

③ 在命令行提示下，输入 tablestyle (tb)并按"空格"键或"Enter"键。

启动 Tablestyle 命令后，弹出"表格样式"对话框，如图 3-14 所示，在该对话框中，用户可以进行表格样式的设置。

（1）新建表格样式

执行"格式"/"表格样式"菜单命令后，打开"表格样式"对话框。单击"新建"按钮，可以使用打开的"创建新的表格样式"对话框创建新表格样式，如图 3-15 所示。在"新样式名"文本框中输入新的表格样式名"门窗表"，在"基础样式"下拉列表中选择默认的表格样式（标准的或者任何已经创建的样式），新样式将在该样式的基础上进行修改。然后单击"继续"按钮，将打开"新建表格样式：门窗表"对话框，如图 3-16 所示。

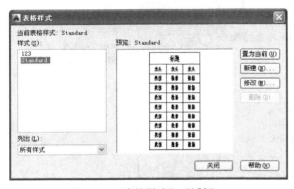

图 3-14 "表格样式"对话框

图 3-15 "创建新的表格样式"对话框

（2）设置表格的标题、表头和数据样式

现就图 3-16 所示"新建表格样式：门窗表"对话框选项说明如下。

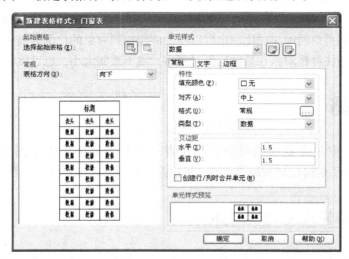

图 3-16 "新建表格样式：门窗表"对话框

左侧有"起始表格""表格方向"下拉列表框和"表格预览"框。

① "起始表格"：用于使用户指定一个已有表格作为新建表格样式的起始表格。

② "表格方向"下拉列表框：该列表框用于确定插入表格时的表的方向，有"向下"和"向上"选择。"向下"是默认选项，表示创建由上而下读取的表，即标题行和表头位于表的顶部。

③ "表格预览"框：用于显示新创建表格样式的表格预览图像。

右侧有"单元样式"等选项组，用户可以通过对应的下拉列表确定要设置的对象，即在"标题""表头""数据"之间进行选择。

"常规""文字""边框"3 个选项卡分别用于设置表格中的基本内容、文字和边框。它主要包含单元的文字样式、文字大小、单元格背景、对齐方式等。

完成表格样式的设置后，单击"确定"按钮，AutoCAD 返回到"表格样式"对话框，并将新定义的样式显示在"样式"列表框中。单击该对话框中的"确定"按钮关闭对话框，完成新表格样式的创建。

（3）管理表格样式

在 AutoCAD 2014 中，还可以使用"表格样式"对话框来管理图形中的表格样式。在该对话框的"当前表格样式"下面，显示当前使用的表格样式（默认为 Standard）；在"样式"列表中显示了当前图形所包含的表格样式；在"预览"窗口中显示了选中表格的样式；在"列出"下拉列表中，可以选择"样式"列表显示图形中的所有样式，还是正在使用的样式。

此外，在"表格样式"对话框中，还可以单击"置为当前"按钮，将选中的表格样式设置为当前；单击"修改"按钮，在打开的"修改表格样式"对话框中修改选中的表格样式；单击"删除"按钮，删除选中的表格样式，如图 3-17 所示。

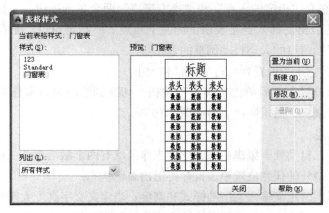

图 3-17 "表格样式"对话框

## 3.2.2 创建表格

创建表格的命令为 Table，启动 Table 命令可以采用以下 3 种方法。

① 执行"绘图"/"表格"菜单命令。

② 在"绘图"工具栏上单击按钮 ▦。

③ 在命令行提示下，输入 table (tb)并按"空格"键或"Enter"键。

创建表格的流程和步骤如下。

（1）插入空白表格

启动 Table 命令后，弹出"插入表格"对话框，如图 3-18 所示。

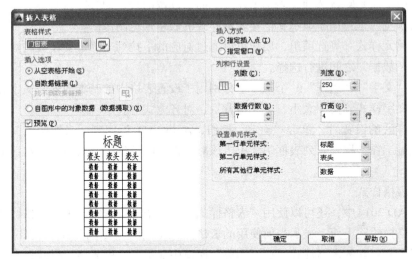

图 3-18 "插入表格"对话框

该对话框中"表格样式""插入方式""列和行设置"3 个选项组的含义如下。

① 表格样式：它指表格样式，默认格式为"Standard"。单击"表格样式"名称右边的 按钮，将切换到"表格样式"对话框，如图 3-14 所示。具体说明见前面内容。

② 插入方式：它有"指定插入点"和"指定窗口"两个单选按钮。"指定插入点"是在绘图区插入固定大小的表格。插入点是表格上的左上角点。"指定窗口"是在绘图区中插入一个"行数和列宽"，根据窗口的大小自动调整的表格。

③ 列和行设置：它用于设置列和行的数目和大小。

按图 3-18 所示设置参数后单击"确定"按钮，切换到绘图窗口鼠标指针处有一虚表格图形，在指定位置单击鼠标，插入空白表格如图 3-19 所示。

（2）输入表格信息

空白表格插入后，自动处于编辑状态，此时工作区域有两个激活部分：在位文字编辑器和电子表格。在激活单元格外的任意位置单击鼠标将退出编辑状态。

在位文字编辑器实时定义输入文字的样式和高度。当定义文字高度大于行高值或文字数超过列宽值时，程序自动加宽表格的行高以适应输入内容，但不会加宽表格的列宽值。

---

提示

单击选择任意一个单元格后，直接输入文字可立即激活编辑状态。表格处于编辑状态时，只能使用键盘方向键才能连续地切换单元格。若使用鼠标单击来切换，将退出编辑状态。此时需要用鼠标双击要编辑单元格，重新回到编辑状态。

双击操作时鼠标的击点很关键。击点在单元格内时，将切换到文字编辑状态。击点在表格线上时，不能激活编辑状态，只会处于表格框线选择状态。

---

在表格内输入信息，创建一个门窗表，结果如图 3-20 所示。

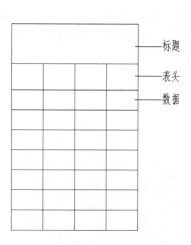

图 3-19　插入空白表格

**门窗表**

| 类型 | 编号 | 洞口尺寸 | 数量 |
| --- | --- | --- | --- |
| 窗 | C-1 | 1500×1800 | 3 |
| 窗 | C-2 | 1800×1500 | 4 |
| 窗 | C-3 | 1500×2100 | 1 |
| 门 | M-1 | 1000×2100 | 2 |
| 门 | M-2 | 900×2100 | 3 |
| 门 | M-3 | 1200×2100 | 2 |

图 3-20　插入表格

## 3.2.3　编辑表格

表格由框线和内容两大部分构成，下面分别介绍如何对表格进行编辑。

### 1. 表格框线的编辑

编辑表格的框线尺寸要使用"夹点"编辑操作。操作步骤分两步：第一步选择单元格，第二步移动夹点调整列宽和行高。以图 3-20 所示的门窗表为例调整列宽和行高，具体操作步骤如下。

① 调整列宽。首先单击选择要调整列宽中的任意一个单元格，如图 3-21（a）所示。然后单击选择左右夹点中的任意一个，向左右任意拉宽（调整洞口尺寸），调整结果如图 3-21（b）所示。

**门窗表**

| | A | B | C | D |
| --- | --- | --- | --- | --- |
| 1 | 门窗表 | | | |
| 2 | 类型 | 编号 | 洞口尺寸 | 数量 |
| 3 | 窗 | C-1 | 1500×1800 | 3 |
| 4 | 窗 | C-2 | 1800×1500 | 4 |
| 5 | 窗 | C-3 | 1500×2100 | 1 |
| 6 | 门 | M-1 | 1000×2100 | 2 |
| 7 | 门 | M-2 | 900×2100 | 3 |
| 8 | 门 | M-3 | 1200×2100 | 2 |
| 9 | | | | |

（a）选择单元格显示

**门窗表**

| 类型 | 编号 | 洞口尺寸 | 数量 |
| --- | --- | --- | --- |
| 窗 | C-1 | 1500×1800 | 3 |
| 窗 | C-2 | 1800×1500. | 4 |
| 窗 | C-3 | 1500×2100 | 1 |
| 门 | M-1 | 1000×2100 | 2 |
| 门 | M-2 | 900×2100 | 3 |
| 门 | M-3 | 1200×2100 | 2 |

（b）调整列宽结果

图 3-21　调整列宽

② 调整行高。与调整列宽的方法相似，调整单元格上下夹点位置，可调整行高。本方法一次只能调整一行。效率太低。下面介绍一种更有效的方式。

首先单击任意一根表格线，使表格整体处于选择状态，如图 3-22（a）所示，然后单击选择最底边的两个夹点中的任意一个，向上移动鼠标到第一数据行（表格第三行）以上区域任意一点单击，调整结果如图 3-22（b）所示。

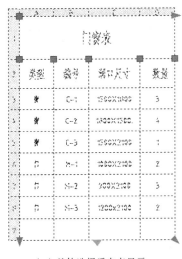

（a）整体选择后夹点显示　　　　　　　　　　　　　　（b）调整行高结果

图 3-22　调整行高

## 2. 单元格编辑

① 选择单元格。要对单元格进行操作，首先要进行单元格的选择，单元格的选择方式主要有以下 3 种。

（a）单选：单击单元格。

（b）多选：方法一，选择一个单元格，然后按住"Shift"键并在另一个单元格内单击，可以同时选中这两个单元格及其之间所有的单元格；方法二，在选定的单元格内单击，拖动到要选择的单元格，然后释放鼠标。

（c）全选：单击任意一条外围表格线。

按"Esc"键可以取消选择。

② 单元格编辑。单击选中表格后，弹出图 3-23 所示的"表格"对话框，可以通过对话框中的相应按钮进行单元格的行列插入、合并单元格、插入公式等操作。

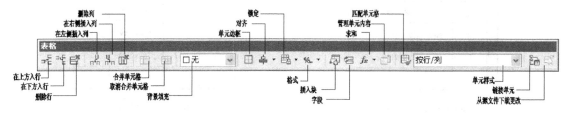

图 3-23　"表格"对话框

单元格编辑主要是以下几个操作。

（a）插入行：在选定单元格的上方/下方插入行。

（b）插入列：在选定单元格的左侧/右侧插入列。

（c）合并单元格：多选单元格可以将所选定的单元格合并成一个整体。

（d）单元边框：主要是对单元格的边框的颜色、线型、线宽进行定义。

（e）插入公式：插入公式包含求和、均值、计数、单元、方程式。

③ 单元格内容的编辑。如果要编辑单元格内部的文字，则可以双击单元格，弹出图 3-24 所示的"文字格式"对话框。

图 3-24　"文字格式"对话框

单元格的操作还可以使用"表格快捷菜单"，如图 3-25 所示。

单元格选择后，用户可以对单元格进行编辑，主要功能包括单元格的复制、剪切、单元格对齐、单元边框处理、匹配单元格处理、对行和列进行插入公式、编辑单元文字及合并。

【例 3-3】对图 3-22（b）所示模板进行插入列、合并单元格和求和计算 3 种操作。

其具体操作步骤如下。

① 插入列。单击"数量"列中任意一单元格，在弹出的"表格"对话框（见图 3-23）中选择"在右侧插入列"按钮，在表头输入"备注"文字。

② 合并单元格。选底部一行左侧 3 个单元格，在弹出的"表格"对话框（见图 3-23）中选择"合并单元格"按钮，并双击该合并后的单元格，输入"小计"文字。

③ 求和计算。单选"数量"列最底部单元格，执行快捷菜单中的"插入公式"/"求和"命令。命令行出现提示。

例 3-3

图 3-25　表格快捷菜单

选择表单元范围的第一角点。窗选本列上部的 6 个单元格，弹出图 3-26（a）所示的对话框。在本单元格外任意位置单击或按"Enter"键结束命令。

全部编辑完成，结果如图 3-26（b）所示。

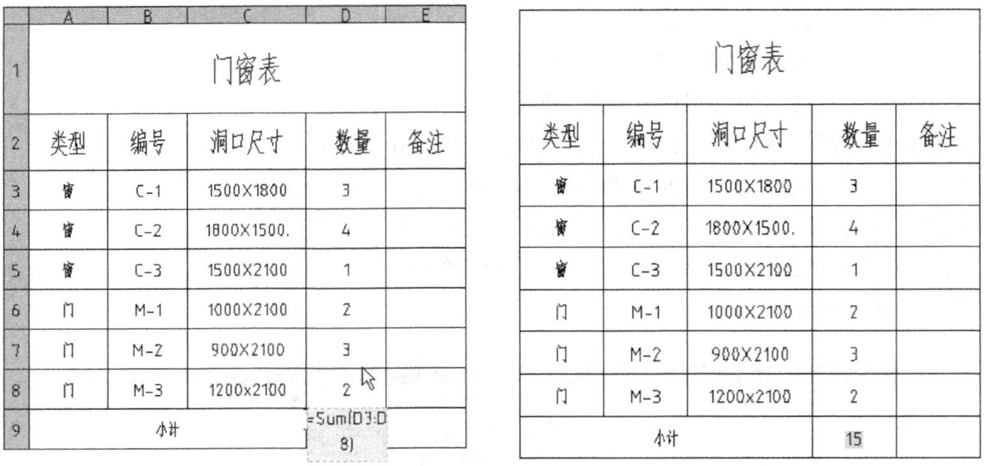

（a）求和公式编辑状态  （b）最终结果

图 3-26  表格编辑

# 3.3  尺寸标注

尺寸是建筑工程图样中很重要的组成部分，用来确定构件的大小、形状和位置，是实际施工的重要依据。图形尺寸标注是一项细致而烦琐的工作，AutoCAD 2014 提供了一套完整的、灵活的标注系统，可以方便快速地标注图形中的各种方向、形式的尺寸。尺寸标注主要有线性型、角度型、径向型和引线型 4 种基本的标注类型。其中，线性型尺寸标注类型又有水平、垂直、对齐、连续、基线等标注样式。

## 3.3.1  尺寸标注的基础知识

一个完整的尺寸标注通常由尺寸文本、尺寸线、尺寸界线和尺寸起止符号 4 部分组成。图 3-27 所示为典型的建筑制图的尺寸标注各部分的名称。

（1）尺寸文本

尺寸文本可以是数字、符号和文字。默认时，尺寸文本是数字，它表明实际的距离和角度值。如果尺寸线内标注文字放不下，AutoCAD 会自动将标注文字放到外部，如图 3-27（b）所示的标注文字"30"。

（2）尺寸线

尺寸线一般是一条线或一条弧线，表明标注的方向和范围。尺寸线的末端通常有箭头，指出尺寸线的起点和端点。标注文字沿尺寸线放置。AutoCAD 通常将尺寸线放置在测量区域中。如果空间不足，AutoCAD 将尺寸线或文字移到测量区域外部，如图 3-27（b）所示。线性型标注的尺寸线是直线，角度型标注的尺寸线是弧线，如图 3-27（c）所示。

制图规范对尺寸线相关规定：尺寸线应与被标注长度平行，且不宜超出尺寸界线。当有两条及以上互相平行的尺寸线时，尺寸线间距应一致，为 7～10mm，尺寸线与图形轮廓线之间的距离一般不小于 10mm。图样上任何图线均不得用作尺寸线。

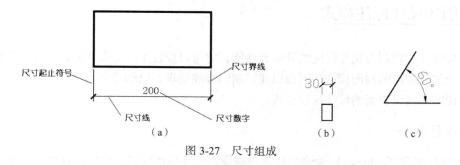

图 3-27　尺寸组成

（3）尺寸界线

尺寸界线是确定标注尺寸的起始和终止的界线，也称为投影线。它是从被标注的对象测量点引出的延伸线，两个尺寸界线之间为尺寸线的范围。通常尺寸界线用于线性型和角度型的标注样式。制图规范对尺寸界线的相关规定：一般应与被标注长度垂直，其一端应离开图形轮廓线不小于 2mm，另一端宜超出尺寸线 2～3mm。图形轮廓线可作尺寸界线。

（4）尺寸起止符号

尺寸起止符号在尺寸线的末端，用于指出测量的开始和结束位置。AutoCAD 默认使用闭合填充的箭头符号。同时，AutoCAD 还提供了多种符号可供选择，包括建筑标记、小斜线箭头、点和斜杠。

制图规范对起止符号的相关规定：尺寸符号用中粗斜短线绘制，其倾斜方向应与尺寸界线呈顺时针 45°，长度且为 2～3mm。半径、直径、角度与弧长的尺寸起止符号，宜用箭头表示。

一般情况下，AutoCAD 将尺寸作为一个图块，即尺寸线、尺寸界线、尺寸起止符号和尺寸文本各自不是单独的实体，而是构成图块的一部分，如果对该尺寸进行拉伸，那么拉伸后，尺寸标注的尺寸文本将自动发生相应的变化。这种尺寸称为关联性尺寸。

如果用户选择的是关联性尺寸标注，那么当改变尺寸标注样式时，在该样式基础上生成的所有尺寸标注都将随之改变。

如果一个尺寸标注的尺寸线、尺寸界线、尺寸起止符号和尺寸文本都是单独的实体，即尺寸标注不是一个图块，那么这种尺寸标注称为无关联性尺寸。

如果用 Scale 缩放命令处理非关联性尺寸标注，将会看到虽然尺寸线是被拉伸了，可尺寸文本仍保持不变，因此非关联性尺寸无法适时反映图形的准确尺寸。

图 3-28 所示为用 Scale 命令缩放关联性和非关联性尺寸的结果。

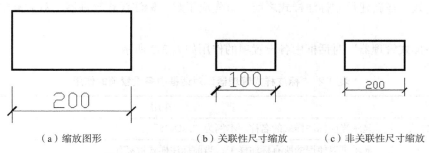

（a）缩放图形　　　　　　（b）关联性尺寸缩放　　　（c）非关联性尺寸缩放

图 3-28　缩放关联性和非关联性尺寸效果图

### 3.3.2　创建尺寸标注样式

尺寸标注样式控制着尺寸标注的外观和功能，它可以设置不同的参数的标注样式并给它们命名，各行业都有相应的制图标准，下面以建筑制图标准要求，以创建名称为"JZ"的尺寸标注样式为例，说明如何设置新的尺寸标注样式。

#### 1.　执行命令

AutoCAD 提供了 Dimstyle 命令用以创建或设置尺寸标注样式，可以通过以下 3 种方法来启动 Dimstyle 命令。

① 执行"格式"/"标注样式"菜单命令。

② 在"标准"工具栏上单击 按钮。

③ 在命令行提示下，输入 dimstyle (d)并按"空格"键或"Enter"键。

#### 2.　标注样式管理器

启动 Dimstyle 命令后，弹出"标注样式管理器"对话框，如图 3-29 所示，在该对话框中，用户可以进行标注样式的设置。

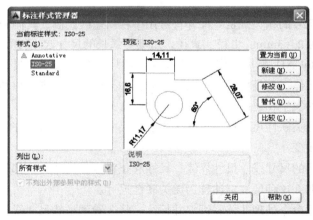

图 3-29　"标注样式管理器"对话框

通过"标注样式管理器"对话框，用户可以完成预览标注样式、建立新的标注样式和修改已有的标注样式。在新建尺寸标注样式之前，首先应了解"标注样式管理器"对话框中的相关选项功能。

"标注样式管理器"对话框中各设置项的作用如表 3-2 所示。

表 3-2　"标注样式管理器"对话框中各设置项的作用

| 设置项 | 作用 |
| --- | --- |
| 当前标注样式 | 显示当前标注样式的名称。本例为"ISO-25" |
| 样式 | 显示可以使用的所有标注样工，当前标注样式被亮显 |

续表

| 设置项 | 作用 |
|--------|------|
| 置为当前 | 将在"样式"下选定的标注样式设定为当前标注样式 |
| 新建 | 显示"创建新标注样式"对话框，定义新的标注样式 |
| 修改 | 显示"修改标注样式"对话框，修改在"样式"栏选择的标注样式的参数 |
| 替代 | 显示"替代当前样式"对话框，设置标注样式的临时替代值 |
| 比较 | 显示"比较标注样式"对话框，比较两个标注样式或列出一个标注样式的所有特性 |
| 预览 | 显示"样式"列表中选定的标注样式 |

在进行尺寸设置时，单击"新建(N)..."、"修改(M)..."、"替代(O)..." 3 个按钮都将弹出相应的对话框，虽然弹出的对话框具有各自功能作用，但它们的参数内容都是一样的。

单击"修改(M)..."按钮，弹出图 3-30 所示的"修改标注样式：ISO-25"对话框，该对话框共有 7 个选项卡，各选项卡的功能如下。

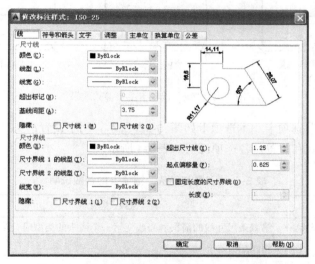

图 3-30 "修改标注样式"对话框之"线"选项卡

① "线"选项卡。本选项卡如图 3-30 所示，用于设置"尺寸线、尺寸界线"两个标注元素的格式和特征参数。各参数说明如表 3-3 所示。

表 3-3 "线"选项卡的参数说明

| 设置项 | 参数说明 |
|--------|----------|
| 颜色 | 设置尺寸线（尺寸界线）的颜色 |
| 线型 | 设置尺寸线（尺寸界线）的线性 |
| 线宽 | 设置尺寸线（尺寸界线）的线宽 |
| 超出标记 | 指定尺寸线超过尺寸界线的距离。当箭头样式为"倾斜、建筑标记、小标记、积分和无标记"时本选项方能生效，如图 3-31（a）、（b）所示 |
| 基线间距 | 设定用基线方式标注尺寸时，各尺寸间的距离 |
| 不显示 | 不显示尺寸线或尺寸界线，如图 3-31（c）、（d）所示 |

续表

| 设置项 | 参数说明 |
|---|---|
| 超出尺寸线 | 控制尺寸界线伸出尺寸线的长度，如图 3-31（e）所示 |
| 原点偏移量 | 控制尺寸界线起始点与实际标注点之间的偏移量，如图 3-31（f）所示 |
| 固定长度的尺寸界线 | 启用固定长度的尺寸界线 |

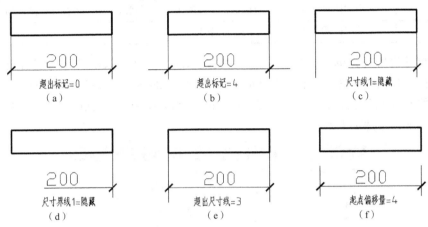

图 3-31 "线"选项卡主要参数效果

② "符号和箭头"选项卡。本选项卡如图 3-32 所示，用于设置箭头、圆心标记、弧长符号和半径标注折弯的格式和位置。各选项说明如表 3-4 所示。

表 3-4 "符号和箭头"选项卡的参数说明

| 设置项 | 参数说明 |
|---|---|
| 第一个/第二个 | 设定第一、第二条尺寸线的箭头。当改变第一个箭头的类型时，第二个箭头将自动改变以同第一个箭头相匹配 |
| 引线 | 设定引线箭头 |
| 箭头大小 | 设定箭头的大小 |
| 圆心标记 | 控制直径标注和半径标注的圆心标记和中心线的外观 |
| 折断标注 | 控制折断标注的间隙宽度 |
| 弧长符号 | 有下面 3 个选项：<br>标注文字的前缀：将弧长符号放置在标注文字之前，如图 3-33（a）所示<br>标注文字的上方：将弧长符号放置在标注文字的上方，如图 3-33（b）所示<br>无：不显示弧长符号，如图 3-33（c）所示 |
| 半径折弯标注 | 控制折弯（Z 字型）半径标注的显示 |
| 折弯角度 | 确定折弯半径标注中，尺寸线的横向线段的角度 |

③ "文字"选项卡。本选项卡如图 3-34 所示，用于控制"标注文字"的格式、位置和对齐方式。各选项说明如表 3-5 所示。

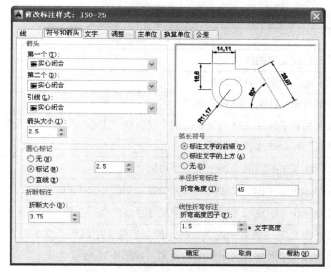

图 3-32 "修改标注样式"对话框之"符号与箭头"选项卡

（a）标注在文字的前缀　　　　　（b）标注在文字的上方　　　　　　（c）无

图 3-33 弧长符号参数示例

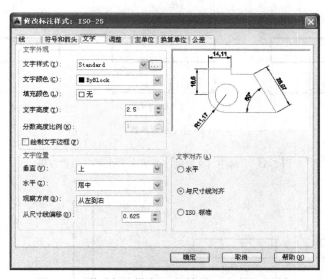

图 3-34 "修改标注样式"对话框之"文字"选项卡

表 3-5 "文字"选项卡的参数说明

| 设置项 | 参数说明 |
| --- | --- |
| 文字样式 | 从列表框中选择一种已有的文字样式作为标注文字的类型。如果没有合适的文字样式，单击右侧的"文字样式"按钮 [...]，可以实时创建新的文字样式 |

续表

| 设置项 | 参数说明 |
| --- | --- |
| 文字颜色 | 设定标注文字的颜色 |
| 填充颜色 | 设定标注中文字背景的颜色 |
| 文字高度 | 设定当前标注文字样式的高度 |
| 分数高度比例 | 设定相对于标注文字的分数比例。仅当在"主单位"选项卡上选择"分数"作为"单位格式"时，此选项才可用 |
| 绘制文字边框 | 在标注文字的四周添加一个矩形边框 |
| 垂直 | 控制标注文字相对尺寸线的垂直位置，如图 3-35（a）所示 |
| 水平 | 控制标注文字在尺寸线上相对于尺寸界线的水平位置，如图 3-35（b）所示 |
| 从尺寸线偏移 | 当标注文字"垂直—置中"时，控制当前文字间距。文字间距是指当尺寸线断开以容纳标注文字时标注文字周围的距离，如图 3-36 所示 |
| 文字对齐 | 控制标注文字放在尺寸界线外边或里边时的方向是保持水平还是与尺寸线平行，如图 3-37 所示 |

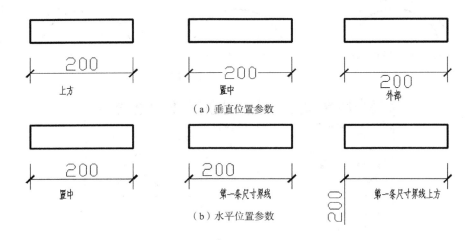

图 3-35 "标注"文字的"垂直""水平"位置效果

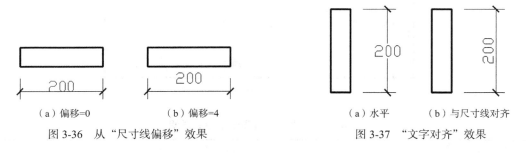

图 3-36 从"尺寸线偏移"效果　　　　图 3-37 "文字对齐"效果

④ "调整"选项卡。本选项卡如图 3-38 所示，用于控制标注文字、前头、引线和尺寸线相对位置关系。各选项说明如表 3-6 所示。

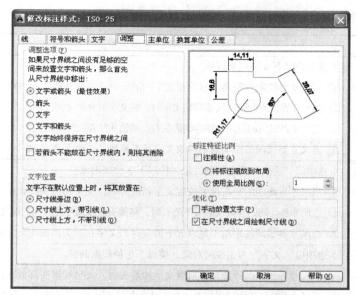

图 3-38　"修改标注样式"对话框之"调整"选项卡

表 3-6　"调整"选项卡的参数说明

| 设置项 | 参数说明 |
| --- | --- |
| 调整选项 | 控制基于尺寸界线之间可用空间的文字和箭头的位置。建议使用默认选项"文字或箭头（最佳效果）"，其效果如图 3-39 所示 |
| 文字位置 | 设定标注文字从默认位置（由标注样式定义的位置）移动时标注文字的位置，标注文字的位置有 3 个选项供选择，其效果如图 3-40 所示 |
| 标注特征比例 | 通过比例数据控制尺寸标注 4 个元素的尺寸，即各元素实际大小=设置的数值×比例数值，"文字"选项卡中设置文字高度为 2.5，若设置全局比例=2，则实际文字高度为 5 |
| 优化 | 设置其他调整选项 |

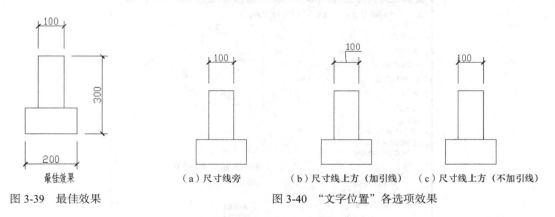

图 3-39　最佳效果　　　　图 3-40　"文字位置"各选项效果

"调整"选项卡中"调整选项"中各选项功能的说明如表 3-7 所示。

表 3-7 "调整选项"中各选项功能的说明

| 设置项 | 参数说明 |
|---|---|
| 文字或箭头 | 本选项按以下 4 种规则调整。<br>① 当尺寸界线间的距离足够放置文字和箭头时，文字和箭头都放在尺寸界线内<br>② 当尺寸界线间的距离仅够容纳文字时，将文字放在尺寸界线内，而箭头放在尺寸界线外<br>③ 当尺寸界线间的距离仅够容纳箭头时，将箭头放在尺寸界线内，而文字放在尺寸界线外<br>④ 当尺寸界线间的距离既不够放文字又不够放箭头时，文字和箭头都放在尺寸界线外 |
| 箭头 | 本选项以"箭头"为主控制对象，按以下 3 种规则调整。<br>① 当尺寸界线间的距离足够放置文字和箭头时，文字和箭头都放在尺寸界线内<br>② 当尺寸界线间的距离仅够放下箭头时，将箭头放在尺寸界线内，而文字放在尺寸界线外<br>③ 当尺寸界线间的距离不足以放下箭头时，文字和箭头都放在尺寸界线外 |
| 文字 | 本选项以"文字"为主控制对象，按以下 3 种规则调整。<br>① 当尺寸界线间的距离足够放置文字和箭头时，文字和箭头都放在尺寸界线内<br>② 当尺寸界线间的距离仅能容纳文字时，将文字放在尺寸界线内，而箭头放在尺寸界线外<br>③ 当尺寸界线间的距离不足以放下文字时，文字和箭头都放在尺寸界线外 |
| 文字和箭头 | 当尺寸界线间的距离不足以放下文字和箭头时，文字和箭头都移到尺寸界线外 |
| 文字始终保持在尺寸界线之间 | 始终将文字放在尺寸界线之间 |
| 若箭头不能放在尺寸界线内，则将其消除 | 如果尺寸界线内没有足够的空间，则不显示箭头 |

⑤"主单位"选项卡。该选项卡分为两部分，如图 3-41 所示，用于设置"线性标注"及"角度标注"的单位格式和精度，并设置标注文字的前缀和后缀。各选项说明如表 3-8 所示。

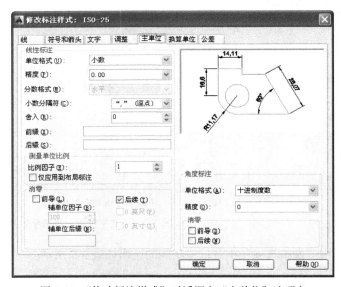

图 3-41 "修改标注样式"对话框之"主单位"选项卡

表 3-8　"主单位"选项卡的参数说明

| 设置项 | 参数说明 |
|---|---|
| 单位格式 | 设置标注文字的数字（或角度）的表示类型 |
| 精度 | 设定标注文字中的小数位数 |
| 分数格式 | 只有当"单位格式=分数"时，本选项才有效 |
| 小数分隔符 | 设置十进制格式的分隔符 |
| 舍入 | 为除"角度"之外的所有标注类型设置标注测量的最近舍入值 |
| 前缀 | 在标注文字中包含指定的前缀，例如，在标注文字中输入控制代码%%c 的结果，如图 3-42 所示 |
| 后缀 | 在标注文字中包含指定的后缀，例如，在标注文字中输入 mm 的结果，如图 3-42 所示 |
| 比例因子 | 设置线性标注测量值的比例因子。AutoCAD 按公式"标注值=测量值×比例因子"进行标注。例如，标注对象的的实际测量长度值为 20，当设置"比例因子"为 2 后，尺寸标注为 40，如图 3-43 所示 |
| 角度标注 | 显示和设定角度标注的当前角度格式 |
| 消零 | 控制是否禁止输出前导零和后续零的显示，选择"前导"时，则"0.5"实际显示为".5" |

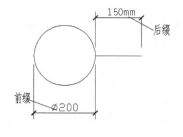

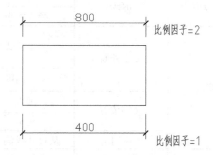

图 3-42　加前缀和后缀的效果　　　　图 3-43　加前缀和后缀的效果

"主单位"选项卡中的"测量单位比例"的比例因子参数设置是一个相当重要的参数，默认参数值为 1，绘详图时，执行缩放命令放大或缩小图形对象，需要调整此参数比例以适应调整结果。

⑥"换算单位"选项卡。本选项卡用于指定标注测量值中换算单位的显示并设置其格式和精度，在建筑绘图中很少应用，在此不再详述。

⑦"公差"选项卡。本选项卡用于控制标注文字中公差的显示与格式，在建筑绘图中很少应用，不再详述。

（3）创建"JZ"尺寸标注样式

下面以创建名为"JZ"的尺寸标注样式为例，说明创建尺寸标注样式的过程。

创建"JZ"尺寸标注样式

① 在命令行输入 D 并按"空格"键，弹出图 3-29 所示的"标注样式管理器"对话框。

② 单击"新建"按钮，弹出图 3-44 所示的"创建新标注样式"对话框。在"新样式名"文本框中输入"JZ"，如图 3-45 所示。

图 3-44 "创建新标注样式"对话框      图 3-45 新建"JZ"新标注样式

③ 单击"继续"按钮，弹出"新建标注样式：JZ"对话框。按表 3-9 所示设置各选项卡相应参数的数值。

表 3-9 "JZ"标注样式参数设置

| 选项卡名称 | 分选项名称 | 参数名称 | 设置值 |
|---|---|---|---|
| 直线 | 尺寸线 | 基线间距 | 8 |
| | 尺寸界线 | 超出尺寸线 | 2 |
| | | 起点偏移量 | 3 |
| 符号与箭头 | 前头 | 箭头 | 建筑标注 |
| | | 箭头大小 | 1.5 |
| 文字 | 文字外观 | 文字样式 | 新建"GB"文字样式，shx 字体：gbenor.shx<br>使用大字体，大字体：gbcbig.shx，高度 0，宽度比例：1 |
| | | 文字高度 | 3.5 |
| | 文字位置 | 垂直 | 上方 |
| | | 水平 | 置中 |
| | 文字对齐 | 从尺寸线偏移 | 1 |
| 调整 | 调整选项 | 调整选项 | 文字始终在尺寸界线之间 |
| | 文字位置 | 文字位置 | 尺寸线上方，不带引线 |
| | 标注文特征比例 | 使用全局比例 | 100 |
| 主单位 | 线性标注 | 标注格式 | 小数 |
| | | 精度 | 0 |
| | | 小数分隔符 | "."句点 |
| | 测量单位比例 | 比例因子 | 1 |

④ 单击"确定"按钮，返回"标注样式管理器"对话框。在"样式"文本框中出现"JZ"样式名，选中"JZ"样式名，单击"置为当前"按钮，将"JZ"样式设置为当前标注样式后单击"关闭"按钮，完成全部设置。

（4）创建尺寸标注样式的分样式

上述操作建立的"JZ"标注样式，是针对于线性型、角度型等所有的标注类型的，AutoCAD 2014 允许用户在此基础上，进一步定义各标注类型，例如，角度标注时，箭头符号应该为"实心闭合箭头"。其具体操作步骤如下。

① 进入"标注样式管理器"对话框后，首先选中"样式"文本框中的"JZ"样式，然后单击"新建"按钮，弹出图 3-46 所示的"创建新标注样式"对话框，从"用于"拉列表框中选择

"角度标注"选项，如图 3-47 所示。

图 3-46　"创建新标注样式"对话框

图 3-47　新建"JZ"新标注样式

② 单击"继续"按钮，弹出"新建标注样式：JZ：角度"对话框。将"符号与箭头"选项卡中的箭头样式选择为"实心闭合"，设置箭头大小为"2.5"。

③ 单击"确定"按钮，返回"标注样式管理器"对话框，如图 3-48 所示，在"样式"文本框中的"JZ"下出现了新样式名——"角度"，利用同样的方法，在 JZ 样式下再创建一个"半径"的子样式。

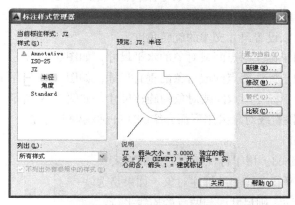
图 3-48　标注样式管理器

经上述两个新建标注样式的操作，在使用"JZ"标注样式进行标注时，对于角度型标注箭头标记为"箭头"符号；对于线性型标注形式，其箭头标记为"45° 中粗短斜线"符号。

提示　　　每一个标注样式可细化设置为"线性""角度""半径""直径""坐标""引线和公差" 6 种分样式。按需要设置分样式是一种高级的操作手法。它可避免不必要的"标注样式"切换。

### 3.3.3　线性型主要尺寸标注命令

线性型尺寸是建筑制图中最常见的尺寸，本节介绍直线型对象的标注方法及对应的标注命令：线性标注（dimlinear）、对齐标注（dimaligned）、连续标注（dimcontinue）和基线标注（dimbaseline）。

（1）线性标注（Dli）

线性标注（Dimlinear）用于标注用户坐标系 $XY$ 平面中的两个点之间的距离测量值，标注时可以指定点或选择一个对象。

要启动 Dimlinear 命令，有以下 3 种方法。

① 执行"标注"/"线性"菜单命令。

② 在"标注"工具栏上单击⊢按钮。

③ 在命令行提示下，输入 dimlinear（dli）并按"空格"键或"Enter"键。

启动 Dimlinear（Dli）命令后，命令行给出如下提示。

指定第一个尺寸界线原点或 <选择对象>：//此时可以直接利用对象捕捉方法定义尺寸界线的的起始点

如果按"Enter"键，则可以选择希望标注的对象。接下来系统将给出如下提示。

指定第二条尺寸界线原点：//选择另一点作为第 2 条尺寸界线的起始点，此时直接单击可确定尺寸线的位置，并结束 Dimlinear 命令

在单击确定尺寸线的位置前有如下提示。

指定尺寸线位置或[多行文字(M)/文字(T)/角度(A)/水平(H)/垂直(V)/旋转(R)]：

各选项说明如下。

① 多行文字（M）：系统将打开多行文字编辑器，此时可以编辑尺寸标注文本。

② 文字（T）：可以利用命令行编辑尺寸标注文本。

③ 角度（A）：可以设置尺寸文本的旋转角度。

④ 水平（H）：用于标注两点间或对象的水平尺寸，如图 3-49 所示的 AE 段。

⑤ 垂直（V）：用于标注两点间或对象的垂直尺寸，如图 3-49 所示的 AB 段。

⑥ 旋转（R）：用于标注两点间或对象的旋转尺寸，如图 3-49 所示的 CD 段。

对于倾斜性的 CD 段直线对象采用下面介绍的对齐标注效果更佳。

（2）对齐标注（Dal）

对齐标注（Dimaligned）用于标注倾斜对象的真实长度，对齐标注的尺寸线平行于倾斜的标注对象。如果是选择两个点来创建对齐标注，则尺寸线与两点的连线平行。

要启动 Dimaligned 命令，有以下 3 种方法。

① 执行"标注"/"对齐"菜单命令。

② 在标注工具栏上单击╲按钮。

③ 在命令行提示下，输入 dimaligned（dal）并按"空格"键或"Enter"键。

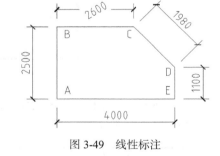

图 3-49　线性标注

启动 dimaligned（dal）命令后，命令行提示如下。

指定第一个尺寸界线原点或 <选择对象>：//此时可以直接利用对象捕捉方法定义尺寸界线的的起始点。如果按"Enter"键，则可以选择希望标注的对象。接下来系统将给出如下提示：

指定第二条尺寸界线原点：//选择另一点作为第二条尺寸界线的起始点，此时直接单击可确定尺寸线的位置，并结束 Dimaligned 命令。在单击确定尺寸线的位置前有如下提示：

指定尺寸线位置或[多行文字(M)/文字(T)/角度(A)]：

该命令选项与线性标注的相关选项相同，这里不再重复。

例如，图 3-49 所示的 CD 段用对齐标注操作很方便，主要有以下两个步骤。

① 在命令行输入完 Dal 后，分别捕捉（倾斜）直线型对象的两端点（点 C 和点 D）。

② 移动鼠标到尺寸线的位置后单击鼠标左键。

（3）连续标注（Dco）

连续标注（Dimcontinue）用于创建一系列首尾相连的多个标注尺寸（除第一个尺寸和最后一个尺寸外），每个连续标注都从前一个标注的第 2 个尺寸界线处开始。

要启动 Dimcontinue 命令，有以下 3 种方法。

① 执行"标注"/"对齐"菜单命令。

② 在"标注"工具栏上单击 按钮。

③ 在命令行提示下，输入 dimcontinue（dco）并按"空格"键或"Enter"键。

启动 Dimcontinue（Dco）命令后，命令行给出如下提示。

指定第二条尺寸界线原点或 [放弃(U)/选择(S)] <选择>：//（一般前面有一个基准尺寸标注）直接确定另一尺寸的第二尺寸界线的起始点。

此后命令行反复给出如下提示。

指定第二条尺寸界线原点或 [放弃(U)/选择(S)] <选择>

要结束此命令按两次"空格"键（或"Enter"键），或按"Esc"键。

执行本命令的前提：必须有一个已有的基准尺寸标注（一般是线性或对齐标注）。通常情况下，AutoCAD 默认最后一个创建的尺寸标注为连续标注的基准标注对象。如果要选择其他尺寸，需要使用"选择（S）"参数进行切换选择。

本操作主要有以下 3 个步骤。

① 选择"基准尺寸"的某尺寸界线作为新标注的第一条尺寸界线。

② 指定第二条尺寸界线的起始点。以此类推，不断重复。

③ 连续按两次"空格"键（或"Enter"键），或按"Esc"键退出。

【例 3-4】如图 3-50 所示，选用"线性标注"命令捕捉点 C 和点 D 建立一个尺寸标注。然后使用"连续标注"命令，具体操作步骤如下。

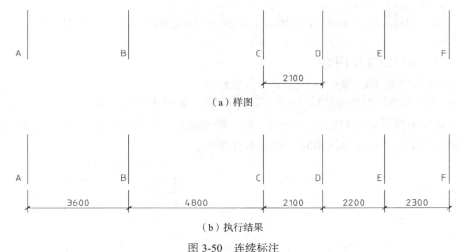

（a）样图

（b）执行结果

图 3-50　连续标注

```
命令：dimlinear                          //执行线性标注命令
指定第一个尺寸界线原点或 <选择对象>：      //用鼠标捕捉点 C
指定第二条尺寸界线原点：                   //用鼠标捕捉点 D
```

```
指定尺寸线位置或
[多行文字(M)/文字(T)/角度(A)/水平(H)/垂直(V)/旋转(R)]:
标注文字 = 2100                                    //（显示测量结果 2100）
命令: DIMCONTINUE
指定第二条尺寸界线原点或 [放弃(U)/选择(S)] <选择>:    //用鼠标捕捉点 E
标注文字 = 2200                                    （显示结果 2200）
指定第二条尺寸界线原点或 [放弃(U)/选择(S)] <选择>:    //用鼠标捕捉点 F
标注文字 = 2300                                    （显示结果 2300）
指定第二条尺寸界线原点或 [放弃(U)/选择(S)] <选择>: s  //切换到"选择"状态
选择连续标注:                                       选择标注 2100 的左侧界线
指定第二条尺寸界线原点或 [放弃(U)/选择(S)] <选择>:    //用鼠标捕捉点 B
标注文字 = 4800                                    （显示结果 4800）
指定第二条尺寸界线原点或 [放弃(U)/选择(S)] <选择>:    //用鼠标捕捉点 A
标注文字 = 3600                                    （显示结果 3600）
指定第二条尺寸界线原点或 [放弃(U)/选择(S)] <选择>:    //按两次"空格"键或"Esc"键结束
```

（4）基线标注（Dba）

使用基线标注（Dimbaseline）可以创建一系列由相同的标注原点测量出来的标注。要创建基线标注，必须先创建（或选择）一个线性、坐标或角度标注，作为基准标注，AutoCAD 将从基准标注的第一个尺寸界线处进行定位标注。

要启动 Dimbaseline 命令，有以下 3 种方法。

① 执行"修改"/"对齐"菜单命令。

② 在"标注"工具栏上单击 ⊟ 按钮。

③ 在命令行提示下，输入 dimbaseline（dba）并按"空格"键或"Enter"键。

启动 Dimbaseline（Dba）命令后，命令行给出如下提示。

```
命令: dimbaseline
指定第二条尺寸界线原点或 [放弃(U)/选择(S)] <选择>://在此提示下直接确定另一尺寸的第二尺寸界线起始
点,即可标注尺寸
```

此后命令行反复出现如下提示。

```
指定第二条尺寸界线原点或 [放弃(U)/选择(S)] <选择>:
//直到基线尺寸全部标注完毕,按两次"空格"键或按"Esc"键退出基线标注为止
```

如果在该提示符下输入 U 并按"Enter"键，将删除上一次刚刚标注的那一个基线尺寸。

其他的操作基本与连续标注相同，如图 3-51 所示。

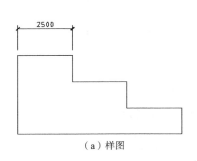

（a）样图

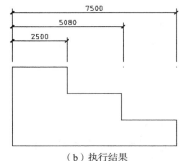

（b）执行结果

图 3-51　基线标注

### 3.3.4　角度型尺寸标注

角度型尺寸标注用于标注圆和圆弧的角度、两条直线间的角度。AutoCAD 提供了角度尺寸标注。要启动 Dimangular 命令，有以下 3 种方法。

① 执行"标注" / "角度"菜单命令。

② 在"标注"工具栏上单击△按钮。

③ 在命令行提示下，输入 dimangular（dan）并按"空格"键或"Enter"键。

启动 Dimangular（Dan）命令后，命令行给出如下提示。

选择圆弧、圆、直线或 <指定顶点>：
选择第二条直线：
指定标注弧线位置或 [多行文字(M)/文字(T)/角度(A)/象限点(Q)]：

本命令操作步骤主要分为以下两步。

① 捕捉夹角的两条直线（对于圆弧对象直接选择该对象）。

② 指定尺寸线的位置。

如图 3-52 所示的夹角，当尺寸线位置定在两直线内时，标注结果为"39°"；当尺寸线定在两直线外时，标注结果为"141°"

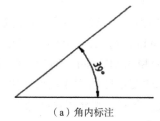

（a）角内标注　　　　　　　　　　　　　（b）角外标注

图 3-52　角度标注

### 3.3.5　径向型尺寸标注

利用半径标注（Dimradius）与直径标注（Dimdiameter）命令，可以标注所选圆和圆弧的半径或直径尺寸。标注圆和圆弧的半径或直径尺寸时，AutoCAD 会自动在标注文字前添加符号 $R$（半径）或 $\phi$（直径）。

要启动半径与直径标注命令，有以下 3 种方法。

① 执行"标注" / "半径"或"直径"菜单命令。

② 在"标注"工具栏上单击 按钮。

③ 在命令行提示下，输入 dimradius（dra）或 dimdiameter（ddi）并按"空格"键或"Enter"键。

启动 Dimradius（Dra）命令后，命令行给出如下提示。

选择圆弧或圆：
标注文字 = 2000
指定尺寸线位置或 [多行文字(M)/文字(T)/角度(A)]：

本命令操作步骤主要分为以下两步。

① 选择要标注的圆或圆弧对象。

② 指定标注文字的位置。

命令执行后结果如图 3-53 所示。

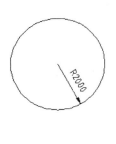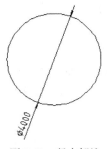

图 3-53　径向标注

对于半径或直径标注子样式的设置，最好勾选"手动放置文字"，这样可以比较随意地放置文字。

## 3.3.6　引线型尺寸标注

引线型标注是一种特殊的标注形式，它由"引线"和"文字"两部分构成。在建筑制图中，要用于"构造做法说明"。在 AutoCAD 中，有两个命令可以进行引线标注：一个是引线标注 Leader，另一个是多重引线标注 Qleader，高版本的 AutoCAD 里为 Mleader，称为多重引线。前者的样式主要还是依附于尺寸的标注式里。后面的多重引线标注要单独创建样式来标注。

在大多数情况下，建议使用 Mleader 命令创建引线对象。下面分别介绍这些命令。

### 1．Leadr 引线和注释

要启动引线命令，对于低版本的 AutoCAD，有以下 3 种方法。

① 执行"标注"/"引线"（AutoCAD 2013 以前版本）菜单命令。

② 在"标注"工具栏上单击 按钮（AutoCAD 2013 以前版本）。

③ 在命令行提示下，输入 qleader（le）并按"空格"键或"Enter"键（AutoCAD 2013 及以上版本）。

本命令操作主要有以下 3 个步骤。

① 引线标注样式。

② 指定引线。

③ 输入文字。

图 3-54 所示引线标注的操作步骤如下。

| | |
|---|---|
| ①命令：le | //启动命令 |
| ②指定第一个引线点或 [设置(S)] <设置>： | //指定点 A |
| ③指定下一点： | //指定点 B |
| ④指定下一点： | //指定点 C |

⑤指定文字宽度 <2704.0158>: 　　　　　　　　//直接按"Enter"键或用鼠标指定宽度

⑥输入注释文字的第一行 <多行文字(M)>: 混凝土台阶　//输入"混凝土台阶"

⑦输入注释文字的下一行: 　　　　　　　　　　//按"Enter"键结束

如果在第②步不指定引线而是直接按"空格"键或"Enter"键，将运行"设置"选项，弹出图 3-55 所示的"引线设置"对话框。用户通过"注释""引线和箭头""附着"3 个选项卡设置引线标注参数。

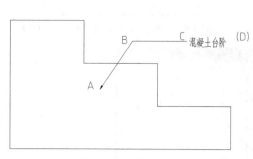

图 3-54　引线标注

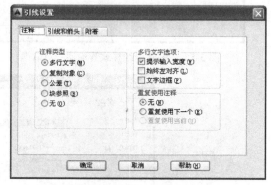

图 3-55　"引线设置"对话框

## 2. Mleader 多重引线

多重引线标注可以标注（标记）注释、说明等。

（1）设置多重引线样式

AutoCAD 提供了 Mleaderstyle 命令来创建多重引线样式，可以通过以下 3 种方法来启动 Mleaderstyle 命令。

① 执行"格式"/"多重引线样式"菜单命令。

② 在"标准"工具栏上单击 按钮。

③ 在命令行提示下，输入 mleaderstyle 并按"空格"键或"Enter"键。

启动 Mleaderstyle 命令后，弹出"多重引线样式管理器"对话框，如图 3-56 所示，在对话框中，"当前多重引线样式"用于显示当前多重引线样式的名称。"样式"列表框用于列出已有的多重引线样式的名称。"列出"下拉列表框用于确定要在"样式"列表框中列出哪些多重引线样式。"预览"图像框用于预览在"样式"列表框中所选中的多重引线样式的标注效果。"置为当前"按钮用于将指定的多重引线样式设为当前样式。"新建"按钮用于创建新多重引线样式。单击"新建"按钮，AutoCAD 打开图 3-57 所示的"创建新多重引线样式"对话框。用户可以通过对话框中的"新样式名"文本框指定新样式的名称；通过"基础样式"下拉列表框确定用于创建新样式的基础样式。确定新样式的名称和相关设置后，单击"继续"按钮，AutoCAD 打开"修改多重引线样式"对话框，如图 3-58 所示。

对话框中有"引线格式""引线结构"和"内容"3 个选项卡，下面分别介绍这些选项卡。

① "引线格式"选项卡（见图 3-58）。此选项卡用于设置引线的格式。"常规"选项组用于设置引线的外观。"箭头"选项组用于设置箭头的样式与大小。"引线打断"选项组用于设置引线打断时的距离值。预览框用于预览对应的引线样式。

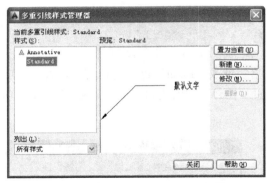

图 3-56 "多重引线样式管理器"对话框

图 3-57 "创建新多重引线样式"对话框

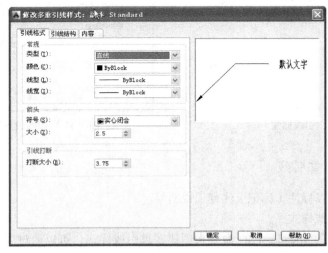

图 3-58 "修改多重引线样式"对话框

② "引线结构"选项卡。该选项卡用于设置引线的结构，如图 3-59 所示。"约束"选项组用于控制多重引线的结构。"基线设置"选项组用于设置多重引线中的基线。"比例"选项组用于设置多重引线标注的缩放关系。

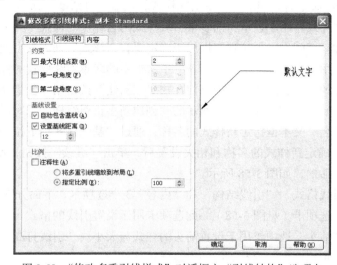

图 3-59 "修改多重引线样式"对话框之"引线结构"选项卡

③ "内容"选项卡。该选项卡如图 3-60 所示,用于设置多重引线标注的内容。"多重引线类型"下拉列表框用于设置多重引线标注的类型。"文字选项"选项组用于设置多重引线标注的文字内容。"引线连接"选项组一般用于设置标注出的对象沿垂直方向相对于引线基线的位置。

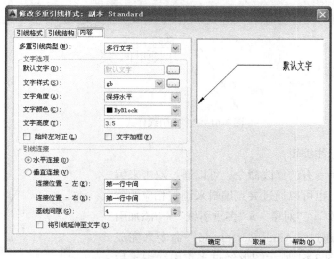

图 3-60　"修改多重引线样式"对话框之"内容"选项卡

(2)多重引线标注

AutoCAD 提供了 Mleader 命令来用进行多重引线标注,通过以下 2 种方法可以启动 Mleader 命令。

① 执行"标注"/"多重引线"菜单命令。

② 在命令行提示下,输入 mleader 并按"空格"键或"Enter"键。

启动 Mleader 命令后,命令行给出如下提示。

指定引线基线的位置或 [引线箭头优先(H)/内容优先(C)/选项(O)] <选项>:

在该提示中,"指定引线基线的位置"选项用于确定引线和基线的位置;默认上是先确定基线再确定引线,再输入文字内容;"引线基线优先(L)和内容优先(C)"选项分别用于确定将首先确定引线基线的位置还是首先确定标注内容,用户根据需要选择即可;"选项(O)"选项用于多重引线标注的设置,执行该选项,AutoCAD 提示如下。

输入选项[引线类型(L)/引线基线(A)/内容类型(C)/最大节点数(M)/第一个角度(F)/第二个角度(S)/退出选项(X)] <内容类型>:

各选项的的含义如下。

① "引线类型(L)"选项用于确定引线的类型。

② "引线基线(A)"选项用于确定是否使用基线。

③ "内容类型(C)"选项用于确定多重引线标注的内容(多行文字、块或无)。

④ "最大节点数(M)"选项用于确定引线端点的最大数量。

⑤ "第一个角度(F)"和"第二个角度(S)"选项用于确定前两段引线的方向角度。

本命令操作主要有以下 3 个步骤。

① 指定引线箭头的位置(或指定基线的位置)。

② 指定基线的起点位置(或指定引线箭头的位置)。

③ 在弹出的文字编辑里输入文字内容，如图 3-61 所示。

图 3-61　"多重引线样式"标注

（3）多重引线标注编辑

多重引线本身有专有的修改命令，可以通过双击来编辑里面的文字内容，也可以通过夹点编辑来调整相应的位置，通过执行"修改"/"对象"/"多重引线"/"添加引线"菜单命令或者通过"Aimleadereditadd"命令来完成多重引线的编辑。图 3-61 所示图形经过多重引线编辑后的效果如图 3-62 所示。

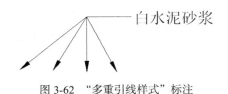

图 3-62　"多重引线样式"标注

## 3.3.7　编辑尺寸标注

对于已有的标注尺寸，可以通过以下 4 种方式进行编辑。

### 1. 关联性编辑

在进行尺寸标注时，所标注的尺寸与标注对象具有了关联性。当标注对象执行"拉伸"等命令时，对应的标注将随之变化。如图 3-63 所示，矩形的右上角 A 向左移动了 1 000 到点 B 的位置，程序自动测量，调整为实际测量值"3 000"。

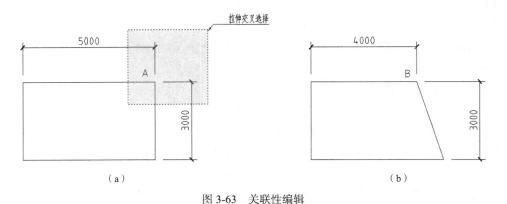

（a）　　　　　　　　　　　　　　　　（b）

图 3-63　关联性编辑

执行本操作时，需要同时"拉伸"图形对象和尺寸标注的界线。

## 2．编辑标注文字

AutoCAD 提供了 Dimedit 命令来对标注的文字和尺寸界线进行编辑，修改文字和尺寸界线。可以通过以下两种方法来启动 Dimedit 命令。

① 在"标注"工具栏上单击 按钮。

② 在命令行提示下，输入 dimedit（ded）并按"空格"键或"Enter"键。

启动 Dimedit 命令后，命令行给出如下提示。

输入标注编辑类型 [默认(H)/新建(N)/旋转(R)/倾斜(O)] <默认>：

本命令 4 个参数选项，其意义如下。

① 默认（H）：将旋转标注文字移回默位置，如图 3-64（a）所示。

② 新建（N）：使用"在位文字编辑器"更改标注文字，如图 3-64（b）所示。

③ 旋转（R）：旋转标注文字，如图 3-64（c）所示。

④ 倾斜（O）：调整线性标注尺寸界线的倾斜角度，如图 3-64（d）所示。

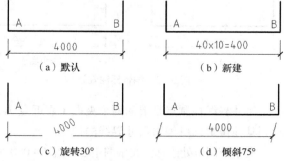

图 3-64　编辑标注效果

单击"新建"按钮后，弹出"多行文字编辑器"，用户在文本框中输入要修改的数值上。然后在文本框外单击，命令行出现"选择对象"提示，选择尺寸对象后按"Enter"键结束命令。

## 3．编辑标注文字的位置

AutoCAD 提供了 Dimtedit 命令来对标注的文字位置进行修改。可以通过以下 2 种方法来启动 Dimtedit 命令。

① 在"标注"工具栏上单击 按钮。

② 在命令行提示下，输入 dimtedit 并按"空格"键或"Enter"键。

启动 Dimtedit 命令后，命令行给出如下提示。

选择标注：
为标注文字指定新位置或 [左对齐(L)/右对齐(R)/居中(C)/默认(H)/角度(A)]：

各命令选项说明如下。

① 左对齐（L）：按左对齐放置标注文字，如图 3-65（a）所示。

② 右对齐（R）：按右对齐放置标注文字，如图 3-65（b）所示。

③ 居中（C）：按居中对齐放置标注文字，如图 3-65（c）所示。

④ 默认（H）：按默认效果放置标注文字，如图 3-65（c）所示。

⑤ 角度（A）：按设置的角度放置标注文字，如图 3-65（d）所示。

本命令修改文字的位置。命令执行后，鼠标指针变成正方形的选择框，用鼠标选择要移动的标注文字，然后移动鼠标到新位置单击完成操作或者输入相应的操作子命令自动完成。

## 4．用夹点法编辑标注尺寸界线、尺寸线、文字的位置

在绘图过程中，对尺寸标注时，难免会出错或不小心把尺寸标错了，夹点编辑是 AutoCAD

里非常好用的编辑方法，可以用夹点编辑对标注的尺寸界线、尺寸线、文字的位置进行调整。

在没有输入任何命令的时候，选择一个尺寸标注后，会出现图3-66所示的5个夹点，它们分别是尺寸界线控制点、文字控制点和尺寸线控制点。

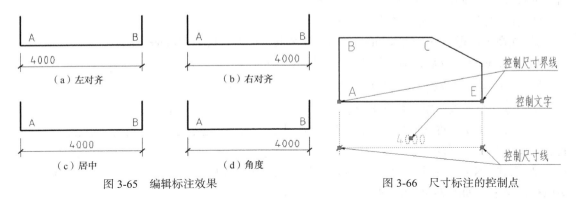

图3-65　编辑标注效果　　　　　　　　图3-66　尺寸标注的控制点

尺寸界线控制点是上面两个夹点（靠近点A、E的两点），用鼠标单击变成红色后，直接拖动到其他位置即可编辑尺寸界线的位置。

文字控制点处于标注文字的中心位置（4 000中间的那个点），用鼠标单击变成红色后，直接拖动其他位置即可编辑标注文字的位置。和上面采用的方法相比，这个更加简单。

尺寸线控制点是位于尺寸线的两端。同样方法，用鼠标单击变成红色后，直接拖动便可移动到相应的位置。

例3-5

【例3-5】打开图3-67（a）所示的图形，要将目前的AE尺寸标注改为标注AC的尺寸。同时将尺寸线往下移500。用夹点编辑尺寸标注的具体操作过程如下。

| 命令：指定对角点或 [栏选(F)/圈围(WP)/圈交(CP)]： | //不输命令，用交叉选或点选选中标注 |
|---|---|
| 命令： | //单击选中夹点E |
| ** 拉伸 ** | //自动进入"拉伸"操作 |
| 指定拉伸点或 [基点(B)/复制(C)/放弃(U)/退出(X)]： | //用追踪的方法，移动到点C处 |
| 命令： | //自动进入"拉伸"操作 |
| ** 拉伸 ** | //单击选中D附近的尺寸线端点 |
| 指定拉伸点或 [基点(B)/复制(C)/放弃(U)/退出(X)]:500 | //打开极轴的方法，将尺寸线往下方拖动极轴，输入500 |
| 命令：*取消* | //按"Esc"键退出夹点选择 |

操作执行后，结果如图3-67（b）所示。

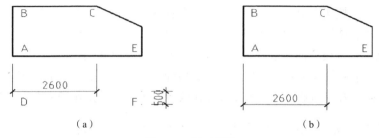

（a）　　　　　　　　　　　　（b）

图3-67　尺寸标注

# 练 习 题

## 1．填空题

（1）尺寸标注由_____、_____、_____和_____4 个标注元素组成。

（2）线性标注（Dimlinear）用于标注_____或_____方向尺寸。

（3）标注斜线时，使标注尺寸线与斜线平行，应执行_____命令。

（4）当同一图形中有不同比例的图形时，应该调整标注形式_____选项卡的_____、选项区的_____参数值。

## 2．选择题

（1）下述标注命令中，一次命令可标注多个尺寸的是（　　）。

  A．线性标注　  B．基线标注　  C．连续标注　  D．快速标注

（2）下述命令中，标注后的尺寸不同处一行是（　　）。

  A．线性标注　  B．基线标注　  C．连续标注　  D．快速标注

（3）以下（　　）命令是多行文字的命令。

  A．Text　  B．Mtext　  C．Table　  D．Style

（4）以下（　　）控制符表示正负公差符号。

  A．%%P　  B．%%D　  C．%%C　  D．%%U

（5）中文字体有时不能正常显示，它们显示为"？"，或者显示为一些乱码。使中文字体正常显示的方法有（　　）。

  A．选择 AutoCAD 2014 自动安装的 txt.shx 字体

  B．选择 AutoCAD 2014 自带的支付中文字体正常显示的 TTF 文件

  C．在文字样式对话框中，将字体修改成支持中文的字体

  D．复制第三方发布的支持中文字体的 shX 字体

（6）系统默认的 Standard 文字样式采用的字体是（　　）。

  A．Simplex　  B．仿宋_GB2312　  C．txt.shx　  D．Romanc.ttf

（7）对于 Text 命令，下面描述正确的是（　　）。

  A．只能用于创建单行文字

  B．可创建多行文字，每一行为一个对象

  C．可创建多行文字，所有多行文字为一个对象

  D．可创建多行文字，但所有行必须采用相同的样式和颜色

（8）系统默认的 Standard 文字样式采用的字体是（　　）。

  A．Simplex　  B．仿宋_GB2312　  C．txt.shx　  D．Romanc.ttf

（9）如用 Windows 字库内的中文字体样式（如仿宋体）输入（　　），则会出现乱码"□"。

  A．±　  B．°　  C．$\phi$　  D．%

（10）文字编辑命令的快捷键为（　　）。

  A．ED　  B．DE　  C．RE　  D．DD

（11）"新建标注样式"对话框中，"主单位"选项卡内的"使用全局比例"和（　　）应一致。

A. 出图比例                             B. 绘图比例

C. 局部比例                             D. 比例因子

（12）用（      ）命令拉长尺寸界线起点的位置。

A. 夹点编辑        B. 拉伸               C. 延伸             D. 拉长

3．连线题（请正确连接左右两侧命令，并在右侧括号内填写命令的别名）

创建多行文字                        Text                    （      ）

创建表格对象                        Mtext                  （      ）

编辑文字内容                        Style                   （      ）

创建单行文字                        Ddedit                 （      ）

创建文字样式                        Table                   （      ）

4．简答题

（1）单行文字和多行文字命令有什么区别？各适用于什么情况？

（2）如何创建新的文字样式？

（3）如何创建新的表格样式？

（4）表格中的单元格能否合并？如何操作？

（5）写文字时"对正"选项共有多少种？

（6）设置文字样式时，文字高度的设置对输入文字有什么影响？

（7）特殊控制符如何输入？

5．上机练习题

（1）要求字体文字样式名"汉字"，采用"宋体"，字高 500，字体的宽度比例：0.7，用单

图 3-68

行文字输入文字效果如图 3-68 所示。

管道穿墙及穿楼板时，应装∅40的钢制套管
供暖管道管径DN≤32采用螺纹联接。

图 3-68    上机练习题（1）

（2）要求字体文字样式名"宋体"，字体采用"宋体"，字高 500，字体的宽度比例：0.7，
用多行文字输入文字效果如图 3-69 所示。

图 3-69

1.图中尺寸除标高以m计外，其他均以mm计。
2.本项目卫生间比同层楼面标高低20，室内白色面
砖墙裙1800高。
3.楼梯踏步设防滑条，楼梯间楼梯栏杆900。

图 3-69    上机练习题（2）

（3）要求字体文字样式名"仿宋"，采用"仿宋 GB_2312"，字高 350，字体的宽度比例：
0.7，用多行文字输入文字效果如图 3-70 所示。

（4）创建图 3-71 所示的表格样式，文字样式按题（3）。

门窗工程：

　　窗均为铝合金，铝合金颜色银灰色、玻璃为本色，底层窗视使用单位的需求可设防盗网。

　　室内门均为木制夹板门，木门颜色米黄色油漆两度，木门参见京J611图集，厂房大门为定制卷帘门。

图 3-70

图 3-70　上机练习题（3）

| 门窗编号 | 洞口尺寸 | 数量 | 位置 |
| --- | --- | --- | --- |
| M1 | 4260X2700 | 2 | 阳台 |
| M2 | 1500X2700 | 1 | 主入口 |
| C1 | 1800X1800 | 2 | 楼梯间 |
| C2 | 1020X1500 | 2 | 卧室 |

图 3-71

图 3-71　上机练习题（4）

（5）打开素材，设置标注样式，要求各参数设置合理，完成结果如图 3-72 所示。

图 3-72

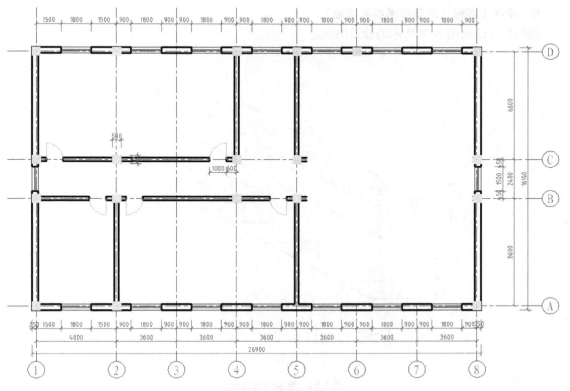

图 3-72　上机练习题（5）

（6）打开素材，设置标注样式，要求各参数设置合理，完成结果如图 3-73 所示。

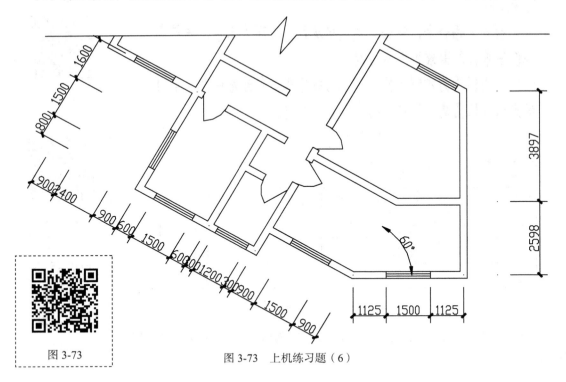

图 3-73

图 3-73　上机练习题（6）

6．精确绘图题（高新技术类考证题）

按照尺寸绘制图 3-74 所示的建筑图形。

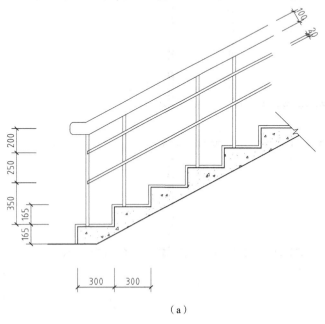

（a）

图 3-74　建筑图形图样

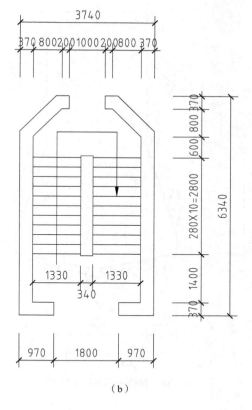

（b）

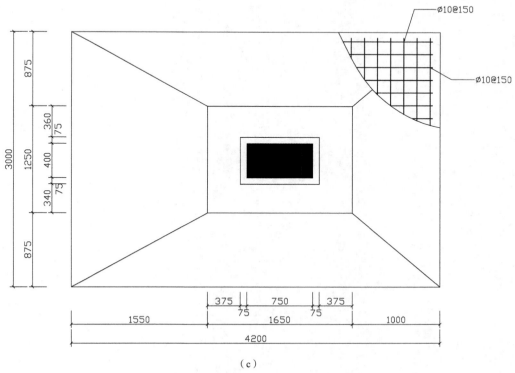

（c）

图 3-74　建筑图形图样（续）

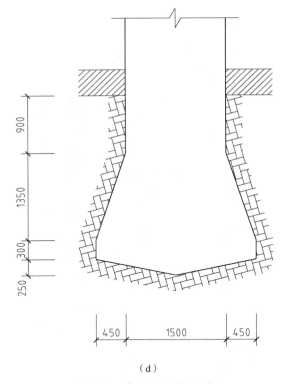

（d）

图 3-74　建筑图形图样（续）

# 第4章

## 高级绘图技巧

通过前面的学习，读者可以胜任绘制一些简单图形的工作。但是一张完整的建筑平面图或立面图是由轴线、墙体、门窗等具有相似图形特征的图形元素构成的复杂的图形集合体，绘制、编辑工作异常繁重。如何使绘图操作更加便捷、高效？AutoCAD 提供了一些非常巧妙的处理方法。

## 4.1 图层（Layer）

随着图形复杂程度的提高，绘图窗口中显示的图形对象增多，用户如何快速、准确地区分和寻找图形对象成为一个突出的矛盾。图层是 AutoCAD 组织和管理图形的一种方式。它允许用户将类型相似的对象进行分类，分图层相互重叠。

AutoCAD 图层可以把它看作一张张透明的电子图纸，用户把各种类型的图形元素画在这些电子图纸上，AutoCAD 将它们叠加在一起显示出来。如图 4-1 所示，在图层 A 上绘制了建筑物的墙壁，在图层 B 上绘制了室内家具，在图层 C 上放置了建筑物内的电器设施，最终显示的图层结果是各层叠加的效果。

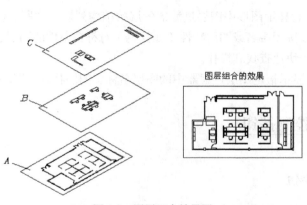

图 4-1　图层组合效果图

借助图层上的强大功能，用户可以对图层进行以下管理。

① 控制图层上的对象在视窗中的可见性，暂时隐藏一些图层，可更好地观察和编辑其他图层上的图形。

② 控制图层上的对象是否可以修改，保护指定图层不被修改。

③ 控制图层上的对象是否可以打印。

④ 为图层上的所有对象指定颜色、以区分不同类型的图形对象。

⑤ 为图层上的所有对象指定默认线性和线宽，满足制图标准的要求。

在 AutoCAD 中，图层主要内容包括图层 3 个控制按钮（新建、删除、置为当前），3 个特性（颜色、线型、线宽）、3 个状态（开/关、冻结/解冻、锁定/解锁）等内容，简称为 333 法则。

图层控制可通过"图层特性管理器"对话框来进行。AutoCAD 提供了以下 3 种方法来打开"图层特性管理器"。

① 执行"格式"/"图层"菜单命令。

② 在"图层"工具栏 ＠♀⋈⋈⋈∎0           ▽⋈⋈⋈ 上单击 ＠ 按钮。

③ 在命令行提示下，输入 layer(la)并按"空格"键或"Enter"键。

按上述方法执行命令后，弹出图 4-2 所示的"图层特性管理器"对话框，该对话框有两个窗口：树状图窗口和列表窗口。

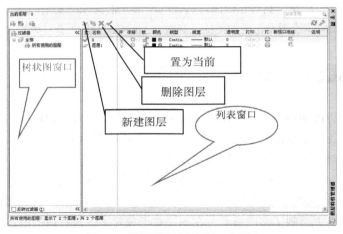

图 4-2 "图层特性管理器"对话框

① 树状图窗口。它显示图形中图层过滤器的层次结构列表。"所有使有的图层"过滤器是默认过滤器。用户可以按图层名或图层特性（如颜色）对符合条件的图层进行排序、集合。创建新的特性过滤器，便于快速查找和操作。

② 列表窗口。它显示指定图层过虑器中的图层名称、图层状态、图层特性等。

## 4.1.1 图层 3 个控制按钮

### 1. 新建图层按钮

在绘图过程中，用户可随时创建新图层，其操作步骤如下。

146

① 在"图层特性管理器"对话框中单击"新建图层"按钮，AutoCAD 会自动生成一个名叫"图层××"的图层。其中，"××"是数字，表明它是所创建的第几个图层，用户可以将其更改为所需要的图层名称。

② 在对话框内任一空白处单击或按"Enter"键即可结束创建图层的操作。如果想要继续创建图层，可以无须单击"新建图层"按钮，而是直接按"Enter"键即可。默认情况下，新建图层与当前图层的状态、颜色、线性、线宽等设置相同。

当创建了图层后，图层的名称将显示在图层列表框中，如果要更改图层名称，可单击该图层名，然后输入一个新的图层名并按"Enter"键即可。

### 2. 删除图层按钮

在绘图过程中，用户可随时删除一些不用的图层，其操作步骤如下。

① 在"图层特性管理器"对话框的图层列表框中单击要删除的图层。此时该图层呈高亮显示，表明该图层已被选择。

② 单击"删除图层"按钮，即删除所选择的图层。

图层 0、当前层（正在使用的图层）、含有对象的图层不能删。例如，当你选择删除正在使用的图层时，会出现图 4-3 所示的"图层-未删除"对话框。

图 4-3　"图层-未删除"对话框

### 3. 设置当前层按钮

当前层就是当前绘图层，用户只能在当前层上绘制图形，而且所绘制的实体属性将继承当前层的属性。当前层的层名和属性状态都显示在图层工栏上。AutoCAD 默认图层 0 为当前层。

设置当前层有以下 4 种方法。

① 在"图层特性管理器"对话框中，选择用户所需要的图层名称，使其呈高亮显示，然后单击"置为当前"按钮。

② 单击"图层"工具栏上的"图层过滤器"工具按钮，然后选择某一个图形对象，然后选择某一图形实体，即可将实体所在的图层设置为当前图层。

③ 在"图层"工具栏上的"图层控制"下拉列表框中，将高亮度光条移至所需的图层上，单击鼠标左键。此时新选的当前图层就会列在"图层控制"下拉列表框中。

④ 在命令行提示下，输入 clayer 并按"Enter"键，出现下列提示：输入 clayer 的新值<"×××">，这里<"×××">表示为此时的当前层的名称。在此提示后输入新选的图层名称，再按"Enter"键即可将所选的图层设置为当前层。

除了以上 3 个重要的按钮之外，在"新建图层"的右边还有一个按钮 ，它也是属于"新建"图层的按钮，不同之处是它创建新图层后在所有现有布局视口中将其冻结。读者可以在"模型"选项卡或"布局"选项卡上访问此按钮。

## 4.1.2 图层 3 个特性

### 1. 颜色

颜色在图形中具有非常重要的作用，可用来表示不同的组件、功能和区域。图层的颜色实际上是图层中图形对象的颜色。每个图层都拥有自己的颜色，对不同的图层可以设置相同的颜色，也可以设置不同的颜色，绘制复杂图形时就可以很容易区分图形的各部分。

可为不同的图层设置不同的颜色，其操作步骤如下。

① 在"图层特性管理"对话框图层列表框中选择所需要的图层。

② 在该图层的颜色图标上按钮上单击，弹出"选择颜色"对话框，如图 4-4 所示。

③ 在"选择颜色"对话框中选择一种颜色，然后单击"确定"按钮。

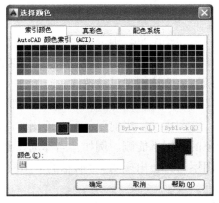

图 4-4 "选择颜色"对话框

### 2. 线型

线型是指图形基本元素中线条的组成和显示方式，如虚线、实线等。在 AutoCAD 中既有简单线型，也有由一些特殊符号组成的复杂线型，以满足不同国家或行业标准的要求。

① 设置图层线型。在绘制图形时要使用线型来区分图形元素，这就需要对线型进行设置。默认情况下，图层的线型为 Continuous。要改变线型，可在图层列表中单击"线型"列的 Continuous，打开"选择线型"对话框（见图 4-5），在"已加载的线型"列表框中选择一种线型，然后单击"确定"按钮即可设置图层线型。

② 加载线型。默认情况下，在"选择线型"对话框的"已加载的线型"列表框中只有 Continuous 一种线型，如果要使用其他线型，必须将其添加到"已加载的线型"列表框中。可单击"加载"按钮打开"加载或重载线型"对话框（见图 4-6），从当前线型库中选择需要加载的线型，然后单击"确定"按钮来加载其他线型。

图 4-5 "选择线型"对话框

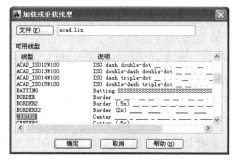

图 4-6 "加载或重载线型"对话框

③ 设置线型比例。用户可以用 Ltscale 命令来更改线型的短线和空格的相对比例。线型比例

的默认值是 1。通常，线型比例应该和绘图比例相协调。如果绘图比例为 1:10，则线型比例应设为 10。用户还可以通过执行"格式"/"线型"菜单命令，打开"线型管理器"对话框（见图 4-7），在该对话框中可设置图形中的线型比例，从而改变非连续线型的外观。

图 4-7 "线型管理器"对话框

### 3. 线宽

在 AutoCAD 中，用户可以为每个图层的线条定制线宽，从而使图形中的线条在打印输出后，仍然各自保持固有的宽度。用户为不同图层定义线宽之后，无论打印预览还是输出到其他软件中，这些线都是实际显示的。

要设置图层的线宽，可以在"图层特性管理器"对话框的"线宽"列中单击该图层对应的线宽"——默认"，打开"线宽"对话框，如图 4-8 所示。该对话框中有 20 多种线宽可供选择。也可以执行"格式"/"线宽"菜单命令，打开"线宽设置"对话框，如图 4-9 所示。通过调整线宽比例，可使图形中的线宽显示得更宽或更窄。

图 4-8 "线宽"对话框

图 4-9 "线宽设置"对话框

除以上 3 个重要的特性之外，在 AutoCAD 2014 中还增加了一个类似于 Photoshop 的"透明度"特性，"透明度"控制所有对象在选定图层上的可见性。对单个对象应用透明度时，对象的透明度特性将替代图层的透明度设置。单击"透明度"值将显示"图层透明度"对话框，不同透明度值的效果如图 4-10 所示。

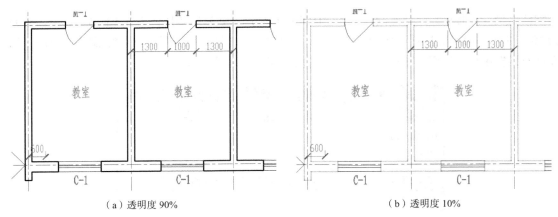

（a）透明度 90%　　　　　　　　　　　　（b）透明度 10%

图 4-10　"透明度"显示效果

### 4.1.3　图层 3 种状态

如图 4-11 所示，图层有打开/关闭、冻结/解冻和锁定/解锁 3 种状态。

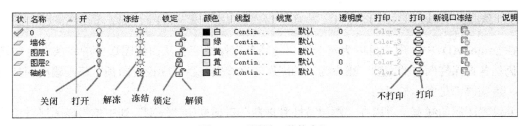

图 4-11　"图层 3 种状态"

#### 1．打开/关闭

图层关闭后，该层上的对象在屏幕上不再显示，但是仍然可在该图层上绘制新的图形对象，新绘制的对象也是不可见的。鼠标框选无法选中关闭图层上的对象，被关闭图层中的对象是可以编辑修改的，例如，执行删除、镜像命令等。重新生成图形时，图层上的对象仍将重新生成。

#### 2．冻结/解冻

冻结图层后，该层上的对象不仅不可见，而且在选择时忽略图层中的所有对象。在复杂图形重新生成时，该图层上的对象也不会重新生成，从而节约时间和提高速度。图层冻结后，不能在该图层上绘制新的图形对象，也不能编辑和修改。与"开关"的区别，冻结的不参与运算，可提高系统速度，开关则与运算无关。

#### 3．锁定/解锁

图层锁定后，与冻结不同的是图层是可见的，也可以进行灵活的定位和在该图层上绘制新的对象，但不能对这些对象做编辑修改。在绘图过程中，可以有效保护图层中的对象，避免错误修改或被删除。

提示

　　关闭图层与冻结图层的区别：关闭图层不能在屏幕上显示，但重新生成时，图形对象仍将重新生成，执行全选（ALL）命令时，被关闭图层上的图形对象会被选中。如果是冻结图层，在重新生成图形时，图形对象则不会重新生成，执行全选（ALL）命令时，被冻结图层上的对象不会被选中。

## 4.1.4　管理图层

### 1. 切换当前层

　　在"图层特性管理器"对话框的图层列表中，选择某一图层后，单击"当前图层"按钮，即可将该层设置为当前层。在实际绘图时，为了便于操作，主要通过"图层"工具栏和"对象特性"工具栏来实现图层切换，这时只需选择将其设置为当前层的图层名称即可。此外，"图层"工具栏（见图 4-12）和"对象特性"工具栏（见图 4-13）中的主要选项与"图层特性管理器"对话框中的内容相对应，因此也可以用来设置与管理图层特性。

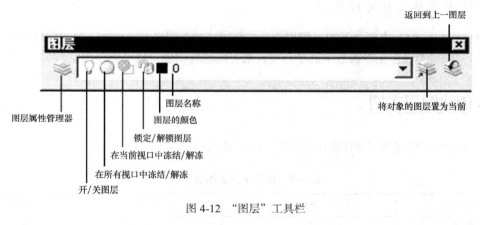

图 4-12　"图层"工具栏

图 4-13　"对象特性"工具栏

### 2. 使用"图层过滤器特性"对话框过滤图层

　　在 AutoCAD 中，图层过滤功能大大简化了在图层方面的操作。图形中包含大量图层时，在"图层特性管理器"对话框中单击"新特性过滤器"按钮，可以使用打开的"图层过滤器特性"对话框（见图 4-14）来命名图层过滤器。

### 3. 改变对象所在图层

　　实际绘图中，如果绘制完某一图形元素后，发现该元素并没有绘制在预先设置的图层上，可选中该图形对象，并在"图层"工具栏的图层控制下拉列表框中选择预设层名，然后按下"Esc"键来改变对象所在图层。

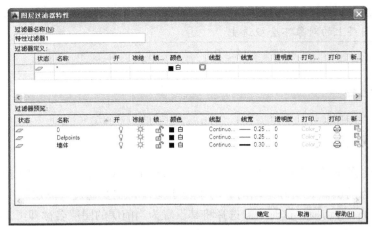

图 4-14　"图层过滤器特性"对话框

### 4. 使用图层工具管理图层

在 AutoCAD 2014 中新增了图层管理工具，利用该功能用户可以更加方便地管理图层。执行"格式"/"图层工具"菜单命令中的子命令，就可以通过图层工具来管理图层。

## 4.1.5　创建图层实例

按表 4-1 所示创建图层并设置图层颜色、线型及线宽。

表 4-1　建筑平面图图层特性

| 图层名 | 颜色 | 线型 | 线宽 |
|---|---|---|---|
| 轴线 | 红 | Center | 默认 |
| 轴号 | 黄 | Continuous | 默认 |
| 墙体 | 白 | Continuous | 0.5 |
| 柱子 | 252 | Continuous | 默认 |
| 门窗 | 洋红 | Continuous | 默认 |
| 楼梯 | 绿 | Continuous | 默认 |
| 文字 | 白 | Continuous | 默认 |
| 标注 | 蓝 | Continuous | 默认 |
| 其他 | 白 | Continuous | 默认 |

其主要操作步骤如下。

① 单击"图层"工具栏上的按钮 ，打开"图层特性管理器"对话框，再单击按钮 ，列表框显示出名称为"图层 1"的图层，直接输入"轴线"，按"Enter"键结束。

② 再次按"Enter"键，即自动创建新图层。总共创建 9 个图层，图层名如表 4-1 所示，结果如图 4-15 所示。

③ 指定图层颜色。选中"轴线"图层，单击与所选图层关联的图标■白，打开"选择颜色"对话框，如图 4-4 所示。选择红色，单击"确定"按钮，再设置其他图层的颜色。

创建图层实例

④ 指定图层线型。选中"轴线"图层，单击与所选图层关联的图标 `Continuous`，打开"选择线型"对话框，如图 4-5 所示，选择"Center"，单击"确定"按钮。其他线型采用默认设置。

⑤ 指定图层线宽。选中"墙体"图层，单击与所选图层关联的图标 —— 默认，打开"线宽"对话框，如图 4-8 所示，选择 0.50mm，单击"确定"按钮。其他图层的线宽为默认值。

如果背景是白色，颜色设置白色即显示为黑色，当背景是黑色，则相反。最后操作结果如图 4-15 所示。

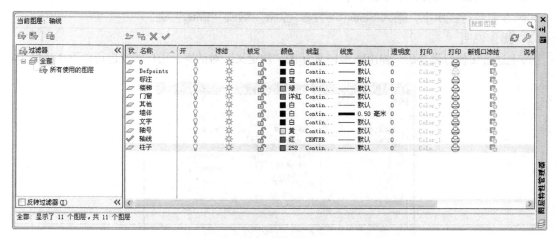

图 4-15　创建图层实例

## 4.2　图块（Block）

建筑工程图绘制过程中，为了提高效率，AutoCAD 2014 提供了一个非常实用的图形对象——图块，图块是将一个或多个单一的实体对象整合为一个对象，并作为一个完整的、独立的对象被反复调用。组成图块的图形元素可以分别处于不同的图块，具有不同的颜色、线型、线宽。

使用图块主要有以下两个方面的优点。

① 减少绘图时间，提高绘图效率。在绘图过程中，经常会遇到许多相似的图形，如卫生器具、家具、门窗等，读者只需要绘制一次，然后将其制作成图块或图块文件，建立图形库，就可在以后的绘图过程中反复调用，在调用时调整比例参数，即可生成相似的图形。

② 节省磁盘空间。图形中的每一个图形对象都有一定的特征参数，随着图形对象数量的增加，图形文件占用磁盘空间就增多。但对于图块来说，图形文件仅仅保存该图块的参数特征，而不用保存每个图块实体，这样就节省了不少的磁盘空间。

图块包括内部图块和外部图块，内部图块是仅在本图形中存在和使用的图块，创建内部图块的命令为 Block，外部图块是可以在其他图形中使用的独立文件，其文件名以".dwg"。用户根据需要可以将图块按照设定的缩放比例和旋转角度插入到指定的任何一个位置，也可以对整个图块进行复制、移动、旋转、比例缩放、镜像、删除等编辑操作。创建外部图块的命令为"Wblock"。

## 4.2.1 创建图块

### 1. 执行方式

绘制组成图形的一组图形，然后选用以下 3 种方法都可以创建内部图块。

① 执行"绘图"/"块"/"创建"菜单命令。

② 在"绘图"工具栏上单击 按钮。

③ 在命令行提示下，输入 block(b)并按"空格"键或"Enter"键。

### 2. 操作说明

按上述方法执行命令后，弹出图 4-16 所示的"块定义"对话框，用户需要进行以下 3 步操作。

图 4-16 "块定义"对话框

① 在"名称"输入框中输入创建图块的名称。

② 单击"基点"选项区的"拾取点"按钮 ，切换到绘图窗口，指定图块的插入基点，一般是对象的一些特殊点。指定基点后会自动切换到"块定义"对话框。

③ 单击"对象"选项区的"选择对象"按钮 ，切换到绘图窗口，选择作为图块的图形对象，右击重新返回"块定义"对话框。单击"确定"按钮，完成命令操作。

"块定义"对话框里的重要的选项、按钮介绍如下。

① 名称：指定块的名称，名称最多可以包含 255 个字符，包括字母、数字、汉字、下画线等。

② 基点：指定块的插入基点，默认值是原点（0，0，0）。这里可以自己用光标去取点，也可以自己输入精确的 $X$、$Y$、$Z$ 值。大部分情况都是通过拾取点来确定基点。

③ 对象选项区：主要是指定新块中要包含的对象，以及创建块之后如何处理这些对象。完成选择对象后，是保留还是删除选定的对象或者将它们转换成图块。

④ 保留：创建块以后，将选定的对象保留在图形中。

⑤ 转换为块：创建图以后，将选定对象转换成块。

⑥ 删除：创建块以后，从图形中删除选定的对象。

⑦ 按统一比例缩放：指定是否阻止块参照不按统一比例缩放，该选项与"注释性"选项不能同时使用。

⑧ 允许分解：指定块是否可以被分解。

## 4.2.2　保存图块（也称写块、创建外部图块）

### 1. 执行方式

和内部块不同的是，外部图块可以选择本图形已有的图块、整个图形或用户选定的一组图形作为构成内容，来源更加广泛。创建外部图块后，用户可在该图形文件或其他文件进行调用，外部图块将表现为一个 dwg 文件。

用户可以通过命令形式执行。

在命令行提示下，输入 wblock（w）并按"空格"键或"Enter"键。

### 2. 操作说明

按上述方法执行命令后，弹出图 4-17 所示的"写块"对话框，如果是对未创建的内部块的图形，则需要进行以下 3 步操作。

① 单击"对象"选项区的"选择对象"按钮，切换到绘图窗口，选择作为图块的图形对象，重新返回"块定义"对话框。单击"确定"按钮，完成命令操作。在"名称"输入框中输入创建图块的名称。

② 单击"基点"选项区的"拾取点"按钮，切换到绘图窗口，指定图块的插入基点，一般是对象的一些特殊点。指定基点后会自动切换到"块定义"对话框。

③ 在"目标"选项区，单击，在弹出的图 4-18 所示的"浏览图形文件"对话框中指定块文件保存的路径和文件名，单击"保存"按钮返回"写块"对话框。

图 4-17　"写块"对话框

图 4-18　"浏览图形文件"对话框

在"源"选项区有 3 个选项，其功能和意义各不相同。

"块"：选择当前图形中的内部图块作为外部图块文件，在执行写块的时候，选择的是已创建的内部图块。那么不需要执行以上的第①和②步。应该先通过右侧的下位列表框选择当前图形中的内部图块，再直接执行上面第③步指定保存图块的名称和路径。

"整个图形"：将当前的整个图形作为外部图块文件。不需要执行以上的第①和②步，直接执行第③步。

"对象"：从当前图形中指定对象来创建图形文件。

## 4.2.3　插入图块

### 1．执行方式

图块的重复使用是通过插入图块的方式来实现的，所谓插入图块，就是将已经创建的内部或外部块插入到当前的图形文件中。

插入块的命令是 Insert，可以使用以下 3 种方法启动 Insert（I）命令。

① 执行"插入"/"块"菜单命令。

② 在"绘图"工具栏上单击按钮。

③ 在命令行提示下，输入 insert（i）并按"空格"键或"Enter"键。

### 2．操作说明

按上述方法执行命令后，弹出图 4-19 所示的"插入"对话框，用户需要进行以下 3 步操作。

① 从"名称"下拉列表框中选择要插入的内部图块名称。如果插入的是外部图块，单击右侧的 浏览(B)... 按钮，从弹出的"选择图形文件"对话框中选择"外部图块"的图形文件。

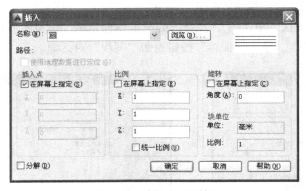

图 4-19　"插入"对话框

② 在"比例"选项区设置比例因子。

③ 单击"确定"按钮切换到图形窗口，指定图块的插入点后操作完成。

对话框选项说明如下。

- 勾选"在屏幕上指定"复选框，在指定插入点后，需要按命令行提示信息输入 $X$、$Y$、$Z$ 方向的比例因子。

- 勾选"统一比例"复选框，图块在 $X$、$Y$、$Z$ 方向比例因子都相同。

- 勾选"分解"复选框，系统只能以"统一比例因子"方式插入图块，插入后图块将被分解成基本图形元素。
- "旋转"：在当前 UCS 中插入块的旋转角度。

### 3．补充说明

插入块的命令是除了 Insert 之外，还可以用 Minsert 阵列插入图块、Divide 等分插入图块、Measure 等距插入图块，Minsert 命令能够在矩形阵列中一次完成图块的多个引用。该命令执行过程如下。

```
命令: minsert
输入块名或 [?] <C2>:
单位: 毫米   转换:   1.0000
指定插入点或 [基点(B)/比例(S)/X/Y/Z/旋转(R)]:        //指定插入点
输入 X 比例因子，指定对角点，或 [角点(C)/XYZ(XYZ)] <1>:  //设置 X 比例因子
输入 Y 比例因子或 <使用 X 比例因子>:                 //设置 Y 比例因子
指定旋转角度 <0>:                                //设置旋转角度
输入行数 (---) <1>: 3                           //输入阵列图块行数
输入列数 (||||) <1>: 3                          //输入阵列图块列数
输入行间距或指定单位单元 (---): 3000             //输入阵列图块行间距
指定列间距 (||||): 3000                          //输入阵列图块列间距
```

## 4.2.4　创建属性图块

"属性图块"是 AutoCAD 提供的一种特殊形式的图块。"属性图块"的实质就是由构成图块的图形和图块属性两部分共同形成的一种特殊形式的图块。它与前述的内部图块和外部图块的区别是，属性图块还包含了另一部分即"图块属性"。

通俗地讲，"图块属性"就是为图块附加文字信息。图块属性从表现形式上看是文字，但是它与前面所讲述的单行文字和多行文字是两种完全不同的图形元素。图块属性是包含文字信息的特殊实体，它不能独立存在和使用，只有与图块相结合才具有实用价值。

"属性图块"的意义，就是将插入图形与输入文字两个操作在一个命令中同时完成。而且在插入图块时，图块中的属性文本可以根据需要即时输入，提高了绘图效率。在建筑绘图中，对于轴线编辑、标高符号等频繁使用的一些标准符号，将其制作成属性图块，是一个有效率的操作。

完成一个属性图块的创建包括以下几个步骤。

- 绘制图形（制作块）。
- 定义块的属性（Attdef）（执行"绘图"/"块"/"定义属性"菜单命令）。
- 创建图块（Block）（同时选择图形和图块属性）。
- 插入图块（Insert)。
- 保存图块（WBLOCK）（关闭后下次还可以用）。

创建属性块与上面的创建内部块的流程基本相似，不同的是在创建图块之前先定义块的属性（Attdef）。可以通过下面 2 种方式定义块的属性。

① 执行"插入"/"块"/"定义属性"菜单命令。

② 在命令行提示下，输入 attdef（att）并按"空格"键或"Enter"键。

按上述方法执行命令后，弹出图 4-20 所示的"属性定义"对话框，其中各选项意义如下。

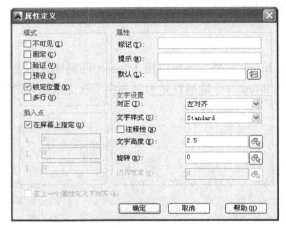

图 4-20 "属性定义"对话框

① "模式"选项区：在图形中插入图块时，设置与图块关联的属性值选项，用户单击相应的模式即可。

- 不可见：勾选本复选框，在插入块时不显示或打印属性值。
- 固定：勾选本复选框，在插入块时赋予固定值。
- 验证：勾选本复选框，在插入块时提示验证属性值是否正确。
- 预设：勾选本复选框，在插入块时直接以"默认值"作为图块的属性值。
- 锁定位置：锁定块参照中属性的位置。在动态块中，由于属性的位置包含在动作的选择集中，故必须将其锁定。
- 多行：勾选本复选框，在插入块时允许输入多行属性。

② "属性"选项区：设置属性数据，这里最多可以选择 256 个字符。如果属性值或默认值中需要以空格开始，必须在字符前面加一个反斜杠（\）。

- 标记：设置属性标志，本属性不能为空，必须填写。
- 提示：设置属性提示，引导用户在使用时输入正确的属性值。如果不输入提示，属性标记将用作提示。如果在"模式"区域选择"固定"模式，"提示"选项将不可用。
- 默认：指定默认的属性值。

③ "插入点"选项区：用于确定属性文本的插入位置。输入坐标值或选择"在屏幕上指定"。关闭对话框后将显示"ATTDEF 指定起点"，用光标指定属性关联的文本的位置。

④ "文字设置"选项区：用于设置属性文本的对正、样式、高度等相关参数。

- 对正：指定属性文本的对齐方式。
- 文字样式：指定属性的文字高度。
- 注释性：如果图块属性是注释性的，那么属性将与图块的方向相匹配。
- 文字高度：指定属性文字的高度值。直接输入文字的高度值或用光标指定高度。
- 旋转：指定属性文字的旋转角度。
- 边界宽度：用户可以通过指定或拾取两点定距离的方式为属性定义边界宽度。

- 在上一个属性定义下对齐：将属性标记直接置于定义的上一个属性的下面，之前没有创建属性定义；则此选项不可用。

例 4-1

【例 4-1】以创建一个建筑图中的标高符号为例，说明标高属性块的创建、插入、保存等操作步骤。

① 绘制图形。绘制图形的具体操作步骤如下。

```
命令：line                              //输入直线命令
指定第一个点：                          //指定第一点 A
指定下一点或 [放弃(U)]：1500            //向左打开极轴输入长度 1500
指定下一点或 [放弃(U)]：@300,-300       //用相对坐标确定点 C

指定下一点或 [闭合(C)/放弃(U)]：@300,300   //用相对坐标确定点 D
指定下一点或 [闭合(C)/放弃(U)]：          //结束命令
命令：line                              //重复直线命令
指定第一个点：250                       //从点 C 往左追踪 250
指定下一点或 [放弃(U)]：500             //向右打开极轴输入长度 500
指定下一点或 [放弃(U)]：               //结束命令，结果如图 4-21（a）所示
```

② 定义块的属性（Attdef）。在命令行输入 attdef（或 att）并按回车键，弹出图 4-22 所示的"属性定义"对话框，按对话框里的参数设置好。单击"确定"按钮后，在图 4-21（a）所示的点 E 位置附近指定文字的起点，如图 4-21（b）所示。

图 4-21　定义"属性块"

③ 创建图块（Block）。在命令行输入 block（或 b）并按"Enter"键，弹出图 4-23 所示的对话框，设置"名称"为"标高"，单击"拾取点"后，单击图 4-21（a）中点 C 返回对话框，单击"选择对象"，把标高和属性文本都选中后单击鼠标右键，返回图 4-23 所示的对话框，单击"确定"按钮，弹出图 4-24 所示的"编辑属性"对话框。在对话框内可任意输入标高数值。单击"确定"按钮后结果如图 4-21（c）所示。

图 4-22　"属性定义"对话框

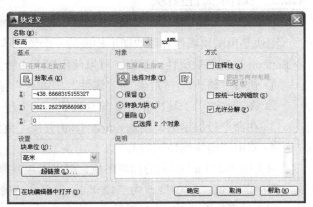

图 4-23　"块定义"对话框

159

④ 插入图块（Insert）。在命令行输入 insert（或 i）并按"Enter"键，弹出图 4-25 所示的"插入"对话框，单击"确定"按钮后，在窗口内指定一个插入点，弹出图 4-24 所示的对话框，输入相应的标高值后，单击"确定"按钮完成插入图块操作。

⑤ 保存图块（Wblock）。在命令行输入 wblock（或 b）并按"Enter"键，弹出图 4-26 所示的"写块"对话框，在"源"选项区选择"块"，在下拉列表框选择"标高"。保存的文件名和路径按默认。最后单击"确定"按钮即可保存图块。

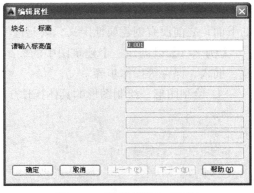

图 4-24 "编辑属性"对话框

图 4-25 "插入"对话框

图 4-26 "写块"对话框

 **提示**　　写块（保存块）后，保存的图块是一个 dwg 文件，可以将其直接插入到其他所需要的文件中去，也可以用 AutoCAD 直接打开它，直接打开的图形一般位于原点附近。

## 4.2.5　编辑属性图块

图块是由图块属性和图块图形构成的一个统一体。用户可以用 AutoCAD 提供的专门编辑命令 Eattedit 进行图块属性的编辑。可以使用以下 4 种方法启动 Eattedit 命令。

① 执行"修改"/"对象"/"属性"/"单个"菜单命令。

② 在"修改"工具栏Ⅱ上单击 按钮。

③ 在命令行提示下，输入 eattedit (eatt)并按"空格"键或"Enter"键。

④ 双击"图块属性"对象。

双击图 4-27（a）所示的标高图块，弹出图 4-28 所示的"增强属性编辑器"对话框，将"值"文本框中的数值"0.001"改为"12.000"，单击"确定"按钮，退出该对话框。完成全部编辑操作。编辑结果如图 4-27（b）所示。

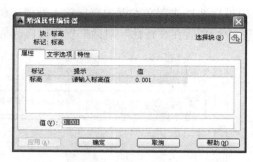

图 4-27　修改"属性图块"　　　　　　　　　图 4-28　"增强属性编辑器"对话框

# 4.3 特性（Mo）

AutoCAD 2014 提供了一个专门进行图形对象属性编辑和管理工具——特性。在"特性"对话框中，图形对象的所有属性均一目了然，用户修改起来也极为方便。

打开"特性"对话框可以通过以下 4 种方法进行。

① 执行"修改"/"特性"菜单命令。

② 在"标准"工具栏上单击 按钮。

③ 在命令行提示下，输入 properties (mo 或 pr)并按"空格"键或"Enter"键。

④ 直接输入快捷键"Ctrl+1"。

"特性"对话框如图 4-29 所示，在该对话框中，列出了被选取的目标实体的全部属性，这些属性有些是可编辑的，有些则是不允许编辑的。而用户选择的目标对象，可以是单一的，也可以是多个的；可以是同一种类的图形，也可以是不同种类的图形。

图形属性一般分为常规属性、几何属性、打印样式属性、视图属性、三维效果属性、其他属性等。其中以常规属性和几何属性较重要，对于三维绘图来说，视图属性也是非常重要的。

图 4-29　"特性"对话框

## 1. 常规属性

图形的常规属性共包括 9 项，分别是颜色、图层、线性、线型比例、打印样式、线宽、透明度、超链接和厚度。

## 2. 几何属性

不同的图形对象，其几何属性和其他属性等都是不尽相同的，在实际使用中有以下两种不同形式。

① 修改单个目标实体的属性。此时，该实体所有属性都可以进行编辑，用户可在下拉列表

框中进行选择或在文本框中直接输入数值，例如，修改上述的标高块的标高值为"12.000"。也可选中标高后在"特性"对话框里直接修改为"15.000"，如图 4-30 所示。

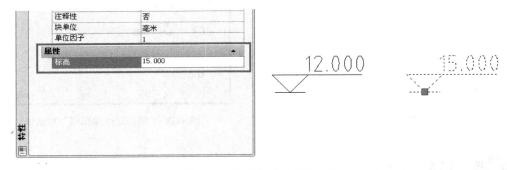

图 4-30 "特性"修改单个对象

② 修改多个目标对象的属性。此时，属性管理器中除基本属性保持不变外，其他属性均只部分列出，即仅仅排列出这些目标对象实体的相同部分。

AutoCAD 2014 中使用"特性"对话框的最多优点在于用户不仅可以对多个目标实体的基本属性进行编辑，而且还可利用它对多个目标对象的某些共有属性一起编辑，例如，对选中很多不同字体的大小进行统一大小，如图 4-31（b）所示。这解决了用户图形编辑中的一大难题。

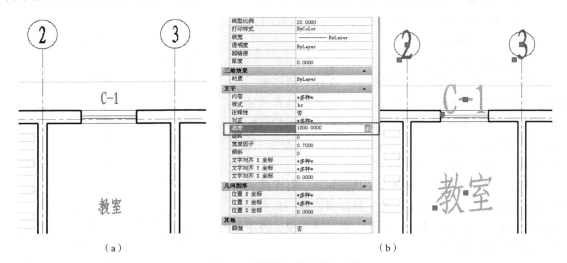

（a）                              （b）

图 4-31 "特性"修改多个对象

## 4.4 特性匹配（Ma）

特性匹配俗称格式刷，它可以把一个对象的某些或所有特性复制到其他对象上。默认情况下，所有可应用的特性都自动地从选定的第一个对象复制到其他对象。可以复制的特性类型包括颜色和图层。

可以通过以下 3 种方法执行特性匹配命令 Matchprop。

① 执行"修改"/"特性匹配"菜单命令。

② 在"标准"工具栏上单击📵 按钮。

③ 在命令行提示下，输入 matchprop (ma)并按"空格"键或"Enter"键。

启动 Matchprop 命令后，命令行出现如下提示。

选择源对象：　　　　　　　　//选择源对象

当前活动设置：　颜色 图层 线型 线型比例 线宽 透明度 厚度 打印样式 标注 文字 图案填充 多段线 视口 表格 材质 阴影显示 多重引线　　　//表示当前允许复制这些属性

选择目标对象或 [设置(S)]：

输入 S 重新设置可复制的属性项。此时屏幕弹出图 4-32 所示的"特性设置"对话框。

在该对话框中，可以对复选框中列出的属性进行选择，只有被选择的属性才能从源对象复制到目标对象上。特殊属性只是某些特殊对象才有的属性。例如，尺寸标注属性只属于尺寸标注线，文本属性只属于文本。对于特殊属性，只能在同类型的对象之间进行复制。

进行属性设置后，系统又回到原来的状态：即命令行又出现如下提示。

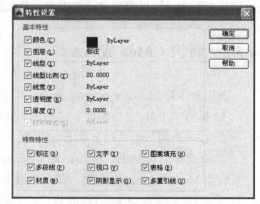

图 4-32　"特性设置"对话框

选择目标对象或 [设置(S)]：　//选择目标对象

选择完毕后按"空格"键或"Enter"键确认后，目标对象的属性便和源对象属性一致了。

注意

本命令操作的过程主要就是两步，即首先选源对象，其次选目标对象，顺序不能颠倒。

在实际操作中，使用格式刷命令，可快速地分类管理各种图形、尺寸、文字等对象，灵活运用本命令，可起到事半功倍的效果。

## 4.5　图形信息查询

在绘图过程中，用户往往想了解一些相关信息，这就用到了 AutoCAD 提供的查询命令。

### 4.5.1　距离（Mea 或 Dist）

距离命令是 Measuregeom 或 Dist，可以通过以下 3 种方式执行。

① 执行"工具"/"查询"/"距离"菜单命令。

② 在"查询"工具栏上单击🔲 按钮。

③ 在命令行提示下，输入 measuregeom（mea）或 dist(di)后按"空格"键或"Enter"键。

本命令主要用于测量两点之间的距离。下面是系统给出的信息。除了距离之外，还给出了倾斜角度和增量（两点间在 X、Y、Z 轴的投影值）。

命令：measuregeom
输入选项 [距离(D)/半径(R)/角度(A)/面积(AR)/体积(V)] <距离>：_distance
指定第一点：

```
指定第二个点或 [多个点(M)]:
距离 = 3723.2378，XY 平面中的倾角 = 15，   与 XY 平面的夹角 = 0
X 增量 = 3600.0000，  Y 增量 = 950.0000，   Z 增量 = 0.0000
输入选项 [距离(D)/半径(R)/角度(A)/面积(AR)/体积(V)/退出(X)] <距离>:
```

Dist 主要是早期版本的 AutoCAD 使用的命令，现在一些高版本的 AutoCAD 也仍然可以使用。

Measuregeom 不仅能测距离，还可以测半径、角度、面积、体积等。输入 Measuregeom 命令后默认为距离，可以根据自己的需要选择相应的子命令。

## 4.5.2　面积（Mea 或 AA）

面积命令是 Measuregeom 或 Area，可以通过以下 3 种方式执行。
① 执行"工具"/"查询"/"面积"菜单命令。
② 在"查询"工具栏上单击□按钮。
③ 在命令行提示下，输入 measuregeom（mea）或 area (aa)并按"空格"键或"Enter"键。
启动 Measuregeom 命令后，命令行给出如下提示。

```
输入选项 [距离(D)/半径(R)/角度(A)/面积(AR)/体积(V)] <距离>: _area
指定第一个角点或 [对象(O)/增加面积(A)/减少面积(S)/退出(X)] <对象(O)>:
指定下一个点或 [圆弧(A)/长度(L)/放弃(U)]:
指定下一个点或 [圆弧(A)/长度(L)/放弃(U)]:
指定下一个点或 [圆弧(A)/长度(L)/放弃(U)/总计(T)] <总计>:
指定下一个点或 [圆弧(A)/长度(L)/放弃(U)/总计(T)] <总计>:
区域 = 8161.9447，周长 = 377.6944
```

本命令用于查询指定的点定义的任意形状闭合区域的面积和周长。这些点所在的平面必须与当前 UCS 的 *XY* 平面平行。

如果指定的多边形不闭合，AutoCAD 在计算该面积时假设从最后一点到第一点绘制了一条直线，计算周长时，AutoCAD 加上这条闭合线的长度。

Area 主要是早期版本的 CAD 使用的命令，现在一些高版本的 CAD 也仍然可以使用。

在输入完 measuregeom 命令后，默认是通过点定义的一个闭合区域来计算面积和周长。如果对象自身是一个整体的闭合区域，如矩形和圆。读者可直接输入"O"直接选对象来查询面积。

## 4.5.3　列表（List）

列表命令是 List，可以通过以下 3 种方式执行。
① 执行"工具"/"查询"/"列表"菜单命令。
② 在"查询"工具栏上单击□按钮。
③ 在命令行提示下，输入 list（li）并按"空格"键或"Enter"键。
执行本命令后，将在文本窗口中显示选定对象的数据库信息，信息内容包括对象类型、对象图层、相对于当前用户坐标系( UCS )的 *X*、*Y*、*Z* 坐标位置及对象是位于模型空间还是图纸空间。

图 4-33 所示为一个圆的信息。

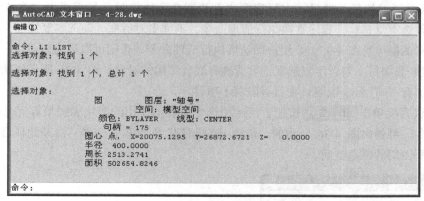

图 4-33　列表 List 命令查询结果

### 4.5.4　点坐标（Id）

点坐标命令是 Id，可以通过以下 3 种方式执行。

① 执行"工具"/"查询"/"点坐标"菜单命令。

② 在"查询"工具栏上单击 按钮。

③ 在命令行提示下，输入 list（li）并按"空格"键或"Enter"键。

执行本命令后，选择点后在命令行中显示该点的 $X$、$Y$、$Z$ 坐标信息，如图 4-34 所示。

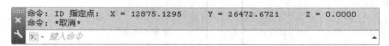

图 4-34　点坐标命令查询结果

## 4.6　清理（Purge）

用户可以用删除（Erase）命令删除绘图的图形元素，但是要删除已定义的图块类型，Erase 命令就不起作用了。AutoCAD 提供了清理（Purge）命令，它可以删除图形中不被使用的命名对象、图块定义、标注样式、图层、线型或文字样式。

清理命令是 Purge，可以通过以下 3 种方式执行。

① 执行"工具"/"图形实用工具"/"清理"菜单命令。

② 在命令行提示下，输入 purge（pu）并按"空格"键或"Enter"键。

执行命令后，弹出图 4-35 所示的"清理"对话框。

对话框中各选项的功能意义如下。

① 查看能清理的项目：选择本单选按钮，将在树形列表中显示出不被使用（即可以被清除）的对象。树形列表项前有"+"符号的，表示此项目下有可被清理的对象。

② 查看不能清理的项目：本单选按钮与上一单选按钮相反，它将显示图形中被使用而不能

清除的对象。

③ 确认要清理的每个项目：本复选框决定清理命令执行时，是否弹出"确认清理"对话框，如果不勾选本复选框，程序直接执行清理命令，不弹出对话框。勾选本复选框，清理命令执行时，弹出对话框（见图 4-35）。用户确认后执行清理命令，否则可取消清理命令。

④ 清理嵌套项目：勾选本复选框，可清理有嵌套结构的对象，图 4-35 所示树状图的"多线样式"项目前有"+"号，说明该项目有嵌套子项目。

用户一般直接单击 全部清理(A) 按钮，清除图形中所有不使用的图块、线型等冗余部分。执行"清除"命令，可弹出图 4-36 所示的"清理-确认清理"对话框，选择"清理此项目"后，可减少图形文件所占用的磁盘空间。

图 4-35 "清理"对话框

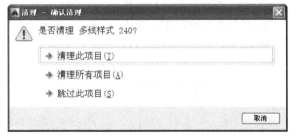

图 4-36 "清理-确认清理"对话框

# 4.7 样板

用户每次重新绘制新的图形时，需要再重新设置文字样式、标注样式等绘图参数。对于同一专业或同一工程，这些参数实际上是相对固定的。那么能否有一种好的方法，避免重复设置，摆脱这种重复又枯燥的操作呢？使用 AutoCAD 提供的"自定义样板"功能就可以解决这个问题。

样板实际上是一个含有特定绘图参数环境的图形文件。图形文件的扩展名为".dwt"。AutoCAD 的图形样板文件存储在"template"文件夹中。通常存储在样板图形文件中的惯例和设置参数包括以下几种。

① 标题栏、边框和徽标。

② 单位类型和精度。

③ 图层名。

④ 标注样式。

⑤ 文字样式。

⑥ 线型。

⑦ 捕捉、栅格和正交设置。

⑧ 图形界限。

## 4.7.1　创建样板

创建一个新的样板图形文件可分为以下 4 个步骤。其具体操作如下。

① 执行"新建"命令创建一个新的图形文件。

② 分别执行"格式"下拉菜单中的"图层""文字样式""标注样式"等命令。创建相应的格式。再使用绘图命令，绘制图框、标题栏、标题文字等。

③ 执行"文件"下拉菜单中的"另存为"命令，弹出"图形另存为"对话框，进行 3 步操作：首先，在"文件类型"下拉列表框中选择"AutoCAD 图形样板（*.dwt）"；其次，在"文件名"输入框中输入样板文件名称；最后，在"保存于"下拉列表框中选择 AutoCAD 样板文件夹"Template"，如图 4-37 所示。

④ 单击 保存(S) 按钮，弹出图 4-38 所示的"样板选项"对话框。在"说明"文本框中输入相关的文字说明注释本样板的特点，也可放弃说明，直接单击 确定 按钮，完成样板的创建。

图 4-37　"图形另存为"对话框

图 4-38　"样板选项"对话框

## 4.7.2　调用样板

启动 AutoCAD 时，在弹出的图 4-39 所示的"创建新图形"对话框中，单击"使用样板"按钮 ，在"选择样板"列表框中选择采用的样板名称，单击 确定 按钮，程序自动将样板文件调入到新建的图形中。如果在启动 AutoCAD 时，没有弹出这个对话框，则要进行 STARTUP 系统变量的设置，在命令行输入 startup 后，提示："输入 startup 的新值<0>："，把 0 改为 1 即可。

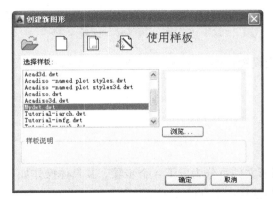

图 4-39　"创建新图形"对话框

# 4.8　设计中心

AutoCAD 提供了一个文件图形资源（如图形、图块）共享的平台——设计中心。设计中心主要有以下功能。

① 浏览用户计算机、网络驱动器和 Web 上的图形内容等资源。

② 在新窗口中打开图形文件。

③ 浏览其他资源图形文件中的命名对象（如块、图层定义、布局、文字样式等），然后将对象插入、附着、复制和粘贴到当前图形中，简化绘图过程。

## 4.8.1　执行方式

设计中心的命令是 Adcenter，可以使用以下 4 种方法启动 Adcenter 命令。

① 执行"工具"/"选项板"/"设计中心"菜单命令。

② 在"标准"工具栏上单击  按钮。

③ 在命令行提示下，输入 adcenter (adc)并按"空格"键或"Enter"键。

④ 按快捷键：Ctrl+2。

## 4.8.2　设计中心窗口说明

执行 Adcenter 命令后，弹出图 4-40 所示的浮动状态下的"设计中心"窗口。"设计中心"窗口分为两部分：左边为树状图，右边为内容区。在树状图中浏览内容的源，在内容区显示资源的内容。

"设计中心"窗口有以下 3 个选项卡。

① 文件夹：显示计算机和网络驱动器（包括"我的电脑"和"网上邻居"）中文件和文件夹的层次结构。

② 打开的图形：显示当前工作任务中打开的所有图形，包括最小化的图形。

③ 历史记录：显示最近在设计中心打开的文件夹列表。

合理切换各选项卡，可使操作更加便捷。例如，在已打开的图形文件间共享资源时，切换到

"打开的图形"选项卡，其窗口内容更加清晰，更利于观察和操作。

"设计中心"的窗口大小可由用户自由控制。单击工具栏标题行上的"隐藏"按钮（见图 4-40）可控制窗口的显示状态。

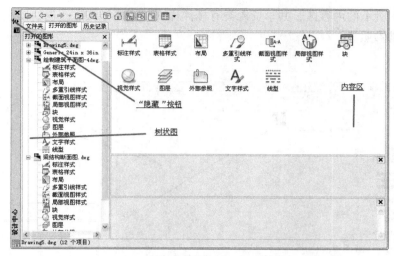

图 4-40　"设计中心"窗口

### 4.8.3　打开图形文件

在新窗口中打开图形文件的方法有以下两种。

① 传统打开图形的方式，单击"设计中心"窗口左上角的"加载"按钮 📂，在弹出的"加载"对话框中搜索到图形文件后打开。

② 快捷菜单打开图形的方式。首先在设计中心选项卡左侧树状图中选择打开图形文件所在的文件夹，在右侧内容窗口中图形文件名上单击鼠标右键，在弹出的列表中选择"在应用程序窗口中打开"命令，如图 4-41 所示。

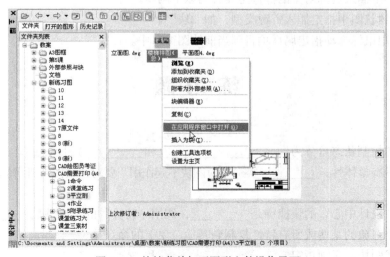

图 4-41　快捷菜单打开图形文件操作界面

### 4.8.4　在当前图形中插入资源对象

如图 4-42 所示的内容区，共享资源类有标注样式、表格样式、布局、图层、块、文字样式、线型、外部参照等。

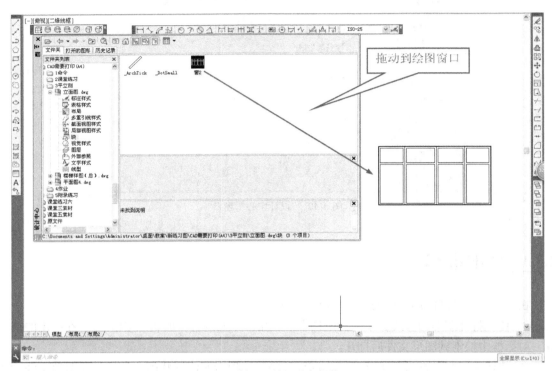

图 4-42　插入"块"对象操作界面

在当前图形中插入资源对象的操作主要分为以下两步。

① 在左侧树状图中指定插入资源类型，如"块"。

② 在右侧用鼠标拖动指定属性项目到当前绘图窗口中。

# 练 习 题

1．填空题

（1）图层的控制状态可分为＿＿＿＿＿、＿＿＿＿＿和＿＿＿＿＿3 种状态。

（2）图块具有整体性，＿＿＿＿＿类命令对图块不起作用。要对图块图形进行修改，需要执行＿＿＿＿＿命令。

（3）调用"设计中心"的快捷键是＿＿＿＿＿，调用"特性"的快捷键是＿＿＿＿＿。

（4）把一个对象的某些或所有特性复制到其他对象上的命令是＿＿＿＿＿。

（5）要创建图块，必须指定＿＿＿＿＿、＿＿＿＿＿和＿＿＿＿＿。

（6）AutoCAD 设计中心主要由＿＿＿＿、＿＿＿＿和＿＿＿＿3 部分组成。要利用它打开图形文件可以＿＿＿＿；要使用某个图形文件中的块、标注样式等，可以＿＿＿＿。

2．选择题

（1）影响图层显示的图层操作有（　　　）。

　　A．关闭图层　　　　　　　B．锁定图层　　　　　　　C．冻结图层

（2）为加快程序运行速度，不显示复杂图形中的某些图层，设置（　　　）状态更加优化。

　　A．关闭图层　　　　　　　B．锁定图层　　　　　　　C．冻结图层

（3）对多线对象执行分解命令后，分解后的线型是（　　　）。

　　A．直线 Line　　　　　　B．多段线 Pline　　　　　　C．构造线

（4）组成图块的所有图形元素是一个（　　　）。

　　A．整体　　　　　　　　　B．独立个体　　　　　　　C．都不是

（5）用（　　　）的方式制作的图块是一个存盘的块，它具有公共性。

　　A．创建块　　　　　　　　B．写块　　　　　　　　　C．创建块和写块

（6）通常将图块建在（　　　）图层上。

　　A．0　　　　　　　　　　B．门　　　　　　　　　　C．标高

3．连线题（请正确连接左右两侧命令，并在右侧括号内填写命令的别名）

创建图层　　　　　　Block　　　　　　（　　）

创建内部块　　　　　Dist　　　　　　　（　　）

创建外部块　　　　　Insert　　　　　　（　　）

插入块　　　　　　　Matchprop　　　　（　　）

格式刷　　　　　　　Layer　　　　　　（　　）

清理　　　　　　　　Purge　　　　　　（　　）

列表显示　　　　　　Wblock　　　　　　（　　）

特性　　　　　　　　Properties　　　　（　　）

测距离　　　　　　　List　　　　　　　（　　）

4．简答题

（1）图块有什么作用？

（2）创建图块时所设定的基点有什么作用？

（3）测量房间面积和测量直线长度的命令分别是什么？

（4）AutoCAD 的设计中心有什么作用？

（5）一个图块是否只能设定一个属性？

（6）制作图块的方法有哪些？

（7）有什么命令可对制作好的图块进行修改？

（8）特性匹配的命令是什么？执行特性匹配命令的步骤有哪些？

5．上机练习题

（1）按图 4-43 所示建立图层并绘制图框。（注意：0 和 Defpoints 为系统图层，无须创建）

上机练习题（1）

图 4-43　上机练习题（1）

（2）打开素材，创建图块，图块名为"C"和"标高"。其中"标高"为可变文本属性块。按要求把图块插入到素材中，最后效果如图 4-44 所示。

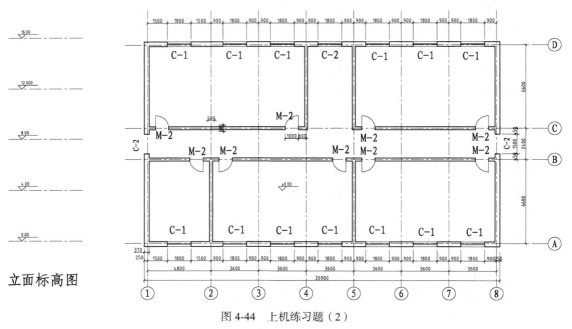

图 4-44　上机练习题（2）

（a）　　　　　（b）
上机练习题（2）

立面标高图

（3）打开素材，创建"姓名""日期""图名""比例""图号"并定义属性。最后按要求把图块插入素材中。最后效果如图 4-45 所示。

图 4-45  上机练习题（3）

上机练习题（3）

## 6．精确绘图题（高新技术类考证题）

按照尺寸绘制图 4-46 所示的建筑图形。

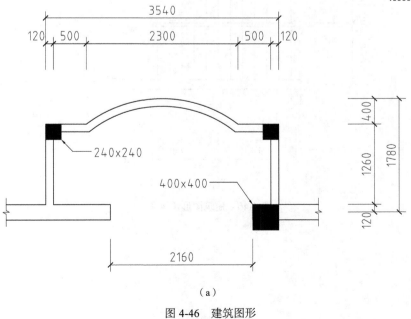

（a）

图 4-46  建筑图形

173

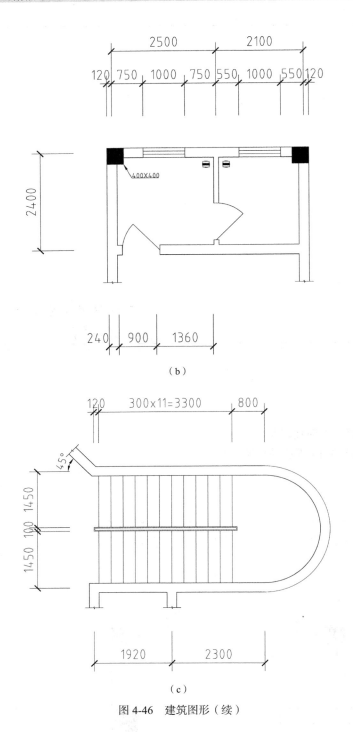

（b）

（c）

图 4-46　建筑图形（续）

# 第5章

## 绘制建筑平面图

在第 5 章 ~ 第 7 章中，我们将以"某学生宿舍楼部分施工图"（详见附录 A）为例，学习利用 AutoCAD 绘制建筑工程图。

本章我们将以学生宿舍楼的"底层平面图"（详见附图 A-1）为例，按照建筑制图的操作步骤及要点，引导大家运用 AutoCAD 的各种命令和技巧，学习建筑平面图的绘制。

## 5.1 图幅、图框和标题栏

图幅、图框、标题栏是施工图的组成部分。本节以 A3 标准图纸的绘制为例，学习图幅、图框、标题栏的绘制过程，进一步熟悉 AutoCAD 的基本命令及其应用。

A3 标准图纸的尺寸、格式如图 5-1 所示。

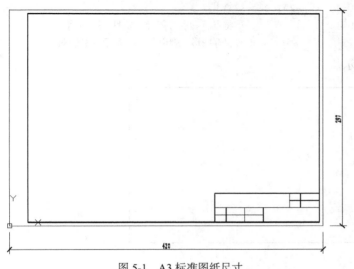

图幅、图框和标题栏

图 5-1　A3 标准图纸尺寸

### 5.1.1　设置绘图界限

AutoCAD 的绘图范围计算机系统没有规定。但是如果把一个很小的图框放在一个很大的绘图范围内就不太合适，也没有这个必要。所以设置绘图界限的过程，也就是买好一张很大的图纸后裁图纸的过程，即根据图样大小，选择合适的绘图范围。一般来说，绘图范围要比图样稍大一些。

设置绘图界限的操作如下。

```
命令：limits                                              //设置图形界限
重新设置模型空限：
指定左下角点或 [开(ON)/关(OFF)] <0.0000,0.0000>:          //直接按"Enter"键
指定右上角点 <420.0000,297.0000>: 80000,60000            //输入 80000，6000 并按"Enter"键
命令：zoom                                                //输入 Z 后按"Enter"键
指定窗口的角点，输入比例因子 (nX 或 nXP)，或者[全部(A)/中心(C)/动态(D)/范围(E)/上一个(P)/比例
(S)/窗口(W)/对象(O)] <实时>: a 正在重生成模型。
                                                          //输入 A 后按"Enter"键
```

这时虽然屏幕上没有什么什么变化，但是绘图界限设置完毕，而且所设的绘图范围（80000×60000）全部呈现在屏幕上。

### 5.1.2　绘制图幅线

A3 标准格式尺寸为 420mm×297mm，我们利用 Line 命令以及相对坐标来绘制图幅线，采用1:100 的比例绘图。

绘制图幅线的操作过程如下。

```
命令：line                                    //执行直线命令
指定第一个点：                                 //单击，绘出点 A
指定下一点或 [放弃(U)]: @0,29700              //绘出点 B
指定下一点或 [放弃(U)]: @42000,0              //绘出点 C
指定下一点或 [闭合(C)/放弃(U)]: @0,-29700     //绘出点 D
指定下一点或 [闭合(C)/放弃(U)]: c             //将点 D 和点 A 闭合，如图 5-2 所示
命令：saveas                                   //保存图形，弹出图 5-3 所示的对话框
```

完成后的结果如图 5-2 所示。

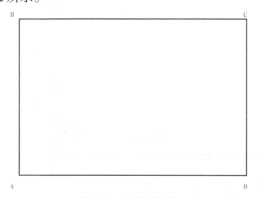

图 5-2　绘制图幅线

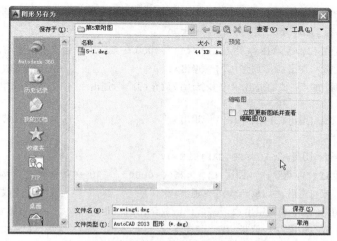

图 5-3　"图形另存为"对话框

另外，绘制图幅线也可以采用矩形（REC）命令，这个更为简单，其操作过程如下（推荐此方法）。

| 命令: rectang | //启用矩形命令 |
| 指定第一个角点或 [倒角(C)/标高(E)/圆角(F)/厚度(T)/宽度(W)]: | //指定点 A |
| 指定另一个角点或 [面积(A)/尺寸(D)/旋转(R)]: @42000,29700 | //用相对坐标指定点 C |

用直线与矩形的方法绘制出的图形看上去是一样的，但要注意用直线绘制出来的是由 4 条直线构成的一个矩形，而用矩形绘制出来的是一个整体。

在绘图过程中一定要养成及时存盘的好习惯，以免发生意外情况（如计算机死机、断电等），而丢失所绘图形。

① 为了便于掌握，在学习 AutoCAD 阶段，我们将建筑施工图暂时分为两类：工程尺寸和制图尺寸。工程尺寸是指图样上有明确标注的、施工时作为依据的尺寸，如开间尺寸、进深尺寸、墙体厚度、门窗大小等；制图尺寸是指国家制图标准规定的图纸规格，一些常用符号及线性宽度尺寸等，如轴圈编号大小、指北针符号尺寸、标高符号、字体的高度、箭头的大小以及粗细线的宽度要求等。

② 采用 1:100 的比例绘图时，我们将所有制图尺寸扩大 100 倍。例如，在绘图幅时，输入的尺寸是 42 000×29 700。而在输入工程尺寸时，按实际尺寸输入。例如，开间的尺寸是 3 600mm，我们就直接输入 3 600，这与手工绘图正好相反。

## 5.1.3　绘制图框线

因为图框线与图幅线之间有相对尺寸，所以绘制图框时，可以根据图幅尺寸，执行 Offset（偏移）、Trim（修剪）以及 Pedit 命令来完成。

### 1. 偏移图幅线

偏移图幅线的命令操作步骤如下。

| 命令：offset | //执行偏移命令 |
| --- | --- |
| 当前设置：删除源=否 图层=源 OFFSETGAPTYPE=0 | |
| 指定偏移距离或 [通过(T)/删除(E)/图层(L)] <500.0000>: 2500 | //指定偏移距离 |
| 选择要偏移的对象，或 [退出(E)/放弃(U)] <退出>: | //选择直线 AB |
| 指定要偏移的那一侧上的点，或 [退出(E)/多个(M)/放弃(U)] <退出>: | //AB 线右指定一点 |
| | |
| 选择要偏移的对象，或 [退出(E)/放弃(U)] <退出>: | //重复偏移命令 |
| 命令：offset | |
| 当前设置：删除源=否 图层=源 OFFSETGAPTYPE=0 | |
| 指定偏移距离或 [通过(T)/删除(E)/图层(L)] <2500.0000>: 500 | //指定偏移距离 |
| 选择要偏移的对象，或 [退出(E)/放弃(U)] <退出>: | //选择直线 BC |
| 指定要偏移的那一侧上的点，或 [退出(E)/多个(M)/放弃(U)] <退出>: | //BC 线下方点一下 |
| 选择要偏移的对象，或 [退出(E)/放弃(U)] <退出>: | //选择直线 CD |
| 指定要偏移的那一侧上的点，或 [退出(E)/多个(M)/放弃(U)] <退出>: | //CD 线左侧点一下 |
| 选择要偏移的对象，或 [退出(E)/放弃(U)] <退出>: | //选择直线 DA |
| ⑤指定要偏移的那一侧上的点，或 [退出(E)/多个(M)/放弃(U)] <退出>: | //DA 线上方点一下 |
| 选择要偏移的对象，或 [退出(E)/放弃(U)] <退出>: | //按"空格"键退出 |

除了可以用偏移方法外，还可以用复制的方法将图框线变成图幅线，结果如图 5-4 所示。

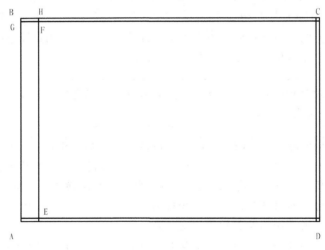

图 5-4　偏移图幅线

## 2. 剪切多余的图框线

执行 Trim（剪切）命令，将多余线段修剪掉。但在剪切前，最好将图形局部放大，以便进行修剪操作。

剪切多余的图框线命令操作步骤如下。

| ①命令：zoom | //执行缩放命令 |
| --- | --- |
| ②指定窗口的角点，输入比例因子（nX 或 nXP），或者[全部(A)/中心(C)/动态(D)/范围(E)/上一个(P)/比例(S)/窗口(W)/对象(O)] <实时>: w | |
| | //输入窗口缩放命令 |

③指定第一个角点：　　　　　　　　　　　　　　　　　//单击要放大区域的左上
④指定对角点：　　　　　　　　　　　　　　　　　　　//单击要放大区域的右下
命令：trim　　　　　　　　　　　　　　　　　　　　 //如图 5-5 所示
当前设置：投影=UCS，边=无　　　　　　　　　　　　　//执行修剪命令
⑤选择剪切边...
⑥选择对象或 <全部选择>：找到 1 个　　　　　　　　　//选择剪切边 HE、GC
选择对象：找到 1 个，总计 2 个　　　　　　　　　　　//选择要修剪掉的 HF、GF
⑦选择要修剪的对象，或按住 Shift 键选择要延伸的对象，或[栏选(F)/窗交(C)/投影(P)/边(E)/删除(R)/
放弃(U)]：　　　　　　　　　　　　　　　　　　　　//如图 5-6 所示

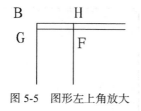

图 5-5　图形左上角放大

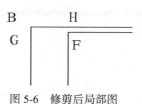

图 5-6　修剪后局部图

执行同样的操作步骤，将其余多余的线段修剪掉，结果如图 5-7 所示。

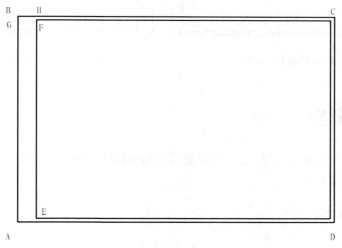

图 5-7　修剪后图框

　　　　　　把光标停留在图形某一部位后，转动鼠标滚轮，也可以将图形此部位放大或缩小。
　　　　　　缩放图形的操作只是视觉上的变化，而图形的实际尺寸并没有改变。

　　另外，绘制图框线除了通过上面的偏移图幅线并修剪之外，还可以通过直接偏移图幅线后拉伸得到。
　　接上面矩形绘制的图幅线后操作过程如下。

命令：offset　　　　　　　　　　　　　　　　　　　 //输入偏移命令
当前设置：删除源=否　图层=源　OFFSETGAPTYPE=0
指定偏移距离或 [通过(T)/删除(E)/图层(L)] <500.0000>：500　　 //如图 5-8 所示
选择要偏移的对象，或 [退出(E)/放弃(U)] <退出>：

指定要偏移的那一侧上的点，或 [退出(E)/多个(M)/放弃(U)] <退出>：
选择要偏移的对象，或 [退出(E)/放弃(U)] <退出>：

命令：stretch
以交叉窗口或交叉多边形选择要拉伸的对象...
选择对象：指定对角点：找到 1 个
选择对象：
指定基点或 [位移(D)] <位移>：
指定第二个点或 <使用第一个点作为位移>：2000

拉伸后图框线结果如图 5-9 所示。

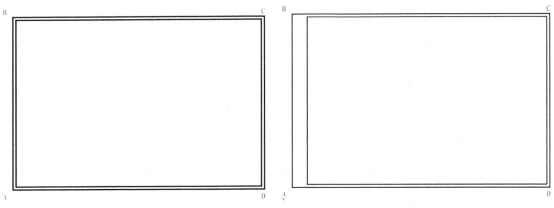

图 5-8　图幅线往里偏 500 效果图　　　　图 5-9　图框线拉伸后的示意图

## 5.1.4　绘制标题栏

标题栏的绘制与图框的绘制一样，也是通过复制或偏移、修剪及编辑线宽来完成。其具体操作步骤如下。

1. 绘制标题栏

命令：offset
当前设置：删除源=否　图层=源　OFFSETGAPTYPE=0　　　　　　//执行偏移命令
指定偏移距离或 [通过(T)/删除(E)/图层(L)] <2500.0000>：1000　//输入偏移距离
选择要偏移的对象，或 [退出(E)/放弃(U)] <退出>：　　　　　　//选择要偏移的对象
指定要偏移的那一侧上的点，或 [退出(E)/多个(M)/放弃(U)] <退出>：//指定偏移的方向
选择要偏移的对象，或 [退出(E)/放弃(U)] <退出>：

重复偏移其他平行于 AD 的线段，并绘制距离 1 000 的其他 3 条平行于图框线的标题栏及分格线。

命令：offset
当前设置：删除源=否　图层=源　OFFSETGAPTYPE=0　　　　　　//执行偏移命令
指定偏移距离或 [通过(T)/删除(E)/图层(L)] <14000.0000>：14000　//输入偏移距离
选择要偏移的对象，或 [退出(E)/放弃(U)] <退出>：　　　　　　//选择要偏移的对象
命令：offset

```
当前设置：删除源=否　图层=源　OFFSETGAPTYPE=0
指定偏移距离或 [通过(T)/删除(E)/图层(L)] <1500.0000>：
选择要偏移的对象，或 [退出(E)/放弃(U)] <退出>：
命令：offset
当前设置：删除源=否　图层=源　OFFSETGAPTYPE=0
指定偏移距离或 [通过(T)/删除(E)/图层(L)] <1500.0000>：2500
选择要偏移的对象，或 [退出(E)/放弃(U)] <退出>：
指定要偏移的那一侧上的点，或 [退出(E)/多个(M)/放弃(U)] <退出>：
选择要偏移的对象，或 [退出(E)/放弃(U)] <退出>：
指定要偏移的那一侧上的点，或 [退出(E)/多个(M)/放弃(U)] <退出>：
选择要偏移的对象，或 [退出(E)/放弃(U)] <退出>：
指定要偏移的那一侧上的点，或 [退出(E)/多个(M)/放弃(U)] <退出>：
选择要偏移的对象，或 [退出(E)/放弃(U)] <退出>：
命令：offset
当前设置：删除源=否　图层=源　OFFSETGAPTYPE=0
指定偏移距离或 [通过(T)/删除(E)/图层(L)] <2500.0000>：1500
选择要偏移的对象，或 [退出(E)/放弃(U)] <退出>：
```

操作结果如图 5-10 所示。

## 2．修剪标题栏内的其他线

其操作过程如下。

```
命令：trim                                                    //执行修剪命令
当前设置：投影=UCS，边=无
选择剪切边…
选择对象或 <全部选择>：                                         //选择剪切边，按"空格"键全选
选择要修剪的对象，或按住 Shift 键选择要延伸的对象，或[栏选(F)/窗交(C)/投影(P)/边(E)/删除(R)/放弃
(U)]：指定对角点：                                              //选择需要修掉的边
```

同理，修剪其他不需要的线。完成后的效果如图 5-11 所示。

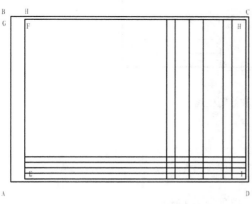

图 5-10　编辑标题栏图形

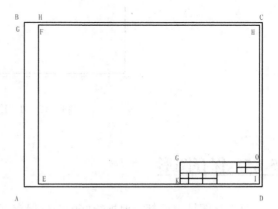

图 5-11　修剪标题栏内的其他线

## 3．加粗图框和标题栏线

建筑制图标准要求图框线为粗线，宽度为 0.9～1.2mm，标题栏外框线为中实线，它的宽度

为 0.7mm，分格线为 0.35mm，那么在绘图过程时，图框线宽度为 1.0×100=100mm，标题栏外框线的宽度为 0.7×100=70mm，分格线为 0.35×100=35mm，下面用 Pedit 命令将它们的宽度分别改为 100、70、35。

其操作过程如下（以图框线为例，其他的方法一样，不一一阐述）。

```
命令：pedit                                    //输入多段线编辑命令
选择多段线或 [多条(M)]：m                       //输入子命令 M，进入多选
选择对象：找到 1 个                             //选择 EF
选择对象：找到 1 个，总计 2 个                   //选择 FH
选择对象：找到 1 个，总计 3 个                   //选择 HI
选择对象：找到 1 个，总计 4 个                   //选择 IE
选择对象：                                     //按"空格"键确认选择
是否将直线、圆弧和样条曲线转换为多段线？[是(Y)/否(N)]？<Y> y        //将直线转为多段线
输入选项 [闭合(C)/打开(O)/合并(J)/宽度(W)/拟合(F)/样条曲线(S)/非曲线化(D)/线型生成(L)/反转
(R)/放弃(U)]：w                               //输入子命令 W，指定线宽
指定所有线段的新宽度：100                       //设置图框线的线宽
输入选项 [闭合(C)/打开(O)/合并(J)/宽度(W)/拟合(F)/样条曲线(S)/非曲线化(D)/线型生成(L)/反转
(R)/放弃(U)]：                                //按"空格"键退出命令
```

重复上面的操作，设置标题栏外框线 KG、GO 的线宽为 70，设置标题栏内分格线宽为 35。

操作结果如图 5-12 所示

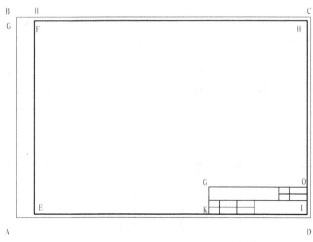

图 5-12　加粗图框和标题栏线

## 5.1.5　保存图形

每次绘图结束后都需要把绘好的图形保存下来，以便下次操作。

其具体操作如下。

在命令的提示下，输入 save，打开"图形另存为"对话框，在文件名处键入"底层平面图-图框"，单击"保存"按钮，如图 5-13 所示。

图 5-13　"图形另存为"对话框

# 5.2　填写标题栏

文字是建筑工程图的重要组成部分。本节以填写标题栏为例，学习 AutoCAD 的文字类型设置及输入编辑等方法。

填写标题栏

## 5.2.1　设置字体样式

注写文字之前，必须先给文字字体定义一种样式。字体的样式包括所用的字体文件、字体大小以及宽度系数等。

其操作过程如下。

① 在命令行提示下，输入 open（打开图形文件命令）并按 "Enter" 键，打开选择 "文件" 对话框，选择 "底层平面图-图框" 文件，并单击 "打开" 按钮。

② 在命令行提示下，输入 style（st，设置文字样式）并按 "空格" 键，或执行 "格式" / "文字样式" 菜单命令，打开 "文字样式" 对话框，如图 5-14 所示。

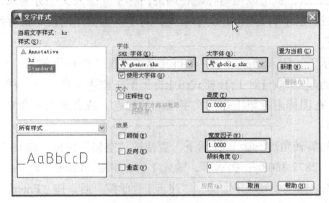

图 5-14　修改默认文字样式

③ 按系统默认的"Standard"文字样式，字体选"gbenor.shx"，勾选"使用大字体"，"字体样式"选"gbcbig.shx"，宽度因子输入"1"，最后单击"应用"按钮，如图 5-14 所示。这个设置的文字样式，既能正常显示中文也能正常显示英文。

④ "文字样式"对话框中再新建"hz"文字样式，字体名修改成"仿宋"，取消勾选"使用大字体"，"字体样式"选"常规"，宽度因子输入"0.7"，最后单击"应用"按钮，结果如图 5-15 所示。

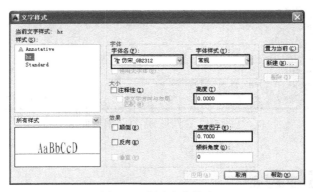

图 5-15　创建文字样式

对于字体的选择，首先要遵守国家制图规范的相关要求，我们的制图规范要求中文字体要使用长仿宋体，宽度与高度的比例为 2/3。尽量能设置成中文和西文都能正常用的字体样式，例如 gnenor.shx、isocp.shx、romans.shx。有些字体不能正常显示中文，会出现现乱或问号，这主要是大字体的选择没有正确，另外，这里千万不要选择带有@的字体，因为这样写出的字是倒的。

我们可以根据自己的绘图习惯和需要设置几个最常用的字体样式。例如，对于标题栏，经常用字体为"仿宋"且宽度比例为 0.7 的文字样式；对于图形内的文字说明，可以使用上面的"Standard"文字样式。

## 5.2.2　录入文字

字体样式定义完成后，就可以填写标题栏内的内容了。录入文字分为录入单行文字和多行文字，对于需要一段来说明的可以用多行文字录入，对于一些简单的说明最好用单行文字录入。

其操作过程如下。

① 在命令行提示下，输入 dtext（dt，单行文字）并按"Enter"键或"空格"键。

② 在指定文字的起点 或 [对正(J)/样式(S)]:提示下，输入子命令 S（样式），再输入前面设置好的"hz"样式。在图标附近单击作为文字录入的起点。或者输入子命令 J，设置对正方式，一般选择正中或中间。

③ 在指定文字的旋转角度 <0>：提示下，直接按"空格"键或"Enter"键。

④ 在指定高度 <2872.3508>：提示下，输入 1 000 并按"Enter"键。

⑤ 打开中文输入，输入"底层平面图""建筑工程学院"后，按"Enter"键两次结束命令。

⑥ 重复前面第②～第⑤步的操作，在指定高度时输入 500，输入"制图""审核"等标题

内容。输入完成后，按"Enter"键两次结束命令，结果如图 5-16 所示。

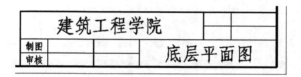

图 5-16　在标题栏中录入文字效果

### 5.2.3　复制并修改文字

由于文字较多，无须都用 Dtext ——录入，可以复制文字后，再在文字上双击鼠标左键进行内容修改。

其操作过程如下。

① 在命令行提示下，输入 copy（复制）并按"Enter"键或"空格"键。

② 选择"制图""审核"后，按"空格"键。指定方格左下角为基点。

③ 在要复制到空格指定两点。

④ 在命令行提示下，输入 ddedit（修改文字内容）或直接用鼠标左键双击文字即可直接修改内容。最后完成的结果如图 5-17 所示。

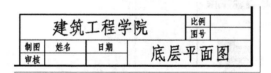

图 5-17　修改标题栏中文字效果

## 5.3　创建图层

为了区分不同类型的图形对象以及便于修改不同的对象，我们可以把施工图中的各部分内容分门别类地分成若干图层，如分为轴线、轴号、墙体、文字、标注、柱子等，在绘图过程中打开或关闭某一层。被关闭的层将不再显示在屏幕上，这样可以提高目标捕捉的效率，减少错误操作的可能，也可以根据工作的需要分别显示或打印各图层上的图形。

下面我们设置新的图层，并将它的线型设置为红点的点画线，并将其设置为当前层。具体的详细内容见参考 4.1.5 小节的创建图层实例。

① 单击"图层"工具栏上的 按钮，打开"图层特性管理器"对话框，再单击按钮 ，列表框显示出名称为"图层 1"的图层，直接输入"轴线"，按"Enter"键结束，如图 5-18 所示。

② 指定图层颜色。选中"轴线"图层，单击与所选图层关联的图标 ■ 白，打开"选择颜色"对话框，如图 5-19 所示。选择红色，单击"确定"按钮，再设置其他图层的颜色。

③ 指定图层线型。选中"轴线"图层，单击与所选图层关联的图标 Continuous ，打开"选择线型"对话框，如图 5-20 所示，单击"加载"按钮，进入"加载或重载线型"对话框，

如图 5-21 所示，选择"CENTER"，单击"确定"按钮。

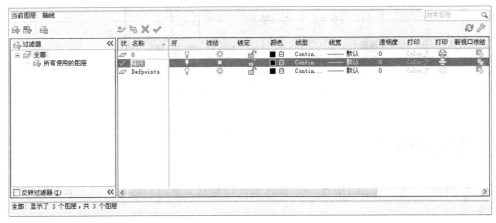

图 5-18　创建图层

图 5-19　创建图层颜色

图 5-20　创建图层线型样式

④ 指定图层线宽。选中"轴线"图层，单击与所选图层关联的图标 —— 默认 ，打开"线宽"对话框，如图 5-22 所示，选择"默认"线宽，单击"确定"按钮。其他图层的线宽为默认值。

重复上面 4 步操作，按图 5-23 所示分别建立不同的图层。对于图层的建立不是越多越好，以分类明确够用为原则。

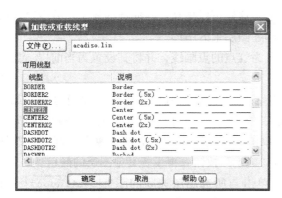

图 5-21　修改图层线型样式

图 5-22　制定图层线宽

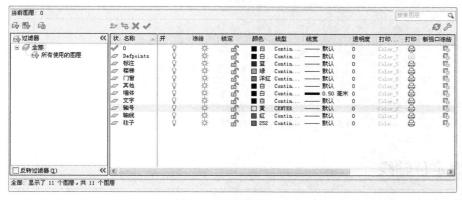

创建图层和绘制
轴网

图 5-23　创建图层

# 5.4　绘制轴网

　　参看附图 A-1 底层平面图。水平定位轴线有 4 根，它们之间的距离分别为 5 100mm、1 800mm 和 5 100mm。垂直定位轴线有 8 条，轴间距均为 3 600mm。下面分别绘制水平定位轴线及垂直定位轴线。

## 5.4.1　绘制水平定位轴线

　　其操作过程如下。

　　① 单击"图层"工具栏上的按钮 。打开"图层特性管理器"对话框，如图 5-23 所示，选中"轴线"图层，单击 将其置为当前图层，关闭"图层特性管理器"对话框。

　　② 在命令行提示下，输入 line（1 直线）并按"Enter"键。

　　③ 在指定第一个点：提示下，在屏幕左下方单击。

　　④ 在指定下一点或 [放弃(U)]：提示下，打开极轴或正交输入 28 000（比实际长度长点）。

　　⑤ 在指定下一点或 [放弃(U)]：提示下，按"空格"键结束命令。

　　这样绘制了一条红色的点画线，但它通常显示的不是点画线，而是实线。这是因为线性比例（Ltscale 简写命令 LTS）不太合适，需要重新调整线划比例。

　　① 在命令行提示下，输入 ltscale (lts)并按"Enter"键。

　　② LTSCALE 输入新线型比例因子 <1.0000>：输入 35 并按"Enter"键。

　　观察所绘图线，已是我们需要的点画线了。如果还不满意，可以重复执行LTS命令输入新的比例因子，经过反复调整，达到需要的线型形状。之后，通过偏移命令绘制出其他的3条水平轴线。

　　① 在命令行提示下，输入 offset(o)并按"Enter"键。

　　② 在指定偏移距离或 [通过(T)/删除(E)/图层(L)] <5100.0000>：提示下，输入 5100。

　　③ 在选择要偏移的对象或 [退出(E)/放弃(U)] <退出>：提示下，选择已经绘好的直线。

　　④ 在指定要偏移的那一侧上的点或 [退出(E)/多个(M)/放弃(U)] <退出>：提示下，在直线上方指定一点，并按"Enter"键。

　　用同样的方法，将其他两条直线偏移出来，结果如图 5-24 所示。

图 5-24　绘制水平定位轴线

## 5.4.2　绘制垂直定位轴线

绘制垂直定位轴线的方法也可以像绘制水平定位轴线那样，执行偏移或复制命令把它们绘制出来，但通过观察可以发现垂直定位轴线的间距都是相等的。另外，还可以用阵列命令更快捷地绘出垂直定位轴线。

其操作过程如下。

① 在命令行提示下，输入 line（1 直线）并按"Enter"键。

② 在指定第一个点：提示下，在屏幕左上方单击。

③ 在指定下一点或 [放弃(U)]：提示下，打开极轴绘垂直线轴线 1 。

④ 在指定下一点或 [放弃(U)]：提示下，按"空格"键结束命令。

⑤ 在命令行提示下，输入 offset(o)并按"Enter"键。

⑥ 在指定偏移距离或 [通过(T)/删除(E)/图层(L)] <5100.0000>：提示下，输入 3 600。

⑦ 在选择要偏移的对象或 [退出(E)/放弃(U)] <退出>：提示下，选择已经绘好的垂直线轴线 1

⑧ 在指定要偏移的那一侧上的点或 [退出(E)/多个(M)/放弃(U)] <退出>：提示下，在垂直线轴线 1 右侧单击，绘出轴线 2。

用同样的方法，绘制出全部轴线，并修整使所有的轴线超出轴线的交点为 1 500，以免轴线上边和下边不对齐。这为后面的绘制提供方便，或者在后续的绘图中调整也可以。结果如图 5-25 所示。

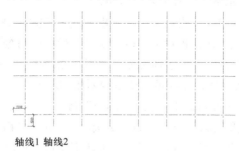

轴线1　轴线2

图 5-25　绘制垂直定位轴线

## 5.4.3　绘制轴圈并标注轴线编号

绘制一个轴圈并填写编号很简单，但要快速绘制出很多轴圈并填写各自的编号，就需要使用一些技巧了。

其操作过程如下。

### 1．绘制一个轴线的直线段、轴圈并标注编号

绘制轴圈可以执行 Circle（绘制圆）命令，绘制一个半径为 400 的轴，然后再执行 Dtext 命令在轴圈里标注数字。

① 执行 Layer（LA，图层），将"轴号"图层置为当前层。

② 在命令行提示下，输入 line(l)并按"Enter"键。

③ 在指定第一个点：提示下，捕捉垂直轴线 1 的端点。

④ 在指定下一点或 [放弃(U)]：提示下，打开极轴，方向向下输入 2 800 并按"空格"键结束命令。这样把轴号的直线部分画好。

把轴号的直线段与轴线分开来画，轴线对应的线型是点画线，而轴号对应的线型是实线，所以最好不要直接在轴线的末端画轴圈。

① 在命令行提示下，输入 circle (c)并按"Enter"键。

② 在指定圆的圆心或 [三点(3P)/两点(2P)/切点、切点、半径(T)]：提示下，用光标通过轴号的直线段的下端点往下追踪 400，确定圆心位置。

③ 在指定圆的半径或 [直径(D)] <400.0000>：提示下，输入半径 400 并按"空格"键，如图 5-26 所示。

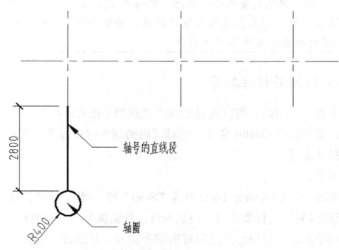

图 5-26　绘制轴圈并标注轴线编号

根据制图规范，轴圈的直径大小为 8～10mm，在 1:100 的平面图上应该画直径 800～1 000，即半径为 400～500。

### 2．绘制一个轴圈的编号

其操作过程如下。

① 在命令行提示下，输入 text (dt，单行文字)并按"Enter"键。

② 在指定文字的中间点 或 [对正(J)/样式(S)]：提示下，输入对正方式的命令 J 并按"空格"键。

③ 在输入选项 [左(L)/居中(C)/右(R)/对齐(A)/中间(M)/布满(F)/左上(TL)/中上(TC)/右上(TR)/左中(ML)/正中(MC)/右中(MR)/左下(BL)/中下(BC)/右下(BR)]：提示下，输入正中对齐方式 MC。

④ 在指定文字的中间点：提示下，用光标捕捉圆心为中间点。

⑤ 在指定高度 <2872.3508>：提示下，输入文字高度参数 500 并按"Enter"键。

⑥ 在指定文字的旋转角度 <0>：提示下，直接按空格键。表示字体不旋转，输入 1 并按"Enter"键两次（结束命令）。

依据同样的步骤或通过旋转、复制、修改文字等方法，绘制水平轴线的轴圈，轴号为 A，最后完成的结果如图 5-27 所示。

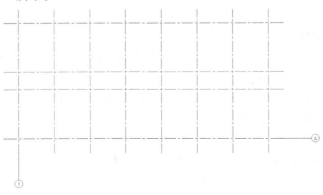

图 5-27　绘制轴圈编号

AutoCAD 中绝大会部分情况按"Enter"键，也能按"空格"键，通常按"空格"键比较简洁方便。但是在录入文字的时候，必须要按"Enter"键才能结束命令，否则按"空格"键的话表示文字位置往后退。

## 3. 绘制全部轴圈并标注编号

其他的轴圈不必一一绘出，可以通过端点以及圆的象限点的捕捉，将已经绘制出的轴圈进行多重复制或阵列，最后执行 Ddedit 命令，把轴圈内的编号修正过来，即可完成。

（1）复制轴圈及编号

其操作过程如下。

① 在命令行提示下，输入 arrayclassic 并按"Enter"键，弹出"阵列"对话框，如图 5-28 所示。

② 选择"矩形阵列"，行数为 1，列数为 8，行偏移为 0，列偏移为 3 600。单击"选择对象"按钮，返回到绘图区，选择已经绘制好轴圈和轴号，然后按"空格"键。返回到"阵列"对话框单击"确定"按钮，结果如图 5-29 所示。

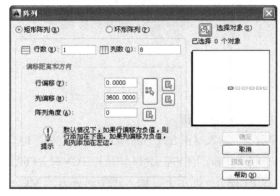

图 5-28　"阵列"对话框

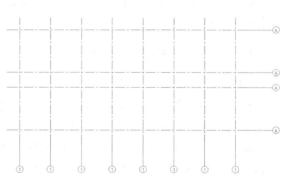

图 5-29　阵列轴圈编号

通过上面的阵列，把垂直方向上的轴圈和轴号都复制好了。

① 在命令行提示下，输入 copy（co，复制）并按"Enter"键。

② 在选择对象：提示下，用交叉选择把水平的轴号的直线段、轴圈、轴号都选中后，按"Enter"键。

③ 在指定基点或[位移(D)/模式(O)] <位移>：提示下，移动鼠标到 A 轴轴线右端点，直至出现小黄框后，单击鼠标左键。

④ 在指定第二个点或 [阵列(A)] <使用第一个点作为位移>：提示下，移动鼠标到 A 轴上面的轴线右端点，直至出现小黄框后，单击鼠标左键。此步骤可以重复复制。

通过上面的复制，把水平轴线的轴圈和轴号都复制好了。最后结果如图 5-29 所示。

（2）修改轴线编号

从图 5-29 所示可以看出，虽然轴圈位置精确，但几乎所有的轴线编号都不对，下面执行 Ddedit（文本编辑）命令将它们一一修改过来。

其操作过程如下。

① 在命令行提示下，输入 ddedit(ed)并按"Enter"键。

② 在选择注释对象或 [放弃(U)]：提示下，单击第 2 个轴线圈内的数字 1。

③ 将对话框中的编辑"1"改为"2"，直接按"Enter"键。

④ 在选择注释对象或[放弃(U)]：提示下，单击第 2 个轴线圈内的数字 1。将对话框中的编辑"1"改为"2"，直接按"Enter"键。

⑤ 执行同样的操作，将所有编号全部修改后，按"Enter"键结束命令。

结果如图 5-30 所示。

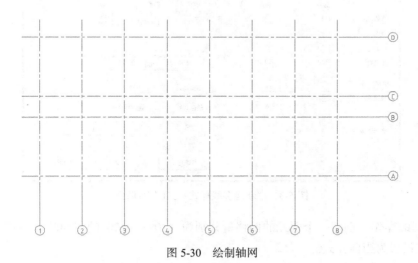

图 5-30　绘制轴网

# 5.5　绘制墙体

参看附图 A-1 底层平面图。内墙厚度为 240mm，外墙厚度为 370mm，墙线为粗实线，执行多线命令。在前面的章节内容中已介绍多线的使用方法，这里不重点介绍。

（1）　　　（2）

绘制墙体

在图层工具栏，选择墙体图层，设置当前图层为"墙体"。

## 5.5.1　设置370和240多线样式

其操作过程如下。

执行"格式"/"多线样式"菜单命令，弹出"多线样式"对话框。单击"新建"按钮，在"创建新的多线样式"对话框中输入样式名"370"，单击"继续"按钮，系统打开"新建多线样式：370"对话框，在"图元"选项区域，将其中图元的偏移量分别设置为 250 和–120，单击"确定"按钮，保存多线样式"370"，设置操作如图 5-31 所示。

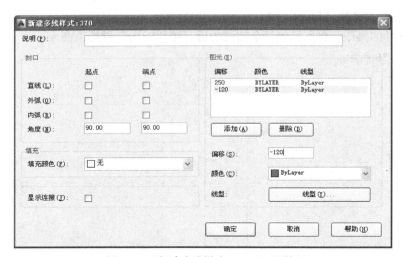

图 5-31　"新建多线样式：370"对话框

依据相同的操作，创建一个图元的偏移量分别为 120 和–120 的"240"的多线样式，并将370 多线样式设置为当前样式。

## 5.5.2　用多线（Mline）绘制墙体

1. 调整多线样式并绘制 370 外墙

执行"绘图"/"多线"菜单命令，或在命令行输入"mline"，启动多线命令。

命令: mline
当前设置: 对正 = 上, 比例 = 20.00, 样式 = 370

① 在指定起点或 [对正(J)/比例(S)/样式(ST)]:提示下, 输入 J 后按"空格"键。

② 在输入对正类型 [上(T)/无(Z)/下(B)] <上>:提示下, 输入 Z 后按"空格"键。

通过①和②步, 就把多线的对正由"上"改为"无", 命令行变为

当前设置: 对正 = 无, 比例 = 20.00, 样式 = 370

③ 在指定起点或 [对正(J)/比例(S)/样式(ST)]: 提示下, 输入 S 后按"空格"键。

④ 在输入多线比例 <20.00>:提示下, 输入 1 后按"空格"键。

通过③和④步, 将多线的比例由"20"改为"1"。命令行变为

当前设置: 对正 = 无, 比例 = 1.00, 样式 = 370

⑤ 在指定起点或 [对正(J)/比例(S)/样式(ST)]:提示下, 打开"对象捕捉"功能, 捕捉点 A 为多线的起点。

⑥ 在指定下一点或 [放弃(U)]: 提示下, 分别捕捉 B、C、D 角点。

⑦ 在指定下一点或 [闭合(C)/放弃(U)]: 提示下, 输入"C"（即 Close）执行首尾闭合命令。

这样就绘制出一个封闭的外墙, 结果如图 5-32 所示。

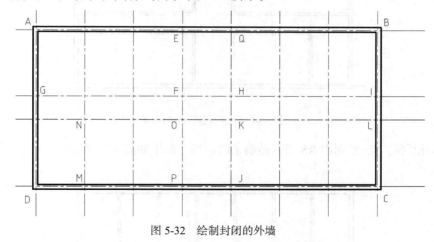

图 5-32　绘制封闭的外墙

## 2. 绘制 240 内墙

（1）执行"绘图"/"多线"菜单命令, 或在命令行输入"mline", 启动多线命令。

命令: mline
当前设置: 对正 = 无, 比例 = 1.00, 样式 = 370

① 在指定起点或 [对正(J)/比例(S)/样式(ST)]: 提示下, 输入 ST 后按"空格"键。

② 在输入多线样式名或 [?]:提示下, 输入 240。

通过①和②步, 就把多线的样式由"370"改为"240", 命令行变为

当前设置: 对正 = 无, 比例 = 1.00, 样式 = 240

③ 在指定起点或 [对正(J)/比例(S)/样式(ST)]: 提示下, 捕捉点 E 为多线的起点。

④ 在指定下一点或[闭合(C)/放弃(U)]:: 提示下, 分别捕捉 F、G 角点。

⑤ 按"空格"键或"Enter"键结束命令, 这样绘制出 EGF 内墙, 如图 5-33 所示。

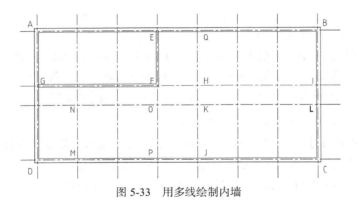

图 5-33　用多线绘制内墙

（2）按"空格"键或"Enter"键重复多线命令，分别绘制出 IHQ、JKL、MNOP 这 4 段内墙。结果如图 5-34 所示。

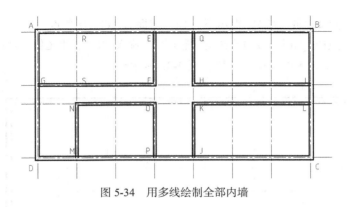

图 5-34　用多线绘制全部内墙

（3）用相同的方法绘制出 RS 等其他剩余的内墙。结果如图 5-35 所示。

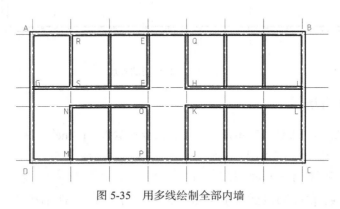

图 5-35　用多线绘制全部内墙

此部分除了学习如何用"多线"命令绘制墙体外，还应理解"空格"键（或"Enter"键）和重复命令的作用。

### 5.5.3　编辑墙线

绘制完成的各墙线相交处有一些多余的线段，需要进行修剪处理。其具体操作步骤如下。

（1）单击"图层"工具栏上的"图层特性管理器"下拉列表框，单击"轴线"图层前的💡图标，使其变为💡。在图形窗口中任意空白区域单击鼠标左键，操作结束，如图 5-36 所示。

（2）输入 mledit 命令或鼠标左键双击将要编辑的多线，打开"多线编辑工具"对话框。

① 单击"T 形打开"图标，如图 5-37 所示。

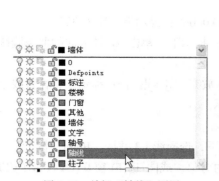

图 5-36　关闭"轴线"图层　　　　　图 5-37　"多线编辑工具"对话框

② 在选择第一条多线：提示下，单击选择 RS 线段临近 AB 处。

③ 在选择第二条多线：提示下，单击选择 AB 线段临近 RS 处。则 RS 和 AB 相交处变成图 5-38 所示的状态。

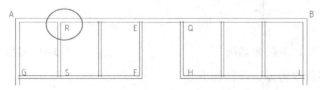

图 5-38　"T 形打开"多线修剪

④ 用同样的方法编辑其他的 T 形接头处，打开的 T 形接头处如图 5-39 所示。

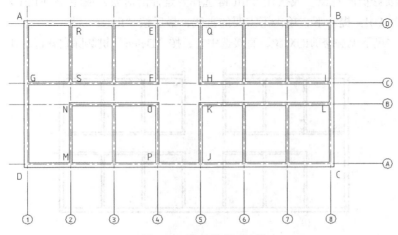

图 5-39　全部修剪后墙线

（3）用多线编辑能解决大部分修剪的问题，但是对于 D 轴与 4、5 号相交，和 A 轴与 4、5 号相交的修剪这类问题，需要先分解墙线再做偏移修剪处理。

① 在命令行提示下，输入 explode (x) 并按"空格"键或"Enter"键。

② 在选择对象：提示下，框选所有的墙线并按"空格"键或"Enter"键。系统提示"找到 27 个　15 个不能分解"。

这样就把所有的多线绘制的墙线都分解了。这时多线变为普通直线，不能再用 Mledit 命令来修剪。

① 在命令行提示下，输入 offset(o) 并按"Enter"键。

② 在指定偏移距离或 [通过(T)/删除(E)/图层(L)] <5100.0000>：提示下，输入 300。

③ 在选择要偏移的对象或 [退出(E)/放弃(U)] <退出>：提示下，单击 D 轴上面的那条墙线 L1（已经分解的其中一条）。

④ 在指定要偏移的那一侧上的点或 [退出(E)/多个(M)/放弃(U)] <退出>：提示下，在直线上方指定一点，并按"Enter"键，得到线 L2，如图 5-40 所示。

⑤ 在命令行提示下，输入 extend(ex) 并按"Enter"键。

⑥ 在选择边界的边… 选择对象或 <全部选择>：提示下，选择线 L2 并按"Enter"键。

⑦ 在选择要延伸的对象或按住 Shift 键选择要修剪的对象，或[栏选(F)/窗交(C)/投影(P)/边(E)/放弃(U)]：提示下，单击 E、Q 处分解的直线 L3、L4、L5、L6 并按"Enter"键。最后结果如图 5-41 所示。

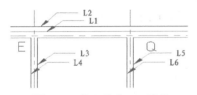
图 5-40　往上偏移 300 墙线

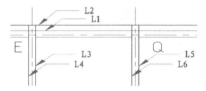
图 5-41　墙线延伸

再把不需要的部分修剪掉，步骤如下。

① 在命令行提示下，输入 trim(tr) 并按"Enter"键。

② 在选择剪切边…选择对象或 <全部选择>：提示下，直接按"Enter"键表示全部选择对象。

③ 在选择要修剪的对象，或按住 Shift 键选择要延伸的对象，或[栏选(F)/窗交(C)/投影(P)/边(E)/删除(R)/放弃(U)]：提示下，单击不需要的直线，最后按"Enter"键。

④ 对于一些剩下无法修剪的对象，直接选中它，按"Delete"键删除它就行，如图 5-42 所示。

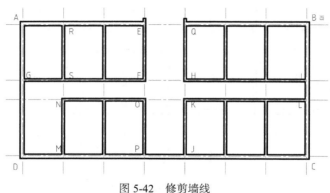
图 5-42　修剪墙线

依照相同的方法,把 A 轴与 4、5 号相交部分修剪好,8 号轴与 BC 轴相交的部分延伸修剪好。打开线宽,最后完成修剪后的墙体如图 5-43 所示。

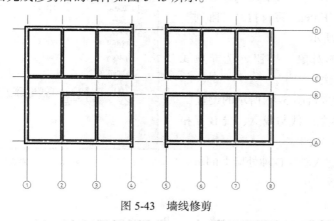

图 5-43 墙线修剪

# 5.6 绘制门窗

门窗及其标注在建筑工程平面图中数量非常多,本节通过几个 AutoCAD 命令的组合应用,可以非常方便快捷地完成门窗的绘制。

## 5.6.1 绘制一个窗洞线

（1）　　　（2）

绘制门窗

观察附图 A-1(底层平面图),可以看到 A 轴及 D 轴的窗户居中,并整齐排列,这样只要将一个窗洞线绘制,其他的窗洞线可以通过执行 Arrary(阵列)命令绘出。其具体操作步骤如下。

① 将 1 号轴向右偏移 1 050 成为线 A。
② 将 2 号轴向左偏移 1 050 成为线 B。
③ 执行缩放 Zoom 命令的 W 选项,将左上方的窗户局部放大,如图 5-44 所示。
④ 将 A 轴的两条墙线与线 A、线 B 互相剪切成图 5-45 所示的效果。
⑤ 把修剪后的两条短的轴线选中,将它放置在"墙体"图层。

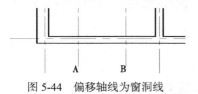

图 5-44 偏移轴线为窗洞线

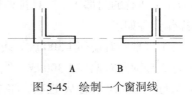

图 5-45 绘制一个窗洞线

## 5.6.2 完成其他窗洞线

其他窗洞线可以通过执行 Arrayclass(低版本为 Array)命令,将短线 A、B 阵列来完成。其具体操作步骤如下。

① 在命令行提示下，输入 arrayclass（低版本为 array）并按"Enter"键。打开"阵列"对话框，如图 5-46 所示。

② 单击"选择对象"按钮，选择短线 A、B 后按"Enter"键。

③ 在对话框中进行图 5-46 所示的设置。

④ 将 A 轴的两条墙线与线 A、线 B 互相修剪成图 5-47 所示的效果。

如图 5-47 所示，A 轴、D 轴处墙上的每一个开间都有了窗洞线。

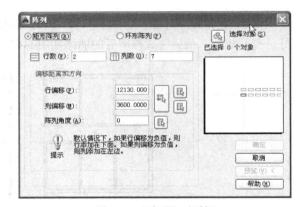

图 5-46 "阵列"对话框

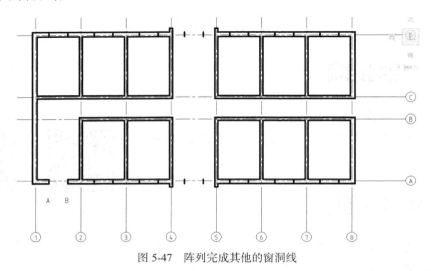

图 5-47 阵列完成其他的窗洞线

**提示**

① 阵列时，如果是向右下阵列，那么输入行间距、列间距为负值，反之为正值。

② 如果不知道具体的偏移值是多少，可以直接用光标去捕捉。

### 5.6.3 绘制门洞线

因为几乎所有的门都居中，且排列整齐，所以绘制门洞线的方法与绘制窗洞线的方法相同，其具体操作步骤如下。

① 将 1 号轴向右偏移 1 300 成为线 C。

② 将 2 号轴向右偏移 1 300 成为线 D。

③ 执行 Zoom 命令的 W 选项，将左上方的窗户局部放大，如图 5-48 所示。

④ 将 B 轴的两条墙线与线 C、线 D 互相修剪成图 5-49 所示的效果。

⑤ 把修剪后的两条短的轴线选中，将它放置在"墙体"图层。

⑥ 将门洞短线，进行阵列，二行六列，行偏移为 1 800，列偏移为 3 600，最后可以看到 B 轴、C 轴处墙上的每一个开间都有了门洞线。效果如图 5-50 所示。

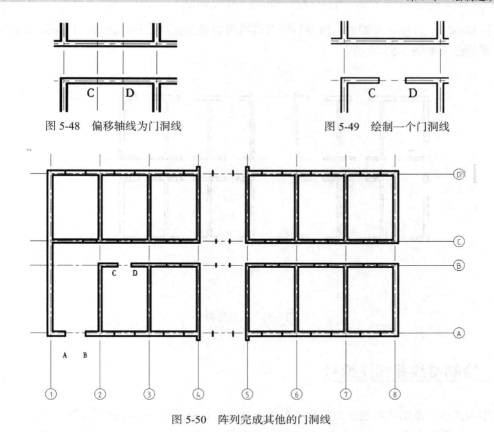

图 5-48　偏移轴线为门洞线　　　　　　　　　图 5-49　绘制一个门洞线

图 5-50　阵列完成其他的门洞线

## 5.6.4　墙线修剪

窗洞线、门洞线绘制好了，但门窗洞并没有真正"打开"，而且墙体节点处都不对，必须对它们一一进行修剪。在剪切的时候，为了避免误删掉轴线，可以把轴线图层锁定，如图 5-51 所示。把轴线图层锁定后，很容易选择要修剪的对象，如图 5-52 所示，修剪速度大大提高。

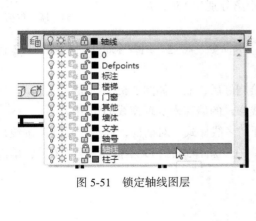

图 5-51　锁定轴线图层

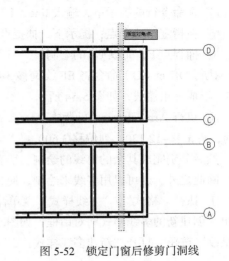

图 5-52　锁定门窗后修剪门洞线

用同样的方法，第一开间的门窗开洞线及墙线修剪必须按尺寸单独进行。再删除其他多余的线段。最后结果如图 5-53 所示。

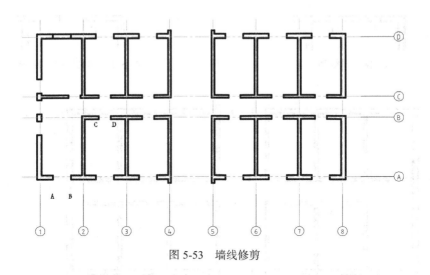

图 5-53　墙线修剪

## 5.6.5　绘制窗线并标注编号

每组窗线由 4 条细线组成，先将这 4 条线通过执行 Line 命令以及 Offset 命令绘出后，再执行 Arrarclassic（低版本为 Array，简称"AR"）命令将它们阵列，完成所有的窗线，其具体操作步骤如下。

① 在命令行的提示下，输入 Layer（LA）并按"Enter"键，弹出"图层特性管理器"对话框。

② 在弹出的"图层特性管理器"对话框中将轴线层关闭，并将"门窗"图层置为当前，单击"确定"按钮，关闭对话框。

③ 执行 Zoom（Z）命令的 W 选项，将左上方的开间局部放大。

④ 在命令行的提示下，输入 line（1）命令并按"Enter"键。

⑤ 在指定第一个点：提示下，捕捉点 E。

⑥ 捕捉点 F，完成 EF 的绘制。

执行 Offset（O）命令将 EF 线偏移 3 次，偏移距离分别为 150、70、150，形成一组窗线，如图 5-54 所示。

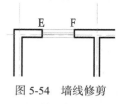

图 5-54　墙线修剪

⑦ 执行 Arrayclassic（低版本 Array，简称"A"）命令，将这一组线全选上进行阵列，2 行 7 列，行偏移–12 130，列偏移 3 600。

然后分别完成其余的窗线的绘制。所有窗线都绘制好后，效果如图 5-55 所示。

除此之外，还可以用多线来绘制，通过设置多线样式的偏移来实现窗线的绘制。

① 执行"格式"/"多线样式"菜单命令，打开"多线样式"对话框，单击"新建"按钮，弹出"创建新的多线样式"对话框，如图 5-56 所示，在"新样式名"文本框内输入"C"，单击"继续"按钮。打开"新建多线样式：C"对话框。

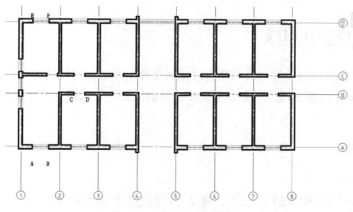

图 5-55　绘制所有的窗线

② 选中已有的"120"后，在偏移文本框内输入 185，再单击"添加"按钮，把偏移值修改为–185，然后用相同的方法设定 35、–35。再把一些其他值的偏移，选中后单击"删除"按钮将其删除，结果如图 5-57 所示。

图 5-56　创建窗的多线样式

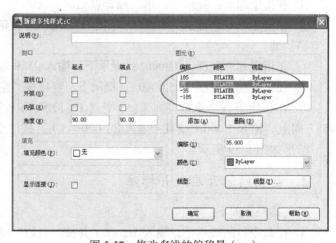

图 5-57　修改多线的偏移量（一）

③ 单击"确定"按钮，返回"多线样式"对话框，注意观察"预览"窗口内的图形和图中的是否一致，如果与图 5-58 所示不同，说明多线图元设置有错。最后选中"C"样式，置为当前便可以用多线 Mline 来绘制多线了，具体的操作参照前面第 2 章的绘制多线内容部分。

图 5-58　修改多线的偏移量（二）

### 5.6.6 绘制门线、开启线

从附图A-1上看到：门是由门线和开启线是两部分组成的。门线是一条长为1 000mm的中实线，可以执行Pline（绘制多段线）命令来完成。开启线是一条弧线，可以执行Arc（绘制圆弧）命令完成。

#### 1. 绘制门线

其具体操作如下。

① 执行Zoom（Z）命令的W选项，将2～3轴的走廊部分局部放大。

② 用鼠标右键单击状态栏对象捕捉按钮，把 ☑中点 勾选上。同时，用鼠标右键单击状态栏"极轴"按钮，选择"45"度，即设置极轴的追踪角为45°，并操作"极轴"按钮和"对象捕捉"两个按钮处于打开状态，如果没有打开，就直接单击相应的按钮即可。

③ 在命令行的提示下，输入pline(pl)并按"空格"键。

④ 在指定起点：提示下，单击捕捉点G。

⑤ 在指定下一个点或 [圆弧(A)/半宽(H)/长度(L)/放弃(U)/宽度(W)]：提示下，输入W并按"空格"键。

⑥ 在指定起点宽度 <0.0000>：提示下，输入25并按"空格"键。

⑦ 在指定端点宽度 <25.0000>：提示下，直接按"空格"键。

⑧ 在指定下一个点或 [圆弧(A)/半宽(H)/长度(L)/放弃(U)/宽度(W)]：提示下，把光标移至45°方向上，输入1 000（或直接输入@1 000<45）并按"空格"键两次，结束命令。

结果如图5-59所示。

#### 2. 绘制门的开启线并标注

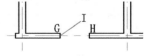

图5-59　绘制门线

其具体操作如下。

① 在命令行的提示下，输入arc（a）并按"空格"键。

② 在指定圆弧的起点或 [圆心(C)]：提示下，输入C并按"空格"键（用圆心起点端点方式绘制圆弧）。

③ 在指定圆弧的圆心：提示下，捕捉点G后单击（作为弧的圆心）。

④ 在指定圆弧的起点：提示下，捕捉点H后单击（作为弧的起点）。

⑤ 在指定圆弧的端点或 [角度(A)/弦长(L)]：提示下，捕捉点I后单击（作为弧的端点），如图5-60所示。

⑥ 启动阵列Arrayclassic（AR）命令，选择门线、开启线，一起阵列为1行6列，行偏移为0，列偏移为3 600。

⑦ 删掉多余的线段。结果如图5-61所示。

图5-60　绘制门的开启线　　　　　　　　图5-61　阵列生成门的开启线

### 3. 旋转门线及开启线

从附图 A-1 上可以看到，B 轴墙上的门线之所以不能和 C 轴的一起阵列，是因为它们的开启方向相反。这时可以通过旋转 Rotate（Ro）和阵列 Arrayclassic（AR）命令来完成 B 轴墙上的门线的绘制任务。

其具体操作如下。

① 执行缩放 Zoom（Z）命令的 W 选项，将 2～3 轴的走廊部分局部放大。

② 在命令行的提示下，输入 copy（co）并按"空格"键。

③ 在选择对象：提示下，用交叉选择门线和开启线后，按"空格"键。

④ 在指定基点或 [位移(D)/模式(O)] <位移>：提示下，捕捉点 G 后单击（作为基点）。

⑤ 在指定第二个点或 [阵列(A)] <使用第一个点作为位移>：提示下，捕捉点 J 后单击（作为第二点）。

⑥ 在指定第二个点或 [阵列(A)/退出(E)/放弃(U)] <退出>：提示下，直接按"空格"键，结束命令。完成后结果如图 5-62 所示。

⑦ 在命令行的提示下，输入 rotate（ro）并按"空格"键。

⑧ 在选择对象：提示下，用交叉选择门线和开启线后，按"空格"键。

⑨ 在指定基点：提示下，捕捉点 G 后单击（作为基点）。

⑩ 在指定旋转角度，或[复制(C)/参照(R)] <180>：提示下，直接输入 180 后按"空格"键。

这样就完成了 B 轴的门线和开启线复制，结果如图 5-63 所示。

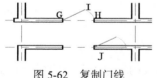 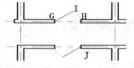

图 5-62 复制门线      图 5-63 旋转门线

⑪ 启动 Arrayclassic 命令，选择下排（即 B 轴）的门线、开启线，一起阵列为 1 行 6 列，行偏移为 0，列偏移为 3 600。

⑫ 删掉多余的线段。结果如图 5-64 所示。

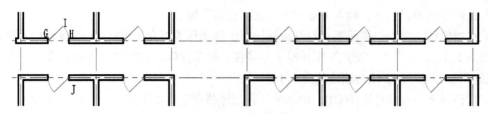

图 5-64 完成门的阵列

门厅部分的门的绘制与上述方法一样，可执行 Line 命令和 Arc 命令来完成。

卫生间的门可单独绘制，也可以通过其他门镜像来完成，最终结果如图 5-65 所示，完成本节内容。

当把主要的门、窗线都完成后，就可以进行一些细部的修改，如绘制门厅部位的门、楼梯间的窗户以及台阶等。

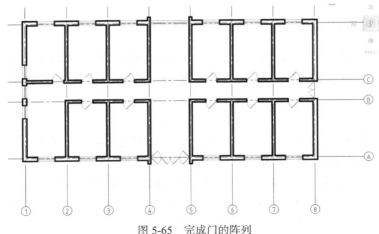

图 5-65　完成门的阵列

# 5.7　绘制楼梯间

底层楼样间的详细尺寸如附图 A-3 所示，踏步由一组一定距离的并行线组成。并行线间距为 300mm，可以执行 Offset 命令来完成这组并行线，之后再通过 Trim 命令完成任务。

在图层工具栏，选择楼梯图层，设置当前图层为"楼梯"。

绘制楼梯间

## 5.7.1　绘制踏步起始线、踏步线、楼梯井

在绘制楼梯起始线之前要看清尺寸，首先主要考虑与轴线的尺寸关系，即楼梯起始线应为轴线往上偏移 380，其长度应该为 1 600，其次画踏步起始线的时候尽量考虑把梯井的宽度算进来。踏面的长度为 1 600，加梯井的宽度 80（底层的楼梯只画单跑时，梯井可以只画一半，在标准层的时候应该画 160）。所以踏步起始线的长度应该是 1 680。

其具体步骤如下。

① 在命令行的提示下，输入 line（l）并按"空格"键。

② 在指定第一个点：提示下，打开极轴按钮，将光标放置在 C 轴与 5 号轴线左边的墙体的交点（即点 K）上，待出现"交点"字样时，轻轻往上移动鼠标，同时输入 380 后按"空格"键。这时定位到点 L（即踏步线与墙体的交点）。

③ 在指定下一点或 [放弃(U)]：提示下，将光标移至左边水平方向上，输入 1 680 后按"空格"键。

④ 在指定下一点或 [放弃(U)]：提示下，直接按"空格"键，结束命令，如图 5-66 所示。

这样就把楼梯的踏步起始线绘制出来了。

⑤ 再启动 Arrayclassic（AR）命令，选择踏步线，阵列为 10 行 1 列，行偏移为 300，列偏移为 0，如图 5-67 所示。

⑥ 在命令行的提示下，输入 line（l）并按"空格"键。

⑦ 在指定第一个点：提示下，捕捉最下面的踏步线左边的端点后单击鼠标左键。

⑧ 在指定下一点或[放弃(U)]：提示下，捕捉最上面的踏步线左边的端点后单击鼠标左键。

⑨ 在指定下一点或[放弃(U)]：提示下，直接按"空格"键，结束命令。这样把左边的梯井线绘制好。

⑩ 执行偏移命令，将左边的梯井线向右偏移 80。最后完成的效果如图 5-67 所示。

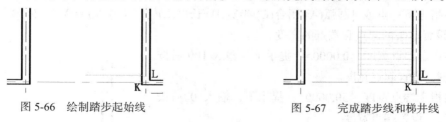

图 5-66　绘制踏步起始线　　　　　　　　图 5-67　完成踏步线和梯井线

## 5.7.2　绘制折断线

折断线的绘制，在正常情况下比较难，可以在水平位置把它绘制好，再旋转 45° 移过去。其具体步骤如下。

① 在命令行的提示下，输入 line（l）并按"空格"键，绘制一段长为 2 500 的水平直线。

② 继续使用直线命令，捕捉到已经绘制好的直线的中点，从中点往上追踪 100 后绘制直线，打开极轴调整光标的方向往下，输入 200，即绘制了一条长为 200 的竖直直线与上面长 2 500 的水平线垂直平分。

③ 继续使用直线命令，捕捉长度为 200 的竖直线最上面的点为起点，设置极轴增量角为 30°，并保持极轴、对象捕捉打开，自动捕捉到与水平直线的交点。

④ 用同样的方法，以长为 200 的竖直直线最下面的点为起点，再用极轴追踪绘制一条与其竖直直线夹角为 45° 的直线。

⑤ 再把中间多余的线修剪，完成后如图 5-68 所示。

⑥ 在命令行的提示下，输入 rotate（ro）并按"空格"键，选择已经绘制好折断线后按"空格"键，再捕捉到竖直线的中点，单击指定为旋转基点，再输入旋转角度为 45°。

⑦ 把旋转好的折断线用 move（m）命令，将其移动到绘好的踏步线上。如图 5-69 所示，再把多余踏步线、梯井线、折断线修剪好。完成后结果如图 5-70 所示。

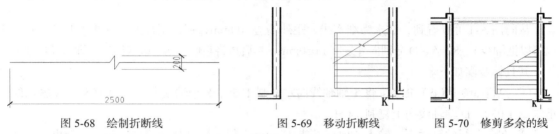

图 5-68　绘制折断线　　　　　图 5-69　移动折断线　　　　　图 5-70　修剪多余的线

## 5.7.3　绘制箭头及修剪多余线段

楼梯部分还剩箭头，箭头用 Pline（Pl）命令来绘制。

其具体步骤如下。

① 在命令行的提示下，输入 pline（pl）并按"空格"键。

② 在指定起点：提示下，捕捉从下往上数第二条踏步线的中点后，向下追踪确定起点（点 M）。

③ 在指定下一个点或 [圆弧(A)/半宽(H)/长度(L)/放弃(U)/宽度(W)]：提示下，在从下往上数第五条踏步线上面，指定一点（点 N）。

④ 在指定下一点或 [圆弧(A)/闭合(C)/半宽(H)/长度(L)/放弃(U)/宽度(W)]：提示下，输入子命令 W，设置箭头的起点和端点的宽度。

⑤ 在指定起点宽度 <0.0000>：提示下，输入 100 后按"空格"键，设置起点宽度。

⑥ 在指定端点宽度 <50.0000>：提示下，输入 0 后按"空格"键，设置端点宽度。

⑦ 在指定下一点或 [圆弧(A)/闭合(C)/半宽(H)/长度(L)/放弃(U)/宽度(W)]：提示下，输入箭头长度 300 后按回车键。

⑧ 在指定下一点或 [圆弧(A)/闭合(C)/半宽(H)/长度(L)/放弃(U)/宽度(W)]：提示下，直接按"空格"键或"Enter"键，结束命令。完成后结果如图 5-71 所示。

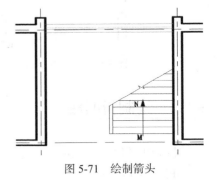

图 5-71　绘制箭头

# 5.8　绘制散水及其他细部

在本节以前，附图 A-1 的底层平面图整体框架已经完成。本节将继续完善底层施工平面图，通过一些细节（散水、标高、指北针）的绘制，进一步学习 AutoCAD 常用命令的各种运用技巧，可以发现同一个命令有不同的选项，只要灵活运用，就能得到事半功倍的效果。

在图层工具栏，选择"其他"图层，设置当前图层为"其他"。

（1）　　　　　（2）

绘制散水及其他细部

## 5.8.1　绘制散水

从附图 A-1 可以看到，散水为细实线，距外墙边 800mm，那么距最近的轴线为 1 050mm。所以可以把轴线 1、8、A、D 分别向外复制 1 050mm，然后再将它们剪切，改变图层，即可完成绘制。

其具体步骤如下。

① 执行 offset（o）命令，将 1 轴轴线向左复制 1050，8 轴轴线向右复制 1050，A 轴轴线向下复制 1 050，D 轴轴线向上复制 1 050。

② 在命令行的提示下，输入 Ctrl+1 并按"Enter"键，启动特性管理器命令，弹出"特性"对话框，如图 5-72 所示。

③ 选择刚复制出来的 4 条点画线，单击此对话框中的"图层"按钮，选择对话框中"其他"层后按"Enter"键。退回到"特性"对话框，如图 5-73 所示。

④ 再单击"特性"对话框中的"关闭"按钮，关闭对话框。这样红色的点画线已变成细实线。

⑤ 执行 Zoom 命令的 W 选项，将一个墙角放大后，两条散水线互相剪切。

⑥ 执行 Line（L）命令，连接 MN，形成散水线，如图 5-74 所示。

图 5-72　"特性"对话框　　　　图 5-73　绘制箭头　　　　图 5-74　绘制散水线

⑦ 再将其他 3 个墙角分别放大，执行上述同样的操作步骤，最后完成散水线的绘制。

　　散水线的绘制方法有多种，例如，可以对照墙线先画一个矩形，然后往外偏移 800，最后绘制每个角落的连接线即可。

## 5.8.2　绘制标高符号

建筑制图规定，标高符号三角形里面的两个锐角为 45°。上面的直线距离最下面的那个点的距离为 3mm，绘制标高符号的方法有多种，下面介绍其中的一种。

其具体步骤如下。

① 在命令行的提示下，输入 line（1）并按"空格"键。

② 在指定第一个点：提示下，在图上任意单击一点（点 O）。

③ 在指定下一点或[放弃(U)]：提示下，打开极轴，将光标方向移到左边水平方向上（即 180° 方向），输入 1 500 后按"空格"键（得到点 P）。

④ 在指定下一点或[放弃(U)]：提示下，利用相对坐标，直接输入@300，–300 后按"空格"键（得到点 Q）。

⑤ 在指定下一点或[闭合(C)/放弃(U)]：提示下，利用相对坐标，直接输入@300，300 后按"空格"键（得到点 R）。

⑥ 在指定下一点或[闭合(C)/放弃(U)]：提示下，直接按"空格"键，结束命令。

最后完成的结果如图 5-75 所示。还可以利用追踪法通过先画一条直线，再通过偏移 300

向下复制另一条线，再通过绘制直线设置极轴 45° 增量角捕捉交点。再把多余的直线删去，如图 5-76 所示。

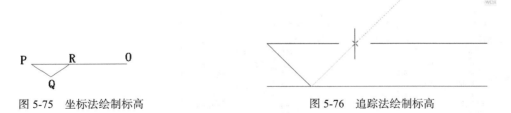

图 5-75　坐标法绘制标高　　　　　　　　图 5-76　追踪法绘制标高

## 5.8.3　绘制指北针符号

建筑制图标准规定，指北针的外圈直径为 24mm，内接三角形底边宽度为 3mm。绘制指北针符号，外圈可执行 Circle（绘圆）命令，内接三角形可继续用 Pline 命令来完成。

其具体步骤如下。

① 在命令行的提示下，输入 pline（1）并按"空格"键。

② 在命令行的提示下，输入 circle 命令，绘制一个半径 $R=1\,200$ 的圆。

③ 在指定起点：提示下，移动光标捕捉到圆的顶点后单击（须打开对象捕捉和对象追踪）。

④ 在指定下一个点或 [圆弧(A)/半宽(H)/长度(L)/放弃(U)/宽度(W)]：提示下，输入 W 并按"空格"键。

⑤ 在指定起点宽度 <300.0000>：提示下，输入 0 并按"空格"键。

⑥ 在指定端点宽度 <0.0000>：300 提示下，输入 300 并按"空格"键。

⑦ 在指定下一个点或 [圆弧(A)/半宽(H)/长度(L)/放弃(U)/宽度(W)]：提示下，向下移动光标捕捉圆的下端点后单击，并按"空格"键结束命令。

⑧ 执行单行文字 Dtext（Dt）命令将字母"N"标出。

完成后，结果如图 5-77 所示。

图 5-77　绘制指北针

## 5.8.4　绘制台阶

在 4 号轴和 5 号轴的 M2 前有一个台阶，在 B 轴和 C 轴前的 M3 前也有一个台阶。台阶有很多种方法绘制，可以直线直接偏移，再修剪。通过观察图形特征，台阶都是两条平行的线，所以最好是用多线来绘制。

其具体步骤如下。

① 在命令行提示下，输入 mline(ml)并按"Enter"键。

② 在指定起点或[对正(J)/比例(S)/样式(ST)]：提示下，输入 ST 并按"Enter"键。

③ 在输入多线样式名或[?]：提示下，输入 standard。

④ 在指定起点或[对正(J)/比例(S)/样式(ST)]：提示下，输入 S 并按"空格"键。

⑤ 在输入多线比例<1.00>：提示下，输入 300 并按"空格"键。

⑥ 在指定起点或[对正(J)/比例(S)/样式(ST)]：提示下，输入 J 并按 "空格" 键。

⑦ 在输入对正类型[上(T)/无(Z)/下(B)] <无>：提示下，输入 B 并按 "空格" 键。

至此，把多线样式、比例、对正方式等各参数都设置好了。接下来就是绘图部分。

⑧ 在指定起点或[对正(J)/比例(S)/样式(ST)]：提示下，通过捕捉墙线相交的点 S 后，打开极轴，将光标往水平向右方向移动，输入追踪距离 480 并按 "Enter" 键。

⑨ 在指定下一点：提示下，将光标往竖直往下方向移动，输入追踪距离 1 500 并按 "Enter" 键。

⑩ 在指定下一点或[放弃(U)]：提示下，将光标往水平向左方向移动，输入追踪距离 4 800 并按 "Enter" 键。

⑪ 在指定下一点或[闭合(C)/放弃(U)]：提示下，将光标往竖直往上方向移动，移至墙线处自动捕捉到交点后单击。

⑫ 在指定下一点或[闭合(C)/放弃(U)]：提示下，按 "空格" 键结束命令。

完成后，结果如图 5-78 所示，在右边的台阶也是按上面同样的方法绘制。

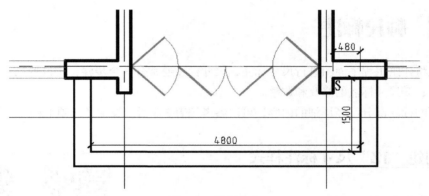

图 5-78　绘制台阶

本例如果是按顺时针方向绘图，从右到左绘制多线时，对正方式要选择 B 下对齐，如果绘图习惯是从左到右，按逆时针绘图的话，对正方式要选 T 上对齐，要注意对正方式和画图的顺逆时针方向是有关系的。

此外还要理解多线比例与绘制多线图形的宽度。宽度=比例×偏移量（样式中的偏移量，绝对值相加）。标准样式的偏移量是 0.5 和-0.5，绝对值相加就是 1。用标准样式要画 300 宽度的线，那么比例 S=宽度÷偏移量，即比例 S 应该是 300÷1=300，同样道理，在标准样式下，绘制 240 的墙的比例应该是 240。如果要绘制 120 的墙体，创建了 240 样式，偏移量为 120 和-120。那绝对值相加就是 240，这时要绘制 240 墙体的比例 S 应该是 120（宽度）÷240（偏移量）=0.5。

## 5.8.5　绘制其他部分及文字标注

到本节为止，附图 A-1 底层平面图整体基本已经完成，最后将剩下的盥洗池和厕所绘制完，以及将门、窗、楼梯间等文字标注。完成后结果如图 5-79 所示。

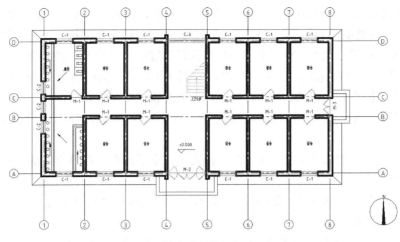

图 5-79　基本绘制完的底层平面图

## 5.9　标尺标注

本节就将建筑工程平面图进行尺寸标注，尺寸标注通常分 3 个步骤：①设置尺寸标注样式；②尺寸标注；③尺寸标注的修改和调整。

在前面的标注部分已经详细的内容，可以参考按表 3-8 所示设置各选项卡相应参数的数值。

### 5.9.1　创建"JZ"尺寸标注样式

其具体的操作过程如下。

① 在命令行输入 D 并按"空格"键，弹出图 5-80 所示的"标注样式管理器"对话框。

② 单击"新建"按钮，弹出"创建新标注样式"对话框。在"新样式名"文本框中输入"JZ"，如图 5-81 所示。

（1）　　　　（2）

标注尺寸

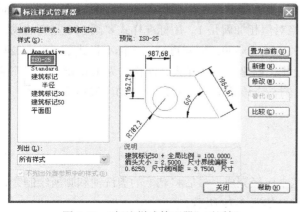

图 5-80　"标注样式管理器"对话框

图 5-81　"创建新标注样式"对话框

---

③ 单击"继续"按钮，弹出"新建标注样式：JZ"对话框。单击"线"选项卡，并在当前选项卡中进行尺寸线、尺寸界线的设置，如图 5-82 所示。

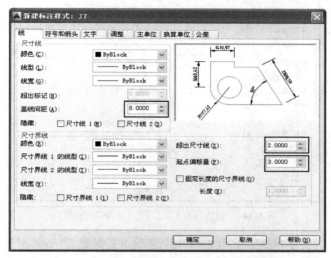

图 5-82 "新建标注样式"之"线"选项卡

④ 单击"符号和箭头"选项卡，对尺寸起止符号等进行设置，如图 5-83 所示。

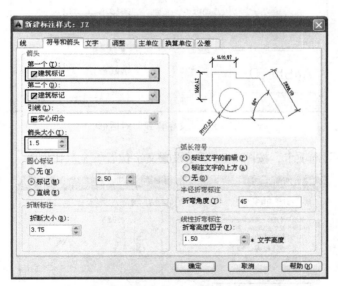

图 5-83 "新建标注样式"之"符号和箭头"选项卡

⑤ 单击"文字"选项卡，设置尺寸数字的文字样式、文字高度、文字位置及对齐方式等，如图 5-84 所示。

⑥ 单击文字样式右边的按钮，弹出图 5-85 所示的"文字样式"对话框。按此对话框设置 SHX 字体为 gbenor.shx，大字体为 gbcbig.shx，高度为 0，宽度因子为 1。设置完后单击按钮，返回"文字"选项卡。

211

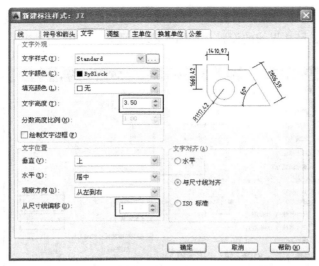

图 5-84　"新建标注样式"之"文字"选项卡

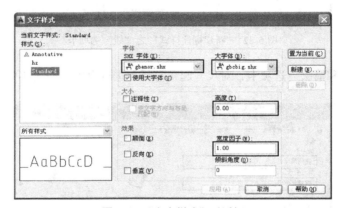

图 5-85　"文字样式"对话框

⑦ 单击"调整"选项卡，按图 5-86 所示设置文字位置、全局比例等。

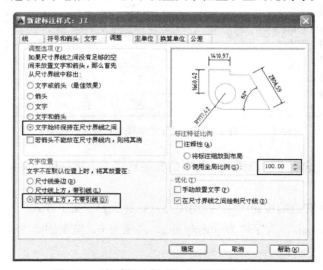

图 5-86　"新建标注样式"之"调整"选项卡

⑧ 单击"主单位"选项卡，设置精度、小数分隔符、比例因子等，如图 5-87 所示。

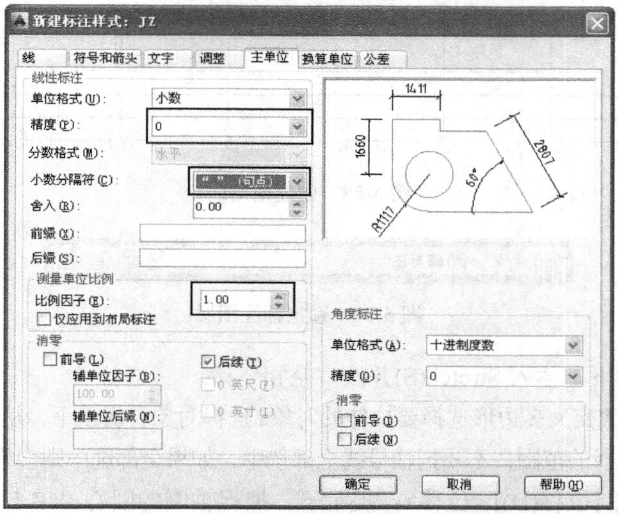

图 5-87 "新建标注样式"之"主单位"选项卡

⑨ 单击"确定"按钮，返回"标注样式管理器"对话框。在"样式"文本框中出现"JZ"样式名，选中"JZ"样式名，单击"置为当前"按钮，将"JZ"样式设置为当前标注样式后，单击"关闭"按钮，完成全部标注样式的设置。

## 5.9.2 尺寸标注

在图层工具栏，选择标注图层，设置当前图层为"标注"。
其具体的操作过程如下。

### 1. 作辅助线、拉伸轴线

为了避免标注时，尺寸界线不齐或尺寸界线长短不一，正式标注前先作辅助线，作为尺寸界线对齐的基线，同时也为确定尺寸线的位置提供一个捕捉的交点（这里可以新建一个辅助线层，也可以将其放在标注层上）。

① 单击"图层"工具栏上的构造线按钮 ∕。

② 在指定点或 [水平(H)/垂直(V)/角度(A)/二等分(B)/偏移(O)]：提示下，移动光标捕捉台阶的左下点后单击，这样第一条辅助线绘制出来。

③ 执行 OFFSET(O)命令，将辅助线向下偏移 1 100。

④ 重复执行 OFFSET(O)命令，将辅助线向下偏移 800，用同样的方法再执行 2 次。

同样地，在右边台阶同样作相应的辅助线，但是右边的尺寸标注相对简单，可以少绘制一条辅助线。完成后结果如图 5-88 所示。

前面绘制轴号线（轴线）的时候没有考虑尺寸线的位置，而导致轴圈与墙线距离太近或太远，这时可以执行 Stretch(S)命令将轴线拉长或缩短。

① 单击图层工具栏，选择标注图层，将标注图层设置为"锁定"状态，如图 5-89 所示。

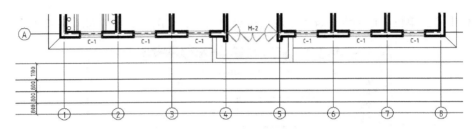

图 5-88　创建辅助线

图 5-89　锁定标注图层

② 在命令行提示下，输入 Stretch(S)并按"空格"键。

③ 在以交叉窗口或交叉多边形选择要拉伸的对象…选择对象：提示下，从右到左选择轴号线和轴圈后按空格键。注意选择的范围，不要把轴号线全部选中，如果全部选中则会将轴号线整体移下来。

④ 在指定基点或 [位移(D)] <位移>：提示下，捕捉轴圈的圆心，单击鼠标左键。

⑤ 在指定第二个点或 <使用第一个点作为位移>：提示下，打开极轴的状态下，向下拖动极轴，捕捉极轴与最下面的那条辅助线的交点处单击鼠标左键。

⑥ 完成后的结果如图 5-90 所示。

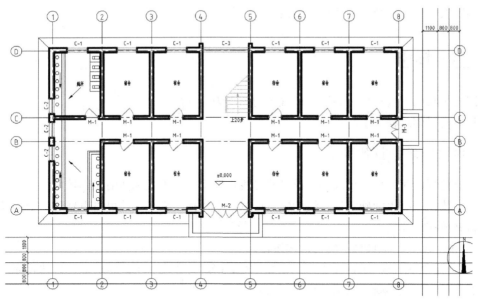

图 5-90　调整轴圈的位置

## 2. 标注第一道尺寸

在正式标注第一道尺寸之前，把"标注"工具栏调出来，便于标注。

在上一步作的辅助线中，第 1 条辅助线为尺寸界线原点的定位线，第二条辅助线为第一道尺寸标注的尺寸线位置的定位线，第三条辅助线为第三道尺寸标注的尺寸线位置的定位线，第四条辅助线为第三道尺寸标注的尺寸线位置的定位线，最下面的那条辅助线为轴圈圆心的定位线。

① 单击"标注"工具栏上的按钮，或在命令行提示下输入 DLI 并按"Enter"键。

② 在指定第一个尺寸界线原点或<选择对象>：提示下，移动光标捕捉 1 号轴与第一条辅助线的交点后单击，如图 5-91（a）所示。

③ 在指定第二条尺寸界线原点：提示下，移动光标捕捉 1 号轴右边的 C1 窗洞左边的位置往下追踪找到第一条辅助线的交点后单击，如图 5-91（b）所示。

④ 在指定尺寸线位置或[多行文字(M)/文字(T)/角度(A)/水平(H)/垂直(V)/旋转(R)]：提示下，移动光标捕捉 1 号轴右边的 C1 窗洞左边的位置往下追踪找到第二条辅助线的交点后单击，如图 5-91（c）所示。

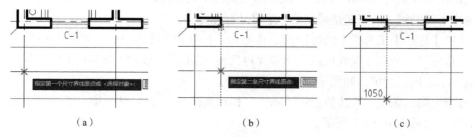

图 5-91 标注第一道尺的第一个尺寸

这样就把第一道尺寸的第一个尺寸标注出来了。系统会提示为标注文字为 1 050。

⑤ 单击【标注】工具栏上的按钮，或在命令行提示下输入 DCO 并按"Enter"键。

⑥ 在指定第二条尺寸界线原点或[放弃(U)/选择(S)] <选择>：提示下，移动光标捕捉 1 号轴右边的 C1 窗洞右边的位置往下追踪找到第一条辅助线的交点后单击鼠标左键，如图 5-92（a）所示。

⑦ 在指定第二条尺寸界线原点或[放弃(U)/选择(S)] <选择>：提示下，移动光标捕捉 2 号轴与第一条辅助线的交点后单击，如图 5-92（b）所示。

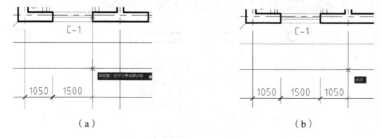

图 5-92 标注第一道尺寸的其他尺寸

按同样的方法，继续重复执行第⑦步，把所有的第一道尺寸标注完。完成第一道尺寸标注如图 5-93 所示。

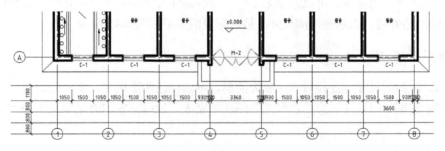

图 5-93 标注第一道尺寸

**提示**　不管什么情况下，所有的"尺寸界线的原点"都是在第一道辅助线，这样可以保证所有的尺寸界线长度一致。

### 3．标注第二道尺寸、第三道尺寸

对于第二道尺寸的标注，可以采用标注第一道尺寸的方法先标注 1、2 号轴的尺寸，然后用 DCO 连续标注完成。还可以采用基线标注的方法，因为在尺寸标注的设置里已经对基线标注的两尺寸间的距离设置为 8mm，所以可以采用先进行基线标注，再进行连续标注的方法来完成。本例因为作了辅助线，所以还是采用第一道尺寸标注方法。

① 单击【标注】工具栏上的按钮 ⊢，或在命令行提示下输入 DLI 并按 "Enter" 键。

② 在指定第一个尺寸界线原点或 <选择对象>：提示下，移动光标捕捉 1 号轴与第一条辅助线的交点后单击鼠标左键，如图 5-94（a）所示。

③ 在指定第二条尺寸界线原点：提示下，移动光标捕捉 2 号轴与第一条辅助线的交点后单击鼠标左键，如图 5-94（b）所示。

④ 在指定尺寸线位置或[多行文字(M)/文字(T)/角度(A)/水平(H)/垂直(V)/旋转(R)]：提示下，移动光标捕捉 2 号轴与第三条辅助线的交点后单击鼠标左键，如图 5-94（c）所示。

⑤ 单击【标注】工具栏上的 ⊞ 按钮，或在命令行提示下输入 DCO 并按 "Enter" 键。

⑥ 在指定第二条尺寸界线原点或 [放弃(U)/选择(S)] <选择>：提示下，移动光标捕捉 3 号轴与第一条辅助线的交点后单击鼠标左键。

⑦ 在指定第二条尺寸界线原点或[放弃(U)/选择(S)] <选择>：提示下，移动光标捕捉 4 号轴与第一条辅助线的交点后单击鼠标左键。

按同样的方法，继续重复执行第⑦步，把所有的第二道尺寸标注完。完成第二道尺寸标注。

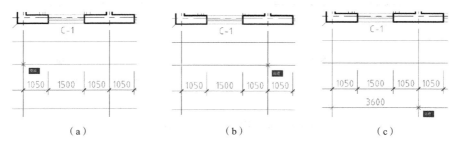

（a）　　　　　　　　　　（b）　　　　　　　　　　（c）

图 5-94　标注第二道尺寸的第一个尺寸

对于第三道尺寸的标注，可以参照第二道尺寸的标注方法来完成。但是标注第三道尺寸时捕捉 1、8 号轴的最外墙，表示最外围尺寸。最终完成的效果如图 5-95 所示。

### 4．标注垂直尺寸

对于 A、D 轴的尺寸标注相对来说较为简单，可以标注两道尺寸，重复前面的"标注第一道尺寸"和"标注第二道尺寸、第三道尺寸"的步骤完成。最后完成的效果如图 5-96 所示。

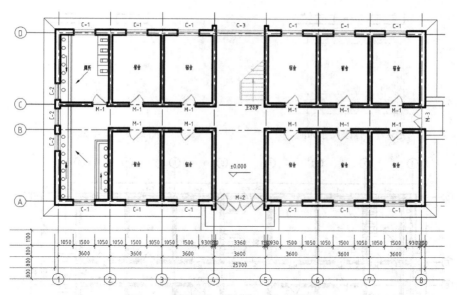

图 5-95　标注第二道尺寸、第三道尺寸

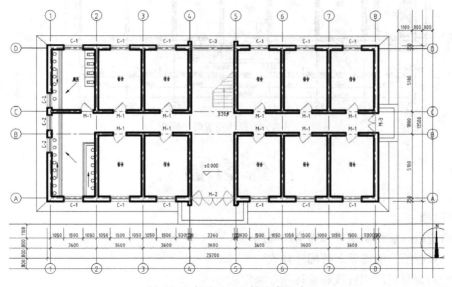

图 5-96　标注 A、D 轴垂直尺寸

## 5．修改尺寸标注

仔细观察图 5-96，会发现其存在以下问题。

① 1 号轴的 370 外墙没有标注细部尺寸，可以直接把 1 050 的那个尺寸删除，重新分别标注 120、250、930 三个尺寸，如图 5-97 所示。

② 例如，4 号、5 号、8 号轴线的尺寸数字是重叠在一起的。尺寸数字叠在一起，可以采用"夹点编辑法"，将重叠部分全部选中，先选择控制文字的单个夹点（控制尺寸线和尺寸界线的夹点分别是两个），夹点颜色由蓝色变为红色，再移动文字，如图 5-98 所示。

将所有重叠的尺寸数字移动后，把相应的定位辅导线删除，再把一些门窗的尺寸标注补齐以及室外标高等。完成的平面图如图 5-99 所示。

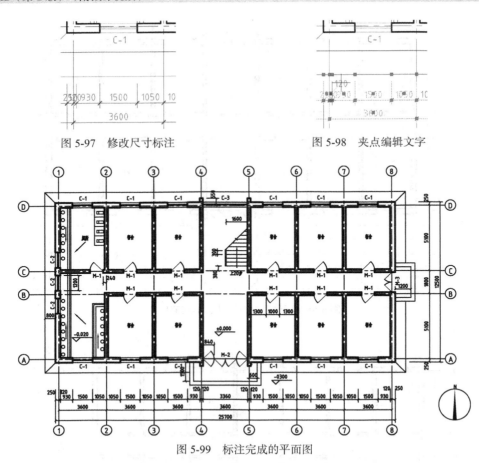

图 5-97　修改尺寸标注　　　　　　　图 5-98　夹点编辑文字

图 5-99　标注完成的平面图

# 练 习 题

## 1．判断题

（1）构造线只能绘制水平和竖直的辅助线。　　　　　　　　　　　　　　（　　）

（2）一张图纸一般需要多种标注样式。　　　　　　　　　　　　　　　　（　　）

（3）绘制窗时只能用直线和偏移命令来完成。　　　　　　　　　　　　　（　　）

（4）打开建筑图时发现乱码，问题可能是字体库不全。　　　　　　　　　（　　）

## 2．选择题

（1）实际绘制建筑平面图时，绘图比例宜选用（　　　）。

　　　　A．1:1　　　　　　　　　　B．1:100　　　　　　　　　C．1:200

（2）绘制门窗时常采用（　　　）命令。

　　　　A．直线　　　　　　　　　　B．多线　　　　　　　　　C．构造线

（3）绘制平面图时，就首先（　　　）。

　　　　A．建立图层　　　　　　　　B．绘制轴线　　　　　　　C．标注尺寸

## 3．上机练习题

利用绘图、修改、标注等命令抄绘图 5-100 所示的建筑施工图。

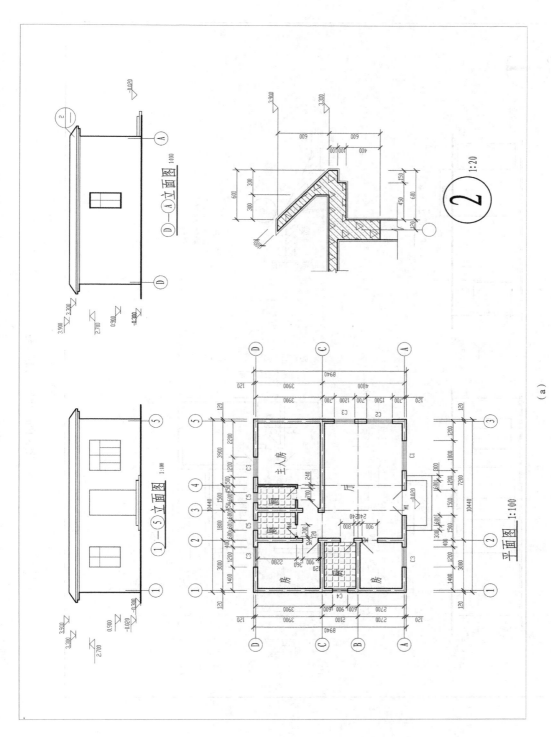

图 5-100　建筑施工图

（a）

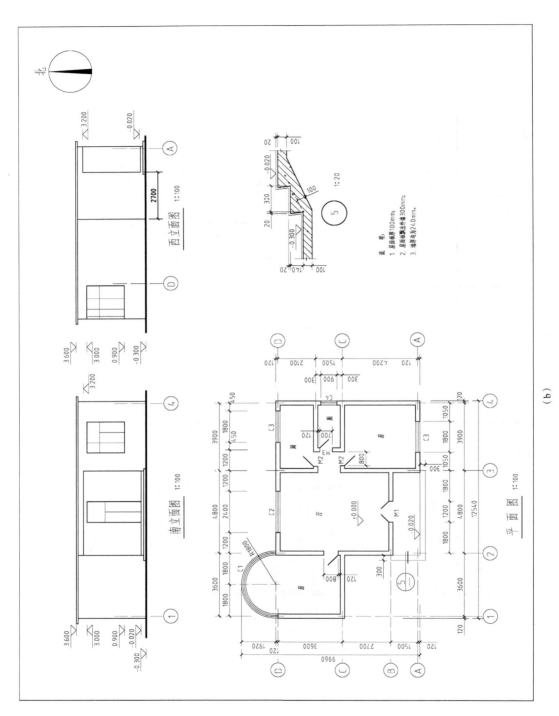

图 5-100　建筑施工图（续）

（b）

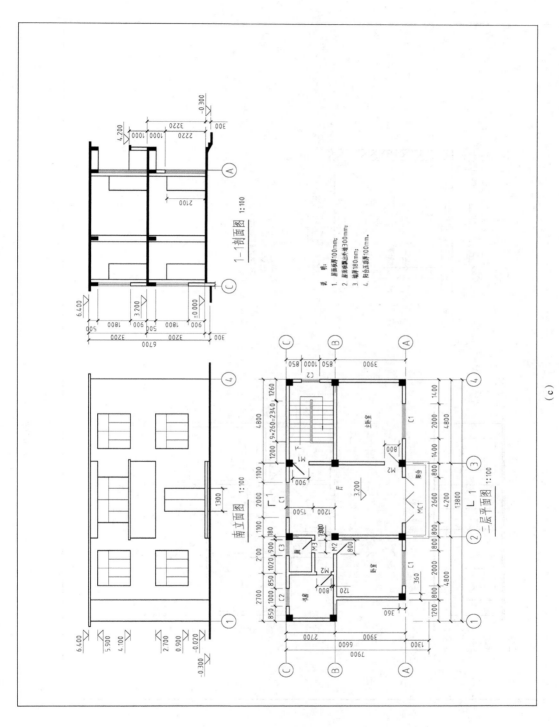

图 5-100 建筑施工图（续）

（c）

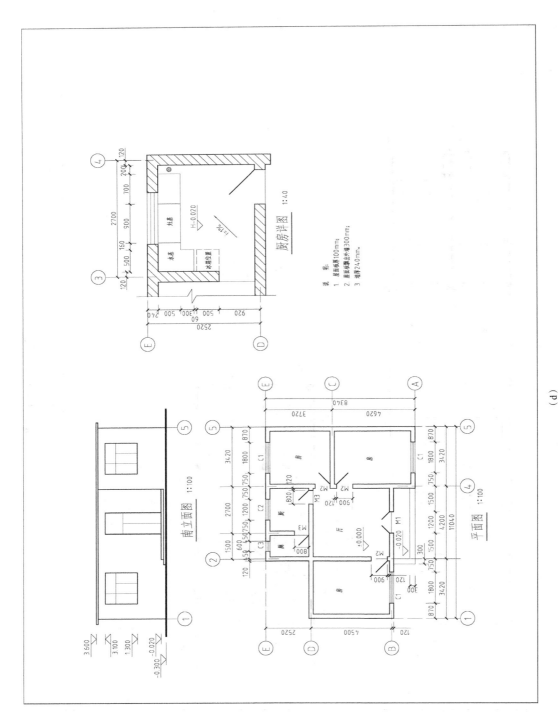

（d）

图 5-100　建筑施工图（续）

# 第**6**章

# 绘制建筑立面图

在建筑工程图中，由于平面图、立面图和剖面图的尺寸应相互一致，所以立面图中的部分尺寸是由平面图得到的。

要使绘制的立面图生动，除设计方案本身，不同宽度线条的应用以及立面图的细节也非常重要。下面以附图 A-2 为例学习有关绘制立面图的命令和相关技巧。

创建立面图层及
绘制立面轮廓线

## **6.1** **图形绘制前的准备——建立图层**

新建一个图形并将其命名为"立面图"，利用"图层特性管理器"建立图 6-1 所示的图层。

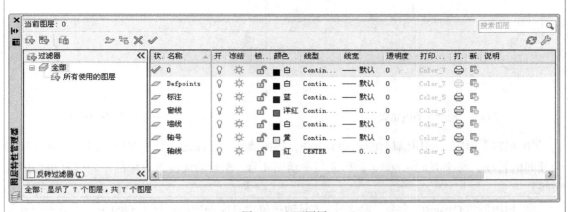

图 6-1　立面图层

对于图层的建立不是越多越好，而是以分类明确够用为原则。

## 6.2 图形绘制前的准备——绘制立面轮廓线

将"墙线"图层置为当前图层。

附图 A-2 所示的立面图的轮廓有 4 条，分别为地坪线、左右山墙线以及屋顶线。建筑制图标准规定，地坪线为特粗线，其他 3 条线为粗线，在此可以先不考虑线宽，图形完成后，再统一用多段线设定线宽。

绘制立面图轮廓线有多种方法，此处采取先绘制矩形、再分解，最后延伸地坪线的方法来完成。

其具体操作步骤如下。

① 在命令行提示下，输入 rectangle(rec)并按"空格"键。

② 在指定第一个角点或[倒角(C)/标高(E)/圆角(F)/厚度(T)/宽度(W)]：提示下，单击图框内左下方一点（确定矩形左下角点）。

③ 在指定另一个角点或[面积(A)/尺寸(D)/旋转(R)]：提示下，输入@25700，12700 并按"Enter"键（确定矩形右角点）。参看附图 A-1 和附图 A-2 所示的尺寸。

④ 启动 Explode(X)命令将矩形打散。

⑤ 在矩形左、右下角分别用 Line 命令绘制两条短的辅助线，如图 6-2 所示。

⑥ 在命令行的提示下，输入延伸 extend(ex)后按"Enter"键。

⑦ 在选择对象或 <全部选择>：提示下，选择两条短辅助线后按"空格"键。

⑧ 在选择要延伸的对象，或按住 Shift 键选择要修剪的对象，或[栏选(F)/窗交(C)/投影(P)/边(E)/放弃(U)]：提示下，分别单击矩形下边的两端之后按"空格"键（形成立面图的室外地坪线）。

⑨ 启动 Erase(E)命令删除两条辅助线。

⑩ 观察平面图，利用 Offset(O)命令，将左右山墙分别向里复制 370，形成山墙壁柱。

完成上述操作后，结果如图 6-3 所示。

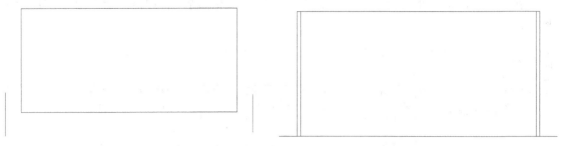

图 6-2　绘制立面图轮廓　　　　　　　　　　图 6-3　绘制左右山墙壁柱

⑪ 观察平面图，利用偏移 Offset(O)命令，将山墙壁柱里面的线分别向里复制 10 800（即 3 个开间的长度，每个开间 3 600），形成与平面图 4 号、5 号轴线位置对应的中间壁柱里面的两条线。

⑫ 利用偏移 Offset(O)命令，将 4 号、5 号轴线位置对应的中间壁柱里面的两条线分别向外复制 240（根据平面图 4 号、5 号轴线对应的墙体为 240），形成中间壁柱外面的两条线。

⑬ 轴线与轴号的平面图是可以通用的，打开上一章的平面图，选中轴线、轴圈、轴号，同时将标高也选中，通过"带基点复制"到本图中，基点选中平面图 1 号轴墙体的左下角。粘贴到

本图中，最后完成后的结果如图 6-4 所示。

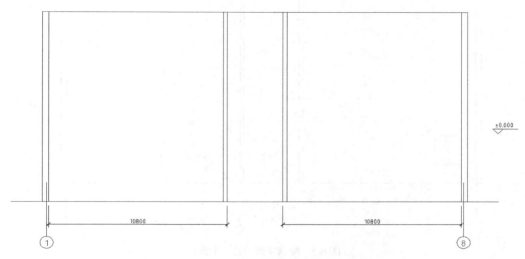

图 6-4 绘制 4 号、5 号轴线位置对应的中间壁柱

# 6.3 绘制立面图的窗户

观察附图 A-1～附图 A-2 所示可知，每个开间的窗户大小一致，尺寸为 1 500×1 800，每个窗户的位置都一致，每个窗户的间距为 3 600，并且每层的层高都为 3m，这样就可以先绘好左下角的一个窗户，然后执行 Arrayclassic(AR)命令完成全部窗户的绘制。

绘制立面图窗户，窗台、窗楣及
挑檐等线，门厅及上部的小窗等

其具体操作步骤如下。

① 在命令行提示下，输入 line(l)后按"空格"键。

② 在指定第一个点：提示下，捕捉点 A 后单击鼠标左键。

③ 在指定下一点或[放弃(U)]：提示下，输入@930，1200 后按"空格"键。

④ 在命令行的提示下，输入 rectang（rec）后按"空格"键。

⑤ 在指定第一个角点或[倒角(C)/标高(E)/圆角(F)/厚度(T)/宽度(W)]：提示下，单击点 B。

⑥ 在指定另一个角点或[面积(A)/尺寸(D)/旋转(R)]：提示下，输入@1500，1800 后按"空格"键。完成后的结果如图 6-5 所示。

① 删除线 AB，执行 Zoom(Z)命令，将窗洞局部放大。

② 根据图 A-2 所示的窗户细部尺寸，启动 Line(L)、Offset(O)和 Trim(TR)命令完成此窗的细部。

图 6-5　绘制立面图的一个窗户

③ 启动 Pedit(PE)命令，将窗洞 4 条线加粗，结果如图 6-6 所示。

④ 启动 Arrayclassic 命令将整个窗洞向上、向右阵列，行数为 4，列数为 7，行间距为 3 000（层高），列间距 3 600（开间）。

⑤ 在指定第一个角点或[倒角(C)/标高(E)/圆角(F)/厚度(T)/宽度(W)]：提示下，单击点 B。

⑥ 在指定另一个角点或[面积(A)/尺寸(D)/旋转(R)]：提示下，输入@1500，1800 后按"空格"键，结果如图 6-7 所示。

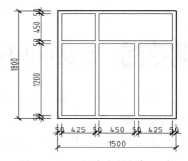

图 6-6　立面图窗户的细部尺寸

图 6-7　绘制立面图的其他窗户

## 6.4 绘制窗台、窗楣及挑檐等线

其具体操作步骤如下。

① 启动 Offset(O)命令，将立面图的上轮廓线向下偏移 400，形成檐口。

② 在指定第一个点：提示下，打开极轴，通过左上窗户的上窗洞线的左端点向线 C 追踪，找到交点后单击鼠标左键。

③ 在指定下一点或[放弃(U)]：提示下，通过左上窗户的上窗洞线的右端点向线 D 追踪，找到交点后单击鼠标左键。

④ 启动 Offset(O)命令，将刚刚画的窗洞延长线向下偏移 1 800。

⑤ 将两条延长的窗洞线分别向上、向下各偏移 120，开成一个窗台和一个窗楣。

⑥ 启动 Copy(Co)命令将绘好的窗台、窗楣 4 条线向下复制 3 次，距离分别为 3 000、6 000 和 9 000。结果如图 6-8 所示。

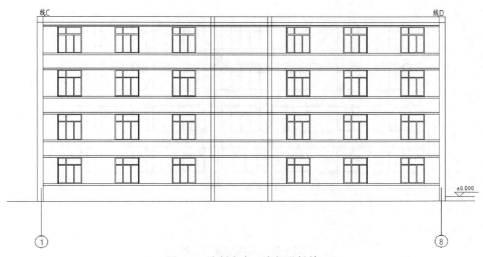

图 6-8 绘制窗台、窗楣及挑檐

## 6.5 绘制门厅及上部的小窗等

其具体操作步骤如下。

① 根据图形分析，上部的小窗尺寸为 3 360×1 800。

② 启动 Zoom(Z)命令，将窗洞局部放大。

③ 根据附图 A-2 的窗户细部尺寸，绘制矩形 3 600×1 800，然后启动分解命令 X，启动 Divide 命令，将窗上洞线等分为 5 等分。

④ 启动 Offset(O)、Trim(TR)、Line(L)命令完成此窗的细部绘制。

⑤ 启动 Pedit(PE)命令，将窗洞 4 条线加粗，结果如图 6-9 所示，将这个窗复制到其他的位置。

⑥ 根据同样的方法，完成门厅部分的局部图形的绘制，结果如图 6-10 所示。

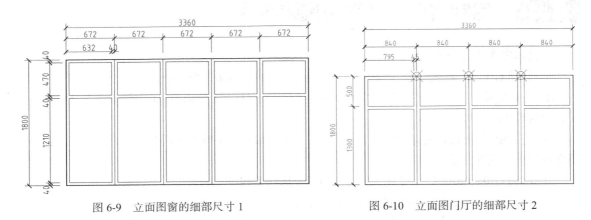

图 6-9　立面图窗的细部尺寸 1　　　　图 6-10　立面图门厅的细部尺寸 2

⑦ 最后把多余的线剪完，效果如图 6-11 所示。

图 6-11　完成小窗的绘制

## 6.6　绘制台阶以及轮廓线宽加粗线

其具体操作步骤如下。

根据平面图形和附图的立面图分析，立面图的门厅前有两个台阶，而室内外的高度差为 0.3m，所以每步台阶的高度应该是 0.15m。

① 启动 Offset(O)命令，将室外地坪线向上偏移 150 两次。

② 启动 Offset(O)命令，将 4 号、5 号轴线对应的壁柱的外侧墙线分别向外偏移 480 和 300（根据平面图的标注读出），结果如图 6-12 所示。

③ 启动 Offset(O)命令，将 8 号轴线对应的壁柱的外侧墙线分别向外偏移 1 200 和 300（根据平面图的标注读出），结果如图 6-13 所示。

绘制台阶以及轮廓线宽加粗线

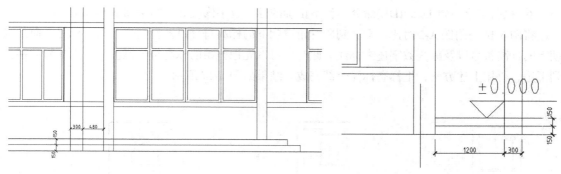

图 6-12　绘制台阶 1　　　　　　　　　　　　图 6-13　绘制台阶 2

④ 启动 Trim(Tr)命令，将多余的的线修改好，同时把门厅上没有延伸到 0.000 平面的线，拉伸过去。

⑤ 启动 Pedit(Pe)命令来把轮廓线加粗至 50，室外地坪线属于特粗线，加粗至 100。完成后的效果如图 6-14 所示。

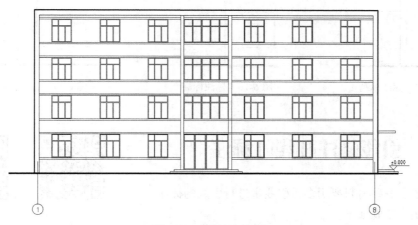

图 6-14　绘制门厅细部

## 6.7　标高标注

立面上的标注有文本标注和标高标注，文本标注主要采用引线标注和 Dtext，下面进行标高标注。其具体操作步骤如下。

① 启动 Move(M)命令，将标高符号移动到±0.000 线的合适位置，并对标高符号、±0.000 引出线及数字±0.000 进行适当调整。

② 在命令行的提示下，输入 copy(co、cp)并按 "Enter" 键。

标高标注

③ 在选择对象：提示下，选择标高符号、引出线及数字。

④ 在指定基点或[位移(D)/模式(O)] <位移>：提示下，移动鼠标在标高符号的引出线和标高符号的交点处单击鼠标左键。

⑤ 在指定第二个点或[阵列(A)] <使用第一个点作为位移>：提示下，进行多重复制，复制距离分别为 900、3 900、6 900、9 900 和 12 400，结果如图 6-15 所示。

⑥ 执行文字编辑 Dedit(DE)命令，将不正确的标高数字修改好，结果如图 6-16 所示。

将图 6-16 与附图 A-2 对比，会看到所有角点朝下的标高符号以及标高数字已经标好，而角点朝上的标高符号以及标高数字还未标注。此时，可以先把原始的标高符号镜像，并将标高数字移到下边，再用上述方法，把标高标注全部完成。结果如图 6-17 所示。

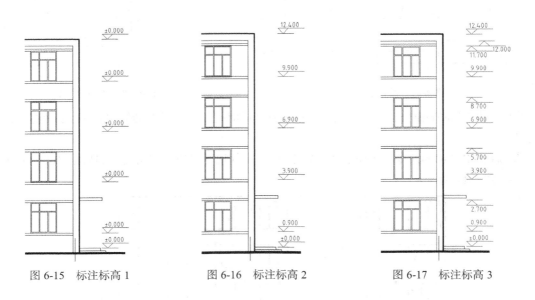

图 6-15　标注标高 1　　　　图 6-16　标注标高 2　　　　图 6-17　标注标高 3

## 6.8　引线标注和线性标注

立面上还有一些材料要用多重引线来进行引线的标注。其具体操作步骤如下。

① 执行"格式"/"多重引线样式"菜单命令，打开"多重引线样式管理器"对话框，如图 6-18 所示。

（1）　　　　（2）

引线标注和线性标注

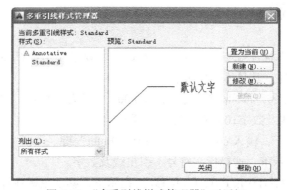

图 6-18　"多重引线样式管理器"对话框

② 单击"修改"按钮，进入"修改多重引线样式：Standard"对话框，如图 6-19 所示。

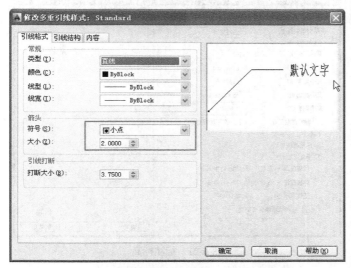

图 6-19  "修改多重引线样式：Standard"对话框

③ 在对话框中，默认打开"引线格式"选项卡，在"箭头"项单击"符号"下拉菜单，选择"小点"，同时修改其大小为"2.0000"。

④ 切换到"引线结构"选项卡，在"比例"选项区，修改"指定比例"为"100"，如图 6-20 所示。

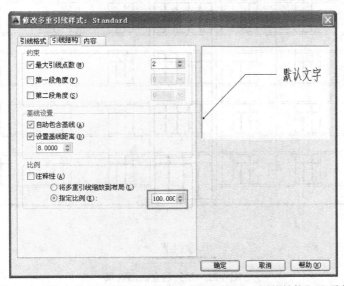

图 6-20  "修改多重引线样式：Standard"对话框之"引线结构"选项卡

⑤ 切换到"内容"选项卡，在"文字选项"区，修改"文字高度"为"3.5"，如图 6-21 所示，最后单击"确定"按钮，并且再返回"多重引线样式管理器"对话框，单击"置为当前"按钮，将修改好的样式置为当前。

图 6-21　标注标高

⑥ 执行"标注"/"多重引线"菜单命令，依照附图 A-2 进行材料的标注。默认的引线标注为一个节点，可以执行"修改"/"对象"/"多重引线"/"添加引线"菜单命令完成。

完成左边的一些线性尺寸标注，然后把图名完善，最终得到的立面图效果如图 6-22 所示。

图 6-22　最终的立面图效果

# 练 习 题

**上机练习题**

利用绘图、修改、标注等命令抄绘图 6-23 所示的建筑施工图。

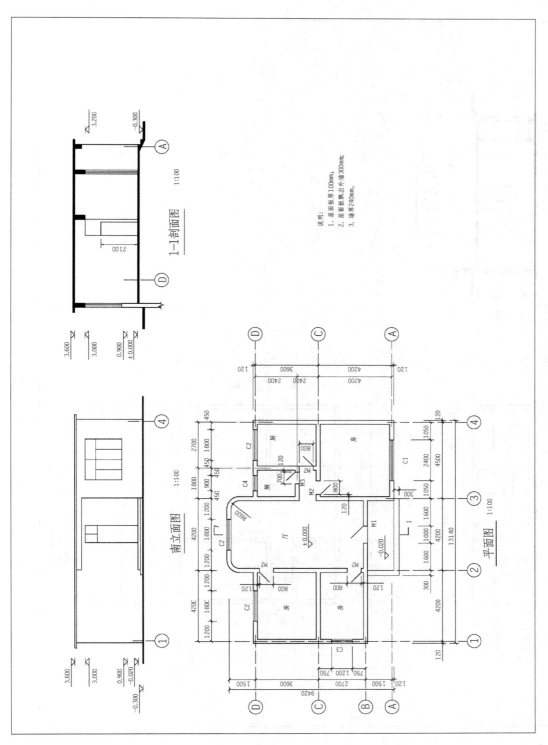

图 6-23　立面图 1

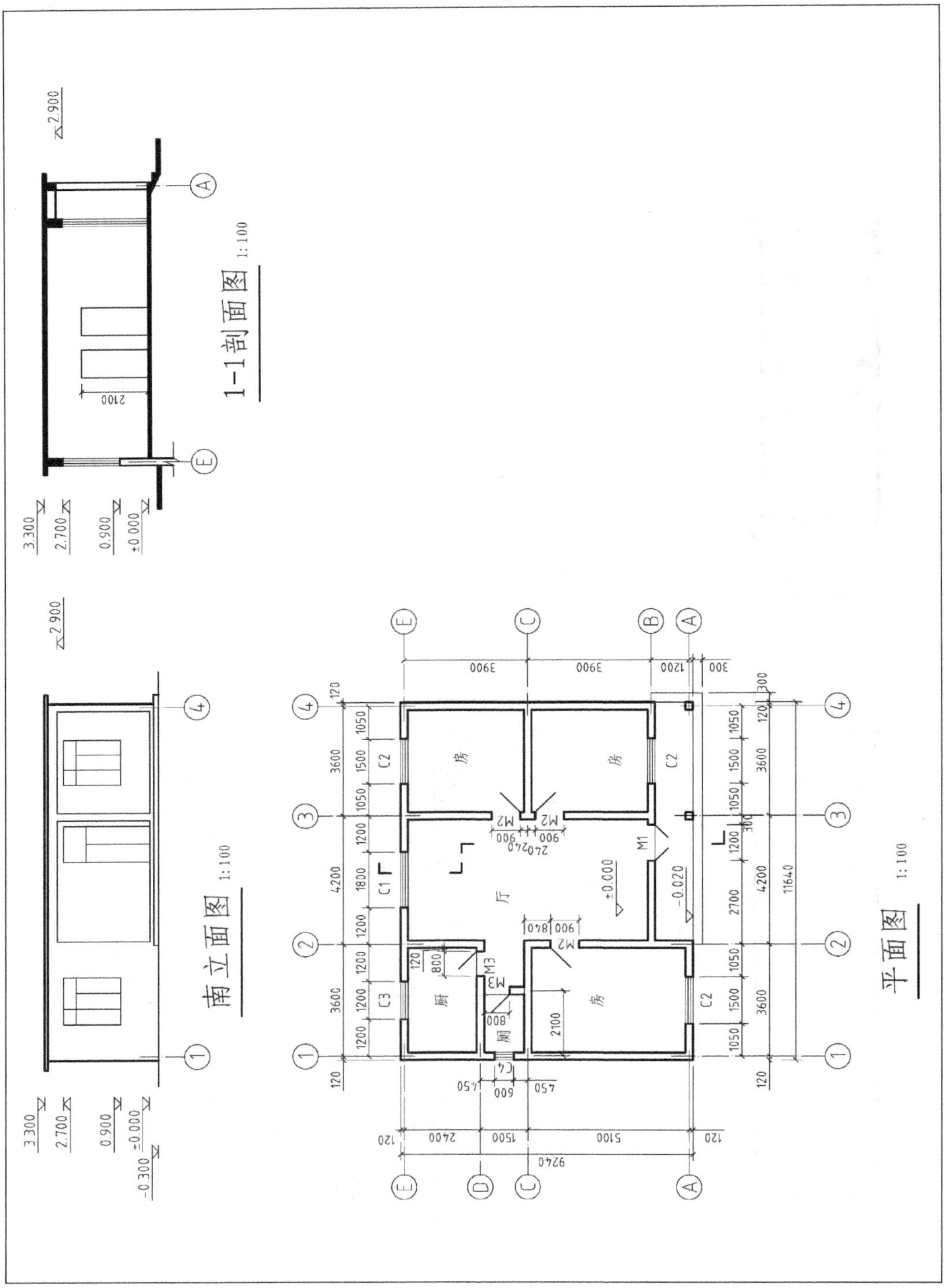

1—1 剖面图 1:100

南立面图 1:100

平面图 1:100

图 6-23 立面图 1（续）

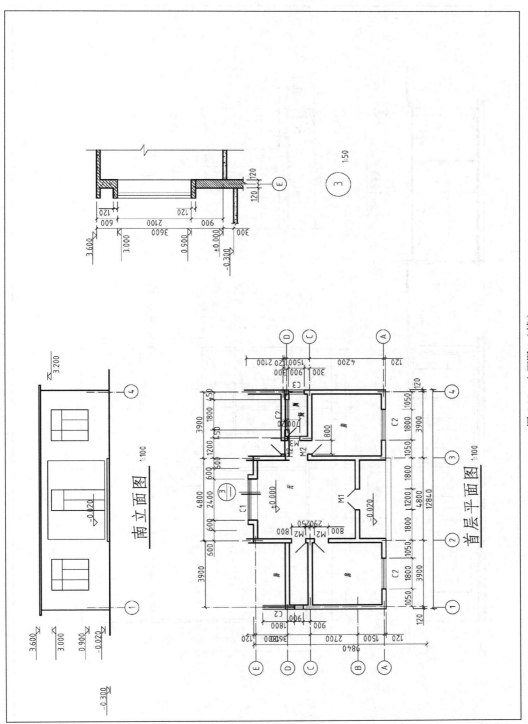

图 6-23 立面图 1（续）

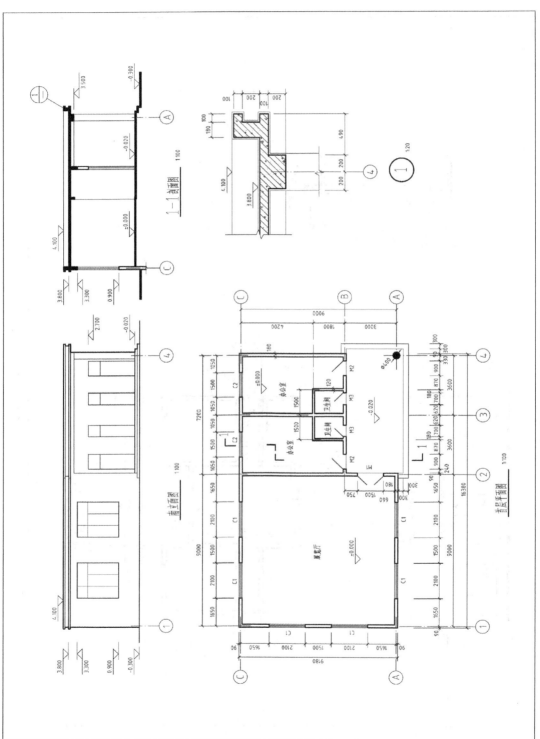

图 6-23　立面图 1（续）

# 第7章

## 绘制楼梯详图

本章将以楼梯详图的绘制为例，学习如何利用已有的图形，方便、快捷地生成新图，为绘制楼梯详图提供一种捷径，充分体现 AutoCAD 绘图的优越性。

楼梯平面图、楼梯剖面图及楼梯详图可放在同一张 A3 图纸中，由附图 A-3 可知，它们的绘制比例分别是 1：100、1：50、1：20，下面将分别按此绘图比例来绘制楼梯详图。

## 7.1 绘制楼梯平面图

楼梯平面图有 3 个（底层平面图、标准层平面图、及顶层平面图），三者之间有许多部分都相同，因此我们只选择"底层平面图"作为重点学习对象，其余两个平面图通过复制，再局部修改即可完成。在第 5 章绘制建筑平面图时，已绘制过楼梯间，现在可以把楼梯平面图的楼梯间部分剪切下来，直接调用并修改即可。

其具体操作步骤如下。

① 启动"打开"命令，将"底层平面图"打开，并将楼梯间部分局部放大。

绘制楼梯平面图

② 启动 Rectang（REC）命令，绘制矩形线框，如图 7-1 所示。

③ 启动 Trim（TR）命令，将线框外的线条全部剪断，如图 7-2 所示。

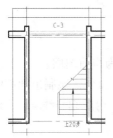

图 7-1　绘制矩形线框

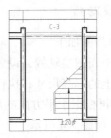

图 7-2　修剪线框外的线条

④ 启动 Pedit（PE）命令，将所有墙线的线宽改为25。

⑤ 启动 Erase（E）命令，删掉矩形线框，并在各墙体断开处绘上折断符号。

⑥ 标注尺寸、图名、比例及轴线圈编号，结果如图7-3所示。

⑦ 启动 Line（L）及 Pedit（PE）命令，绘制剖切符号。绘制好标准层楼梯平面图以后，将它分别向左、向右方向各复制一个，即可形成"底层楼梯平面图""顶层楼梯平面图"，再将其进行局部修改，最后结果如图7-3所示。

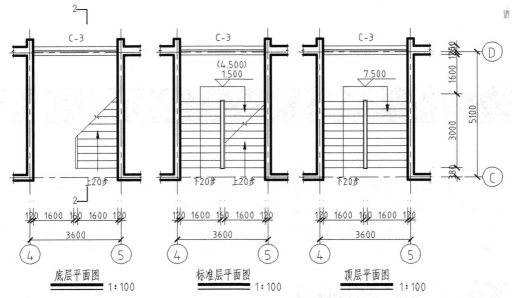

图 7-3  底层、标准层、顶层楼梯平面图

## 7.2  绘制楼梯剖面图及节点详图

由于该学生宿舍楼为4层建筑物，1~4层各楼梯段相同，在此只详细绘制一层楼梯段，其余楼梯段可通过复制得到。

### 7.2.1  绘制楼梯剖面图

1. 绘制辅助线

其具体操作步骤如下。

① 建立一个新图层轴线，设置成红色点画线，并将其设为当前图层。

② 根据图上的标高尺寸，执行 Line（L）及 Offset（O）命令，绘制出地面线1、平台线2以及楼面线3，再根据水平方向的尺寸，绘制轴线C、轴线D、台阶起步线4、平台宽度线5和D轴墙体轮廓线，如图7-4所示。

③ 启动 Layer（LA）命令，新建"楼梯"图层并将其设置为当前层。

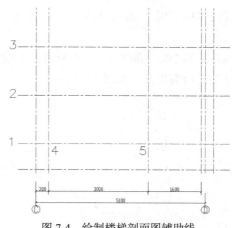

绘制楼梯剖面
辅助线

图 7-4　绘制楼梯剖面图辅助线

## 2．绘制踏步

其具体操作步骤如下。

① 打开极轴，启动 Line（L）命令，绘制一个高为 150、踏面宽为 300 的踏步。

② 启动 Copy（CO、CP）命令，通过端点捕捉，将一组踏步一一复制上去。

③ 启动 Line（L）命令，绘制一条线，将最上一级踏步延伸到墙线，形成宽 1600 的平台，再执行 Line（L）命令绘制地面线。

④ 启动 Pedit（PE）命令的 J 选项，将所有踏步连成一体并设置线宽为 20，如图 7-5 所示。

⑤ 启动 Mirror（MI）命令，将所有的踏步以及地面线镜像（镜像线为线 2）。

⑥ 启动 Pedit（PE）命令的 W 选项，将第二梯段宽度改为 0，如图 7-6 所示。

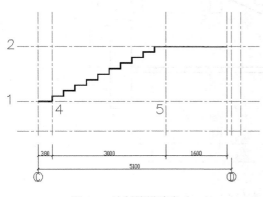

图 7-5　绘制楼梯踏步（一）

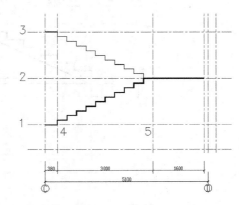

图 7-6　绘制楼梯踏步（二）

## 3．绘制其他轮廓线

其具体操作步骤如下。

① 启动 Line（L）命令，绘制一条斜线。

② 启动 Offset（O）命令，将斜线向右下偏移 100，如图 7-7 所示。

③ 启动 Offset（O）命令，将线 1 向下偏移两次，距离分别为 100 及
250，形成平台厚度及平台梁高度。

绘制楼梯其他
轮廓线

④ 启动 Offset（O）命令，将线 2 向下偏移两次，距离分别为 100 及 350，形成地面厚度及地梁高度。

⑤ 启动 Offset（O）命令，将线 5 向右复制 200，将线 4、线 6 分别向左偏移 200，将线 7 向右偏移 120，形成地梁、平台梁的宽度以及窗台突出线，如图 7-8 所示。

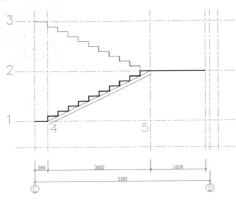

图 7-7　绘制楼梯其他轮廓线（一）　　　　图 7-8　绘制楼梯其他轮廓线（二）

⑥ 启动 Pline（PL）命令，线宽为 20，依次连接各交点，如图 7-9 所示。

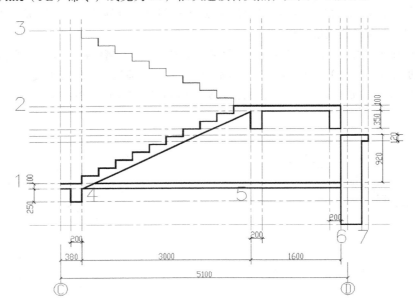

图 7-9　绘制楼梯其他轮廓线（三）

⑦ 启动 Erase（E）命令，将多余的辅助线及时删掉。

⑧ 启动 Offset（O）命令，将第一梯段（包括地面线、踏步线、平台线）向上复制 20。

⑨ 启动 Pedit（PE）命令的 W 选项，将新偏移过来的线宽度改为 2 使其成为细线，形成抹灰线。

⑩ 启动 Line（L）命令，绘制斜线，将斜线向左下偏移 100，第二梯段的踏板底线的绘制完成。

⑪ 启动 Tirm（Tr）命令将一些不要的线修剪好。完成后的结果如图 7-10 所示。

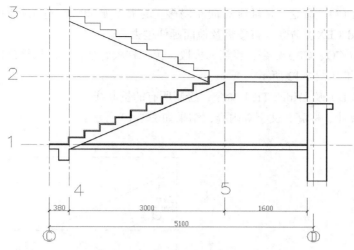

图 7-10　绘制楼梯其他轮廓线（四）

## 4. 填充材料图例、完成楼梯剖面图

（1）　　　　　（2）　　　　　（3）

填充材料图例、完成楼梯剖面图

其具体操作步骤如下。

① 关闭暂时不用的图层，执行 Layer（LA）命令，新建"剖面材料"图层并将其轴线图层设为当前图层。

② 启动 Bhatch（BH）命令，填充材料图例，完成第一层至第二层楼梯的剖面绘制，如图 7-11 所示。

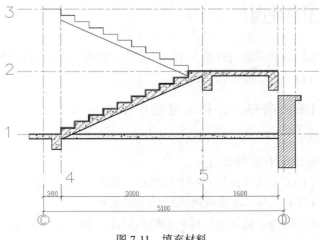

图 7-11　填充材料

③ 启动 Offset（O）命令，将轴线 C 向左偏移一定距离（300），作为折断线位置。

④ 启动 Extend（EX）命令，将楼板及地面延伸过去。

⑤ 启动 Copy（CO、CP）命令，将第一梯段、第二梯段、平台、二层楼面向上复制 3 000 并做局部的修改，结果如图 7-12 所示。

⑥ 启动 Line（L）及 Trim（TR）命令，绘制所有的折断线。

⑦ 最后标注尺寸、标高、文字等内容，结果如图 7-13 所示。

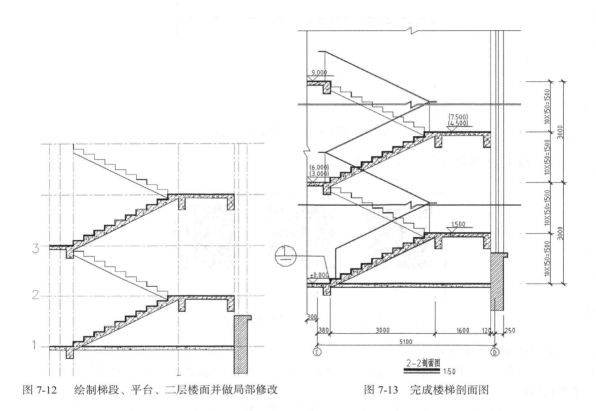

图 7-12　绘制梯段、平台、二层楼面并做局部修改　　　　图 7-13　完成楼梯剖面图

## 7.2.2　绘制楼梯节点详图

楼梯节点详图是楼梯剖面图的局部放大图，不必专门绘制，只需要将剖面图的局部剪下，按一定的比例放大，再进行一些必要的修改即可。

### 1. 剪切楼梯剖面图局部，并插入当前图中

其具体操作步骤如下。

① 将剖面图的第一梯段位置局部放大。

② 启动 Rectang（REC）命令，绘制一个矩形框，如图 7-14 所示。

③ 启动 Explode（X）命令，将线框内的材料图例炸开。

④ 启动 Trim（TR）命令，将矩形线框外的线条剪掉，如图 7-15 所示。

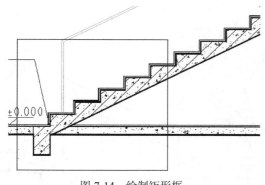

图 7-14　绘制矩形框

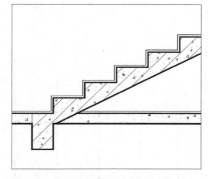

图 7-15　修剪掉矩形框外的全部线条

⑤ 启动 Wblock（W）命令，将线框内的实体以块的方式保存起来，命名为"楼梯大样"。

⑥ 启动 Insert（I）命令，将文件"楼梯大样"插入前面绘制的楼梯平面图中，插入比例为 1，结果如图 7-16 所示。

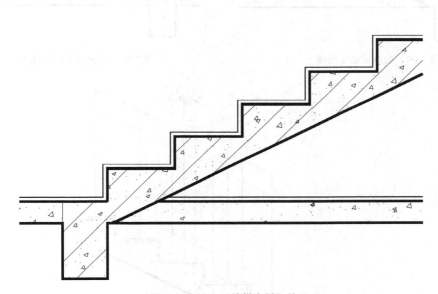

图 7-16　插入"楼梯大样"块

## 2．绘制辅助定位线

根据附图 A-3 所示的尺寸绘制辅助定线。其具体操作步骤如下。

① 启动 Layer（LA）命令，将"轴线"图层置为当前图层。

② 启动 Line（L）命令，从踏步的端点向中间追踪 150 确定起点，向上绘制长度为 900 的直线作为栏杆的辅助定位线，如图 7-17 所示。

③ 启动 Copy（CO）命令，复制其他的辅助定位线。

④ 启动 Line（L）命令，将上面绘制的辅助定位线的最下面端点连线，并分别向上复制 150、750 和 900 三条倾斜的辅助定位线，如图 7-18 所示。

⑤ 启动 Offset（ O ）命令，将辅助定位线 a、b 分别向两侧偏移 80，完成后的结果如图 7-19 所示。

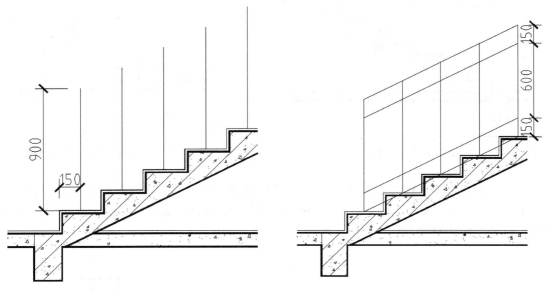

图 7-17　绘制辅助定位线（一）　　　　　　　图 7-18　绘制辅助定位线（二）

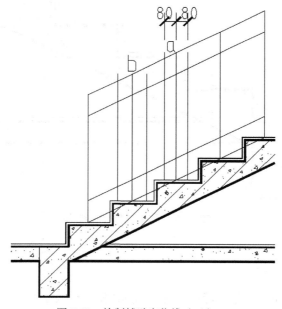

图 7-19　绘制辅助定位线（三）

### 3. 绘制楼梯扶手和其他细部

楼梯扶手和其他细部的绘制比较简单，主要是用多线 Mline（ML）命令绘制。

① 在命令行提示下，输入多线 mline（ml），执行多线命令。

② 在指定起点或 [对正(J)/比例(S)/样式(ST)]：提示下，输入 J 后按 "空格" 键。

③ 在输入对正类型 [上(T)/无(Z)/下(B)] <上>：提示下，输入 Z 后按 "空格"键。

④ 在指定起点或 [对正(J)/比例(S)/样式(ST)]：提示下，输入 S 后按 "空格"键。

⑤ 在输入多线比例 <20.00>：提示下，输入 50 后按 "空格"键。

⑥ 在指定起点或 [对正(J)/比例(S)/样式(ST)]：提示下，沿着作定位辅助线，依次确定多线的端点。

⑦ 按照同样的方法，设置多线宽度为 16，根据之前作的辅助定位线，绘出花栏杆，如图 7-20 所示加粗部分。

⑧ 启动 Mline（ML）、Xplode（X）、（Trim）等相关的命令将多余的线修剪好。同时将中间的辅助定位图层设为 "扶手"图层。

⑨ 绘制折断线，将不要的修剪掉。再将多余的线删去。

最终完成后的效果如图 7-21 所示。

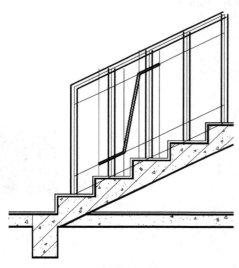

图 7-20　多线绘制栏杆扶手（一）

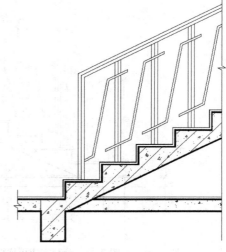

图 7-21　多线绘制栏杆扶手（二）

由于此图是大样图，比例比楼梯平面图（1∶100）要大，所以将此大样图与楼梯平面图一起放置在图纸内，此大样图的比例为 1∶20，而平面图的比例为 1∶100，故应该将此图形放大 5 倍 ，再进行标注。图形放大了，但是尺寸标注是标注它本身的尺寸，所以放大 5 倍后，应该调整尺寸标注的比例因子，把比例因子改为 0.2。

其具体操作步骤如下。

① 启动 Scale（SC）命令，选中已经绘制好的图形后按 "空格"键，输入比例因子 5。

② 在楼梯平面图的标注的样式（即建筑标记）的基础上，新建 "建筑标记（0.2）"标注样式，将 "主单位"中的比例因子由 1 改为 0.2（图形放大了，要标注回原来的尺寸，即比例因子要缩小），如图 7-22 所示。

③ 打开标注工具栏，最后标注尺寸、标高、文字内容等。

最后结果如图 7-23 所示。

绘制栏杆扶手

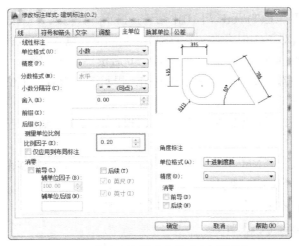

图 7-22　修改标注样式中的"比例因子"

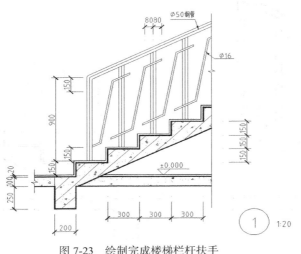

图 7-23　绘制完成楼梯栏杆扶手

绘制完成楼梯
栏杆扶手

## 7.3　将绘制好的图形插入到同一张图纸中

　　建筑制图相关标准规定，同一张图纸中，无论图像大小，它们的线宽应该保持一致。如果将绘制好的图比例以楼梯平面图 1：100 为基准，那么楼梯剖面图及节点详图的线宽必须与主图（楼梯平面图）保持一致，均为 100。

　　在上面，我们已经将楼梯平面图（比例 1：100）及节点详图（比例 1：20）绘制完成。下面就将绘制好的楼梯剖面图（比例 1：50）也放置到同一张图纸中。

　　首先，将绘制好的楼梯剖面图以图块的形式存盘，并且将它们插入到主图（楼梯平面图）中，为了保持与主图（楼梯平面图）的文字标注与粗线线宽一致，可以将剖面图块放大 2 倍，再进行分解（炸开），分解后尺寸标注会发生改变，图形放大后要让尺寸按实际的尺寸标注，可以在楼梯平面图的标注样式（即建筑标

将绘制好的图形插入到同一张图纸中

记）的基础上，新建"建筑标记（0.5）"标注样式，将"主单位"中的比例因子由 1 改为 0.5（图形放大了，要标注回原来的尺寸，即比例因子要缩小）。

最后完成结果如图 7-24 所示。

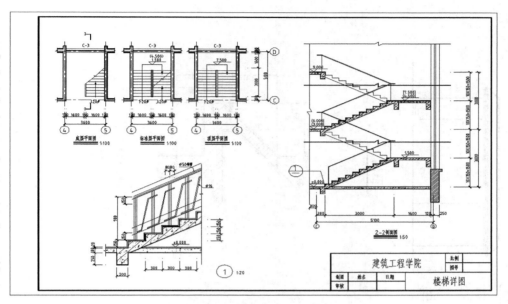

图 7-24　楼梯平面图、剖面图、节点大样图

# 练 习 题

**上机练习题**

（1）利用绘图、修改、标注等命令抄绘图 7-25 所示的大样图。

图 7-25　节点大样图

（2）利用绘图、修改、标注等命令抄绘图 7-26 所示的大样图。

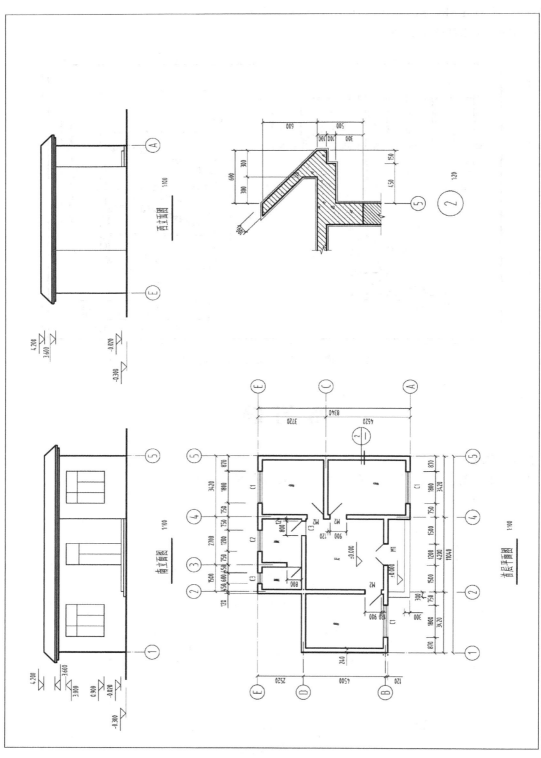

图 7-26  大样图

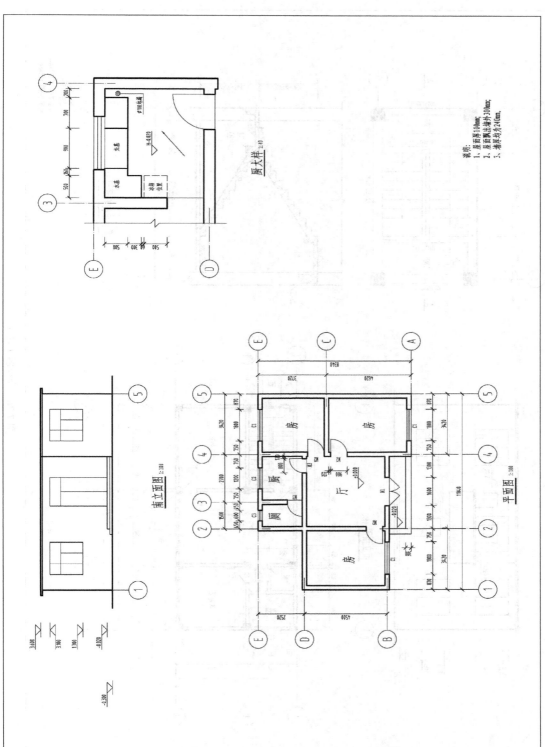

图 7-26　大样图（续）

说明：
1. 屋面厚100mm；
2. 屋面飘出墙外300mm；
3. 墙厚均为240mm。

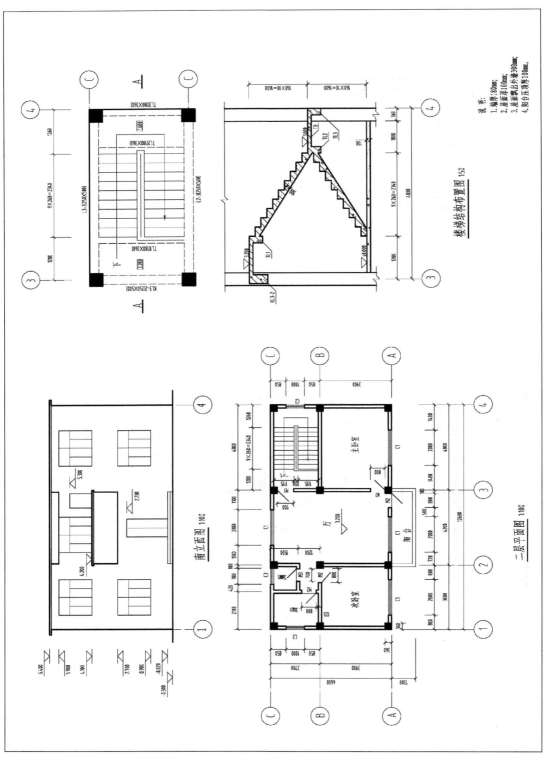

图7-26 大样图（续）

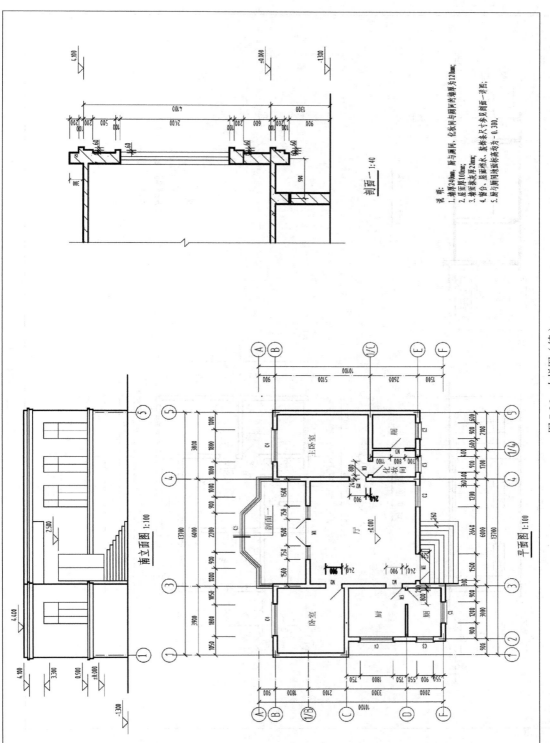

图7-26 大样图（续）

251

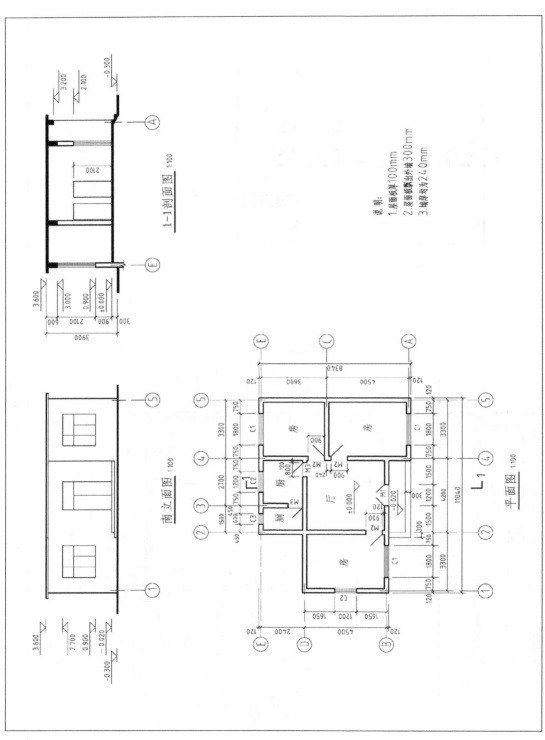

图 7-26  大样图（续）

第**8**章

# 图形的打印及输出

图纸是联系设计师和工程师的桥梁，图形绘制完成之后，为了便于查看、对比、参照和资源共享，通常对现有图形进行布局设置，打印输出到图纸上。在 AutoCAD 2014 中，打印图形可以采用两种途径：通过模型空间打印图形和通过布置空间打印图形。

AutoCAD 2014 强化了其网络功能，使其与互联网相关的操作更加方便、高效。打印或发布的图形需要指定许多定义图形输出的设置和选项。为节省时间，可以将这些设置另存为命名的页面设置。用户可以使用"页面设置管理器"将命名的页面设置应用到图纸空间布局中。

由于 AutoCAD 的特殊性，绘图范围不受限制，而且视图可以随意放大或缩小，初学者对绘制图形的大小和比例取值无法准确把握，在图形输出时经常会弄不清楚绘图比例和出图比例的关系，导致图纸输出后出现很多问题。下面首先介绍有关手工绘图和 AutoCAD 绘图的不同，再介绍 CAD 是如何打印图形的。

## 8.1 手工绘图和 AutoCAD 绘图

### 8.1.1 绘制尺寸

以建筑平面图为例，出图比例为 1∶100，手工绘图时如果绘制工程中实际长为 3 600mm 的墙体，根据出图比例为 1∶100，也就是图纸上的 1mm 代表实际尺寸 100mm，我们在图纸上绘制的墙体长度应该是 36mm。AutoCAD 绘图时，为了避免手工绘出时的计算比例的麻烦，我们一般都直接按照 1∶1 绘制，也就是说，我们绘制的墙体长度按照实际长度取值，即 3 600mm。待图纸绘制完毕后，我们在图形输出时设置出图比例为 1∶100，出图时 1mm 等于图纸中的 100 个单位，即 100mm。这样输出的图纸大小与手工绘制完全相同。

再以建筑节点详图为例，出图比例为 1∶20。手工绘图时，如果绘制厚度为 240mm 的墙体，我们在图纸上绘制的墙体厚度是 12mm。AutoCAD 绘图时，我们绘制的墙体厚度仍为 240mm，但是在图形输出设置出图比例为 1mm 等于图纸中 20 个单位，即 20mm。

因此我们在 AutoCAD 绘图时，凡在实际工程中的尺寸都可以按照实际尺寸 1∶1 绘制，不需要换算，在图形输出时设置好出图比例就可以了。

### 8.1.2　设置线宽

以建筑平面图为例，出图比例为 1∶100，平面图中的墙线为粗线，线宽为 0.5mm。手工绘图时，绘制的墙线线宽就是 0.5mm。AutoCAD 绘图时，由于绘图比例和出图比例的不同，线宽需要换算。当我们采用绘图比例 1∶1，对于 0.5mm 的墙线，设置线宽 0.5mm×100=50mm。待图纸绘制完毕后，我们在图形输出时的设置比例为 1∶100，出图时 50mm 的线宽缩小为 1/100，成为 0.5mm，这样输入后的线宽大小与手工绘图相同。

再以建筑节点详图为例，出图比例为 1∶20。手工绘图时，墙身详图中的墙线为粗线，线宽为 0.5mm。手工绘图时，绘制的墙线线宽就是 0.5mm，AutoCAD 绘图时，当我们采用绘图比例 1∶1，对于 0.5mm 的墙线，设置线宽为 0.5mm×20=10mm。待图纸绘制完成，我们在图形输出时设置出图比例为 1∶20，出图时，10mm 宽度的线缩小 1/20，成为 0.5mm。

因此，我们在用 AutoCAD 绘图时，线宽的设置必须根据绘图比例和出图比例的关系进行换算。

### 8.1.3　设置文字高度

以建筑平面图为例，出图比例为 1∶100，图名字高 7mm。手工绘图时，字高就是 7mm。AutoCAD 绘图时，由于绘图比例和出图比例的不同，字高需要换算，当我们采用绘图比例 1∶1，则设置字高为 7mm×100=700mm。因此，我们在 AutoCAD 绘图时，字高的设置必须根据绘图比例和出图比例的关系进行换算。

　在尺寸标注样式中，我们设置的字高、偏移量、箭头大小等尺寸都是以实际出图后的数字设定。这是由于标注样式中有一个全局比例，可以进行调整，所以不需要对文字高度、偏移量、箭头大小都进行换算，避免麻烦。

总而言之，在 AutoCAD 绘图过程中，我们对工程中的实物尺寸，都可以直接按照实际尺寸 1:1 绘制，但是对于图纸中由于制图标准要求而添加的内容，如线宽、文字、填充图案、索引符号等的大小，我们在绘图时，必须根据绘图比例和出图比例的关系进行调整。等图纸全部完成后，在图纸输出通过设置出图比例来完成与手工绘图相同的效果。

## 8.2　模型空间和布局空间

图形的每个布局都代表一张单独的打印输出图纸，用户可以根据设计需要创建多个布局来显示不同的视图，而且可以在布局中创建多个浮动视口，对每个浮动视口中的视图设置不同的打印比例，也可以控制图层的可见性。

### 8.2.1　模型空间与图纸空间的概念

模型空间和图纸（布局）空间是 AutoCAD 中两个具有不同作用的工作空间：模型空间主要用于图形的绘制和建模，图纸（布局）空间主要用于在打印输出图纸时对图形进行排列和编辑。

模型空间是 AutoCAD 2014 图形处理的主要环境，是一个三维空间，通常图形的绘制与编辑工作在模型空间中进行的，它提供了一个无限大的绘图区域，一般来说，用户可以在模型空间完成其主要的设计构思。在此需要注意，永远按照 1∶1 的实际尺寸进行绘图。在模型空间内只能以单视口、单一比例输出图形。

图纸空间是一个二维空间，用来将几何模型表达到工程图，专门用于出图。图纸空间又称为"布局"，是一种图纸空间环境，它模拟图纸页面，提供直观的打印设置。模型空间中的布局视口类似于包含模型"照片"的相框。每个布局视口包含一个视图，该视图可以根据用户指定的比例和方向显示模型。图纸空间是进行图形多样化打印的平台，使用布局不仅可以按单视口，单一比例打印或多出比例输出，而且可以多视口、不同比例打印输出图形，使用户也可以指定在每个布局视口中可见的图层。

### 8.2.2　模型空间与图纸空间的切换

用户可以通过 AutoCAD 2014 提供的"模型"选项卡以及一个或多个"布局"选项卡进行模型空间和布局空间的切换，也可以使用在状态栏中的"模型和图纸空间"按钮进行切换。

图 8-1 所示为在绘图区域底部显示的布局和模型选项卡，即"模型"选项卡以及一个或多个"布局"选项卡。

用户可以在布局和模型选项卡上单击右键，从弹出的快捷菜单中选择"隐藏布局和模型选项卡"命令，如图 8-2 所示。设置为隐藏后，将会在状态栏中出现"模型"按钮和"布局"按钮，在按钮上单击右键，从弹出的快捷菜单中选择"显示布局和模型选项卡"命令即可显示布局和模型选项卡。

在 AutoCAD 2014 中提供了"快速查看布局"和"快速查看图形"功能，用户可以在状态栏上单击右键，从弹出的快捷菜单中选择使用。选择"快速查看布局"命令，将会弹出图 8-3 所示的快速查看窗口。用户可以在该窗口中快速查看模型空间和多个布局（图纸空间）的情况，并可通过单击操作进行空间的切换。

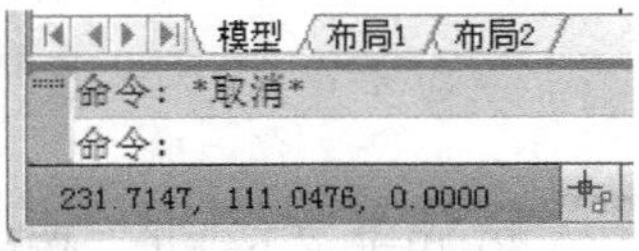

图 8-1　布局和模型选项卡

255

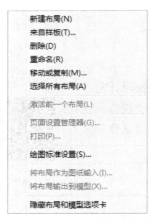

图 8-2　布局和模型选项卡快捷菜单

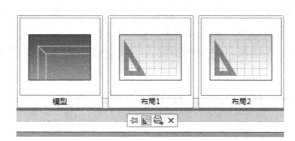

图 8-3　快速查看窗口

# 8.3　创建布局

布局空间在图形输出中占有极大的优势和地位，它模拟图纸页面，提供直观的打印设置。用户可以在图形中创建多个布局以显示不同的视图，每个布局可包含不同的打印比例和图纸尺寸等设置。布局中显示的图形与图纸页面上打印出来的图形完全一致。

在 AutoCAD 2014 中，用户可以使用"布局向导"命令以向导方式创建新的布局，步骤如下。

① 执行"插入"/"布局"/"创建布局向导"菜单命令，打开"创建布局"对话框，显示图 8-4 所示的"创建布局-开始"页面，为新布局命名。可以看到，左侧列出的是创建布局的 8 个步骤，前面标有三角符号的是当前步骤。

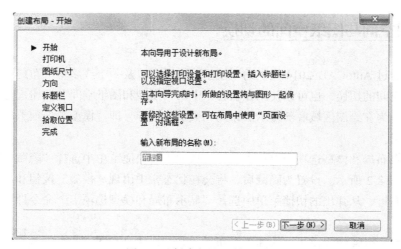

图 8-4　"创建布局-开始"页面

② 单击"下一步"按钮，显示图 8-5 所示的"创建布局-打印机"页面。该对话框用于选择打印机，读者可以从列表中选择一种打印输出设备。

③ 单击"下一步"按钮，显示"创建布局-图纸尺寸"页面，如图 8-6 所示。

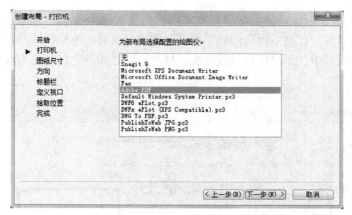

图 8-5　"创建布局-打印机"页面

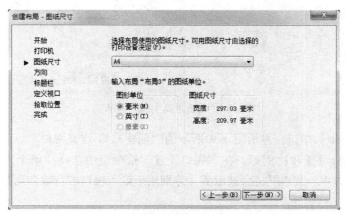

图 8-6　"创建布局-图纸尺寸"页面

　　用户可以在此页面选择打印图纸的大小并选择所用的单位。在下拉列表中列出了可用的各种格式的图纸，它是由选择的打印设备决定的。用户可以从中选择一种格式，也可以使用绘图仪配置编辑器添加自定义图纸尺寸。"图形单位"选项组用于控制图形单位，这里可以选择毫米、英寸或像素。

　　④ 单击"下一步"按钮，显示图 8-7 所示的"创建布局-方向"页面，在此可以设置图形在图纸上的方向。

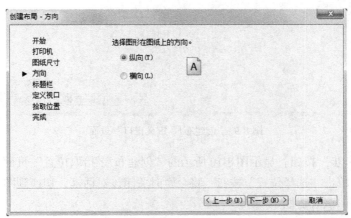

图 8-7　"创建布局-方向"页面

⑤ 单击"下一步"按钮，显示图 8-8 所示的"创建布局-标题栏"页面，在此可以选择图纸的边框和标题栏的样式，在对话框右侧的"预览"框中可以显示所选样式的预览图像。在对话框下部的"类型"选项组中，用户还可以指定所选择的标题栏图形文件是作为块还是作为外部参照插入到当前图形中。

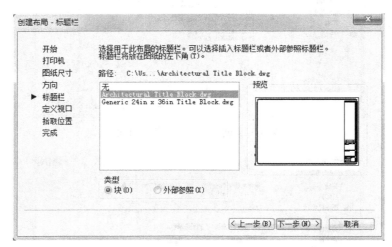

图 8-8 "创建布局-标题栏"页面

⑥ 单击"下一步"按钮，显示图 8-9 所示的"创建布局-定义视口"页面，在此可以指定新创建的布局默认视口设置和比例等。在"视口设置"选项组中选择"单个"项。如果选择"阵列"选项，则下面的 4 个文本框将会被激活，分别用于输入视口的行数和列数，以及视口的行距和列距。

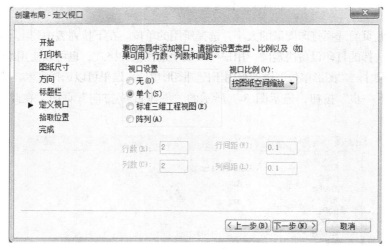

图 8-9 "创建布局-定义视口"页面

⑦ 单击"下一步"按钮，显示图 8-10 所示的"创建布局-拾取位置"页面，在此可以指定视口的大小和位置。单击"选择位置"按钮，将会暂时关闭该对话框，切换到图形窗口，指定视口的大小和位置后返回该对话框。

⑧ 单击"下一步"按钮，显示"创建布局-完成"页面，如图 8-11 所示。

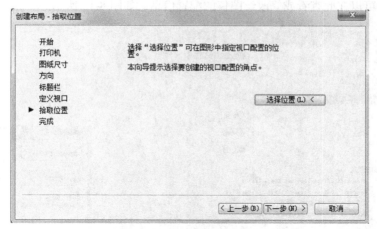

图 8-10　"创建布局 - 拾取位置"页面

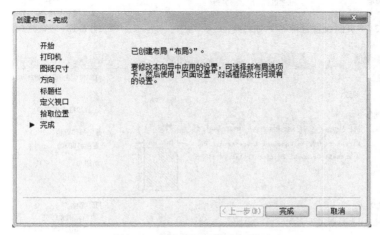

图 8-11　"创建布局 - 完成"页面

# 8.4　页面设置

打印输出图纸时，必须对打印输出页面的打印样式、打印设备、图纸尺寸、图纸打印方向、打印比例等进行设置。AutoCAD 2014 提供的页面设置功能可以指定最终输出的格式和外观，用户可以修改这些设置并将其应用到其他布局中。

用户可在"模型"选项卡上单击右键，从弹出的快捷菜单上选择"页面设置管理器"命令，打开图 8-12 所示的"页面设置管理器"对话框。

在"页面设置管理器"对话框中，单击"新建"按钮，打开"新建页面设置"对话框，可为新页面设置命名，如图 8-13 所示。

页面设置及打印

单击"确定"按钮，打开"页面设置-模型"对话框，如图 8-14 所示。在该对话框中，用户可以指定布局设置和打印设备设置并预览布局的结果。

①"打印机/绘图仪"：在此可以指定打印机的名称、位置和说明。选择的打印机或绘图仪决定了布局的可打印区域，可打印区域使用虚线表示。单击"特性"按钮，打开"绘图仪配置编

辑器"对话框，可以在此查看或修改绘图仪的配置信息，如图 8-15 所示。

图 8-12　"页面设置管理器"对话框

图 8-13　"新建页面设置"对话框

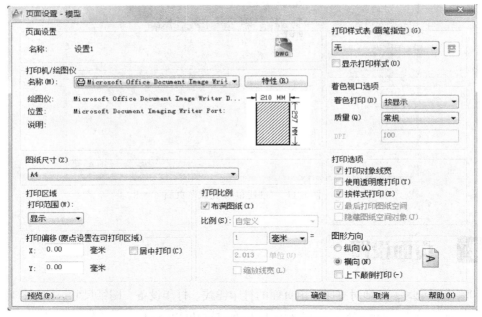

图 8-14　"页面设置-模型"对话框

②"图纸尺寸"：可以从下拉列表中选择需要的图纸尺寸，也可以通过"绘图仪配置编辑器"对话框添加自定义图纸尺寸。该下拉列表中可用的图纸尺寸由当前为布局所选的打印设备确定。

③"打印区域"：在此可以对布局的打印区域进行设置。在"打印范围"下拉列表中有 4 个选项："显示"选项，打印图形中显示的所有对象；"范围"选项，打印图形中的所有可见对象；"视图"选项，打印用户保存的视图；"窗口"选项，定义要打印的区域。

④"打印偏移"：在此可以指定打印区域相对于可打印区域的左下角（原点）或图纸边界的偏移距离。

⑤"打印比例"：在此可以指定布局的打印比例，也可以根据图纸尺寸调整图像。

⑥"打印样式"：打印样式是通过设置对象的打印特性（包括颜色、抖动、灰度、线型、线宽、线条连接样式、填充样式）来控制图形对象的打印效果。打印样式表分为两类：颜色相关打印样式表和命名打印样式表。一个图形只能使用一种类型的打印样式表。用户可以在两种打印样式表之间进行转换。

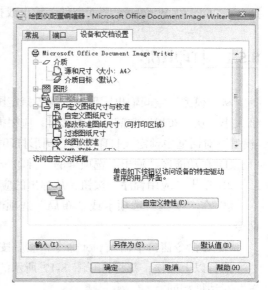

颜色相关打印样式表（CTB）是一种根据对象的颜色来控制打印特征（如线宽）的打印方案，对象的颜色决定了打印的颜色。

命名打印样式表（STB）是一种与对象的本身颜色无关，通过指定给对象和图层的打印样式，来控制打印方案。

AutoCAD 系统提供了一种全图单一黑色打印样式——monochrome。

图 8-15　"绘图仪配置编辑器"对话框

⑦"图形方向"：在此可以设置图形在图纸上的打印方向。使用"横向"选项，图纸的长边是水平的；使用"纵向"选项，图纸的短边是水平的；使用"上下颠倒打印"选项，可以先打印图形底部。

完成设置后，单击"预览"按钮或切换到布局窗口中，可以预览页面设置的效果，如图 8-16 所示。

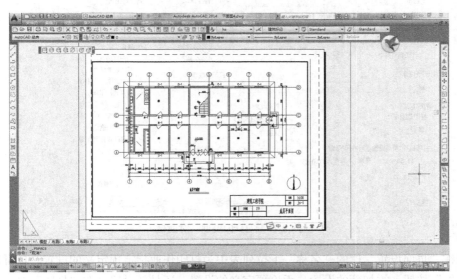

图 8-16　在布局窗口中预览

## 8.5　打印输出图形

所有创建的图形对象最后都需要以图纸的形式输出。但是，在打印输出图形之前，还需要针对具体图形进行打印设置和绘图仪配置。另外，用户可以使用多种格式（包括 DWF、DWFx、DXF、PDF 和 Windows 图元文件）输出或打印图形。

## 8.5.1 打印图形

从"模型"空间输出图形时，需要指定图纸尺寸，即在"打印"对话框中，选择要使用的图纸大小。从"布局"空间输出图形时，应根据打印的需要进行相关参数的设置，并在"页面设置-模型"对话框中预定义打印样式。图形打印操作方法有以下几种。

① 在功能区"输出"选项卡的"打印"面板中单击"打印"按钮。

② 单击"应用程序"按钮，从弹出的应用程序菜单选择"打印"命令。

③ 在"模型"选项卡或"布局"选项卡上单击右键，从弹出的快捷菜单中选择"打印"命令。

④ 在命令窗口中输入 plot 命令，然后按"Enter"键。

执行以上操作，都将打开图 8-17 所示的"打印-模型"对话框，其中的设置大多与"页面设置"对话框相同。

图 8-17 "打印-模型"对话框

可以在"页面设置"栏的"名称"下拉列表中为打印作业指定预定义的设置，也可以单击右侧的"添加"按钮，添加新的设置。无论预定义的设置，还是新设置，在"打印"对话框中指定的任何设置都可以保存到布局中，以供下次打印时使用。

完成打印设置后，单击"预览"按钮，可以对图形进行打印预览，如图 8-18 所示。如果预览效果满意，可以在预览窗口中单击右键，从弹出的快捷菜单中选择"打印"命令即可打印图形，也可以单击"Esc"键退出预览窗口，返回"打印"对话框，单击"确定"按钮打印图形。

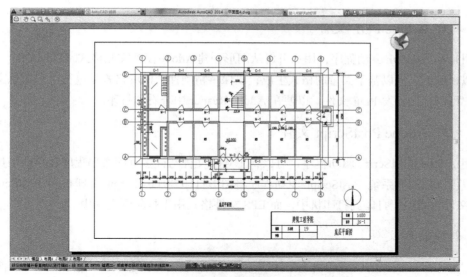

图 8-18　打印预览

## 8.5.2　输出图形

在 AutoCAD 2014 中，用户可以将绘制的图形文件输出为其他格式的文件。无论以哪种格式输出图形，用户均需要在"打印"对话框的"打印机/绘图仪"栏的"名称"下拉列表中选择相应的格式，可以选择"DWF6 ePlot.pc3""DWG to PDF.pc3"等。

### 1．打印 DWF 文件

在 AutoCAD 中，可以创建 DWF 文件（二维矢量文件），用于在 Web 上或通过 Internet 发布图形。任何人都可以使用 Autodesk Design Review 打开、查看和打印 DWF 文件。通过 DWF 文件查看器，也可以在 Internet Explorer 浏览器中查看 DWF 文件。DWF 文件支持实时平移和缩放，还可以控制图层和命名视图的显示效果。

### 2．打印 DWFx 文件

在 AutoCAD 中，可以创建 DWFx 文件（DWF 和 XPS），用于在 Web 上或通过 Internet 发布图形。

### 3．以 DXB 文件格式打印

在 AutoCAD 中，使用 DXB 非系统文件驱动程序可以支持 DXB（二进制图形交换）文件格式，这通常用于将三维图形"展平"为二维图形。

### 4．以光栅文件格式打印

AutoCAD 支持若干种光栅文件格式，包括 Windows BMP、CALS、TIFF、PNG、TGA、PCX 和 JPEG。光栅驱动程序常用于打印到文件中以便进行桌面发布。

### 5. 打印 Adobe PDF 文件

使用 DWG to PDF 驱动程序，用户可以从图形创建 Adobe 便携文档格式（PDF）文件。与 DWF 文件类似，PDF 文件以基于矢量的格式生成，以保持精确性。PDF 格式是进行电子信息交换的标准。用户可以轻松分发 PDF 文件，以便在 Adobe Reader 中查看和打印。

### 6. 打印 Adobe PostScript 文件

使用 Adobe PostScript 驱动程序，可以将 DWG 文件与许多页面布局程序和存档工具一起使用。用户可以使用非系统 PostScript 驱动程序将图形打印到 PostScript 打印机和 PostScript 文件中。PS 文件格式用于打印到打印机中，而 EPS 文件格式用于打印到文件中。

### 7. 创建打印文件

在"打印"对话框的"打印机/绘图仪"栏中，启用"打印到文件"复选框，可以使用任意绘图仪配置创建打印文件，并且该打印文件可以使用后台打印软件进行打印，使用此功能，用户必须为输出设备使用正确的绘图仪配置，才能生成有效的 PLT 文件。

## 8.5.3 发布图形文件

通过图纸集管理器，用户可以将整个图纸集轻松发布为图纸图形集，也可以发布为 DWF、DWFx 或 PDF 文件。

发布提供了一种简单的方法来创建图纸图形集或电子图形集。电子图形集是打印的图形集的数字形式。通过图纸集管理器可以发布整个图纸集。从图纸集管理器打开"发布"对话框时，"发布"对话框将会自动列出在图纸集中选择的图纸。

用户可以通过将图纸集发布至每个图纸页面设置中指定的绘图仪来创建图纸图形集，还可以通过 Autodesk Design Review 查看和打印已发布的 DWF 或 DWFx 电子图形集。在 AutoCAD 2014 中，用户还可以创建和发布三维模型的 DWF 或 DWFx 文件，并使用 Autodesk Design Review 查看这些文件。同时，还可以为特定用户自定义图形集合，并且可以随着工程的进展添加和删除图纸。

# 练 习 题

#### 1. 填空题

（1）AutoCAD 为用户提供了_____和_____两种空间。专门用于图形打印输出管理的空间是_____空间，又称为_____。_____空间是二维空间，_____空间是三维空间。

（2）AutoCAD 系统提供了一种全图单一黑色打印名称是_____。

（3）AutoCAD 使用_____命令，实现 AutoCAD 图形对象到 3Ds 格式文件的转换。

（4）AutoCAD 图形对象使用打印机输出到图纸的命令是_____。

**2．选择题**

（1）只能将模型按单一比例打印输出的空间是（　　）。

A．模型空间　　　　　B．图纸空间　　　　　　　C．两者皆可

（2）将模型按多视口方式打印输出的空间是（　　）。

A．模型空间　　　　　B．图纸空间　　　　　　　C．两者皆可

（3）AutoCAD 图形对象转换成（　　）文件格式时，需要采用 Export 命令。

A．3Ds　　　　　　　B．WMF　　　　　　　C．TIFF　　　　　　　D．JPEG

（4）AutoCAD 图形对象转换成（　　）文件格式时，需采用光栅打印机打印。

A．3Ds　　　　　　　B．WMF　　　　　　　C．TIFF　　　　　　　D．JPEG

**3．上机操作题**

（1）模型空间图形打印输出，调出素材图形，按前面所述步骤操作，打印结果如图 8-19 所示。

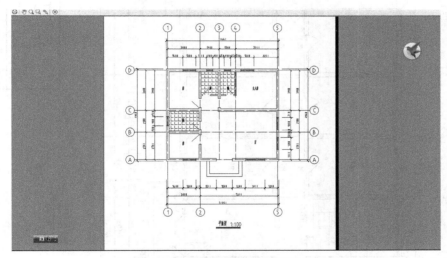

图 8-19　上机操作题（1）

（2）图纸空间布局已有打印，调出素材图形，按前面所述步骤操作，打印结果如图 8-20 所示。

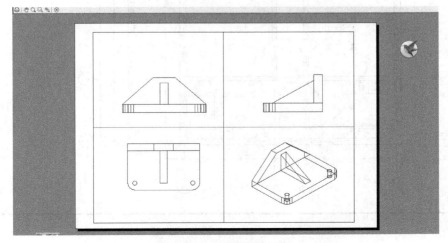

图 8-20　上机操作题（2）

# 附录 A  某学生宿舍楼部分施工图

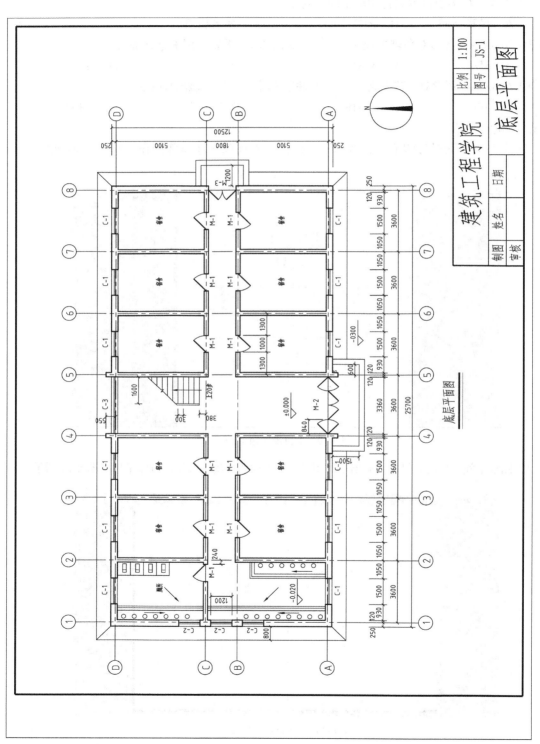

附图 A-1

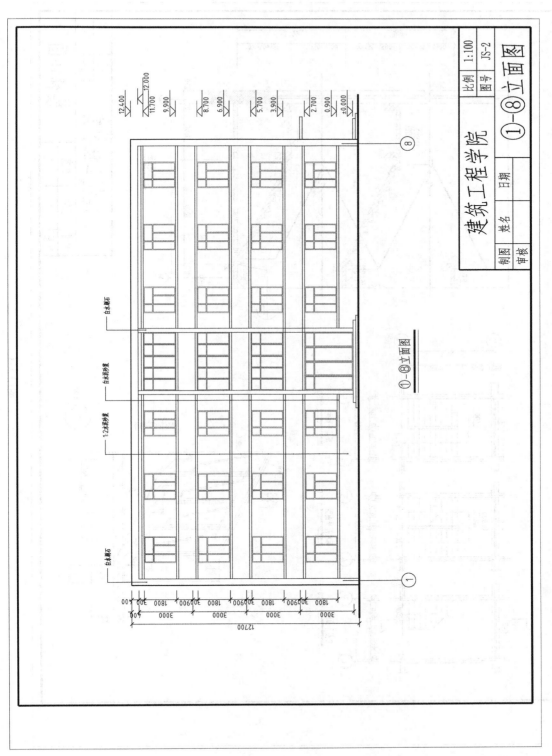

附图 A-2

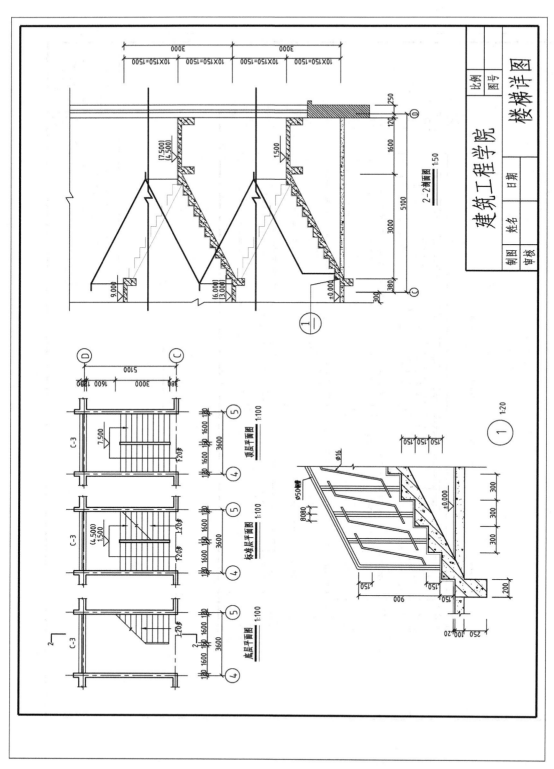

附图 A-3

# 附录B　建筑CAD中级绘图员考证样题

与 AutoCAD 相应的考试是中级绘图员考证考试，目前中级计算机辅助设计绘图员考证主要分为三大类（以广东省为例）：第一类是由人力资源和社会保障部职业鉴定中心在全国统一组织实施的全国计算机信息高新技术考试计算机辅助设计（AutoCAD 平台）考试，该考试采用 ATA 考试平台，全国采用上机考试模式；第二类是由广东省职业技能鉴定指导中心组织的中级绘图员统考考试，该考试每年两次，每年统一组织命题、统一阅卷；第三类是由广州市职业技能鉴定指导中心组织的中级绘图员考试。为了让读者对这三类考试模式有所了解，现每类考试附上一套相应的试题，有些试题需要的素材，读者可以登录人邮教育社区（www.ryjiaoyu.com）下载。

## 一、高新技术类中级试题

### 1．文件操作

［操作要求］

（1）建立新文件：运行 AutoCAD 软件，建立新模板文件，模板的图形范围是 120×90，0 层的颜色为红色（RED）。

（2）保存：将完成的模板图形以 KSCAD1-1.DWT 为文件名保存在考生文件夹中。

### 2．简单图形绘制

［操作要求］

（1）建立新图形文件：建立新图形文件，绘图区域为 100×100。

（2）绘图。

① 绘制一个长为 60、宽为 30 的矩形；在矩形对角线交点内处绘制一个半径为 10 的圆。

② 在矩形下边线左右各 1/8 处绘制圆的切线；再绘制一个圆的同心圆，半径为 5，完成后的图形如附图 B-1 所示。

（3）保存：将完成的图形以 KSCAD2-1.DWG 为文件名保存在考生文件夹中。

### 3．图形属性

［操作要求］

（1）打开图形文件：打开图形文件 CADST3-1.DWG。

（2）属性操作。

① 建立新图层，图层名为 HATCH，颜色为红色，线型默认。

② 在新图层中填充剖面线，线颜色为白色，剖面线比例合适。完成后的图形如附图 B-2 所示。

（3）保存：将完成的图形以 KSCAD3-1.DWG 为文件名保存在考生文件夹中。

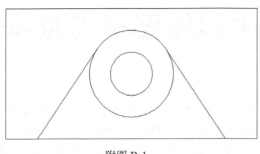

附图 B-1

附图 B-2

### 4. 图形编辑

［操作要求］

（1）打开图形：打开图形文件 CADST4-3.DWG。

（2）编辑图形。

① 将打开的图形编辑成一个对称封闭图形。

② 将封闭图形向内偏移 15 个单位；调整线宽，线宽为 5 个单位。完成后的图形如附图 B-3 所示。

附图 B-3

（3）保存：将完成的图形以 KSCAD4-3.DWG 为文件名保存在考生文件夹中。

### 5. 精确绘图

［操作要求］

（1）建立绘图区域：建立合适的绘图区域，图形必须在设置的绘图区域内。

（2）绘图：按附图 B-4 所示规定的尺寸绘图，要求图形层次清晰，图层与填充图案比较合理。基础轮廓线应给一定的宽度，宽度自行设置。

（3）保存：将完成的图形以 KSCAD5-12.DWG 为文件名保存在考生自己的文件夹中。

### 6. 尺寸标注

［操作要求］

打开图形文件 CADST6-13.DWG，按附图 B-5 要求标注尺寸与文字，要求文字样式、文字大小、尺寸样式等设置合理恰当。

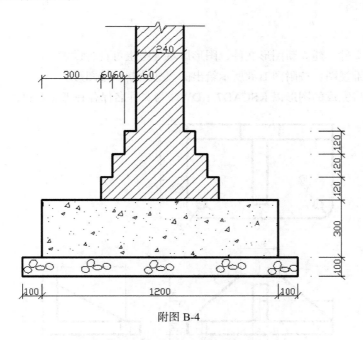

附图 B-4

（1）建立尺寸标注图层：建立尺寸标注图层，图层名自定。

（2）设置尺寸标注样式：设置尺寸标注样式，要求尺寸标注各参数设置合理。

（3）标注尺寸：按附图 B-5 所示的尺寸要求标注尺寸。

（4）修饰尺寸：修饰尺寸线、调整文字大小，使之符合制图规范要求。

（5）保存：将完成图形以 KSCAD6-13.DWG 为文件名保存在考生自己的文件夹中。

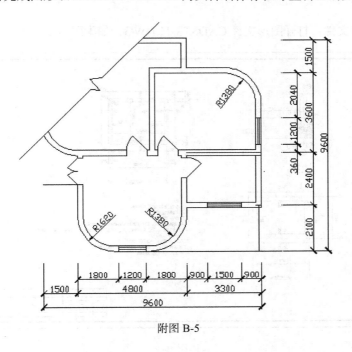

附图 B-5

### 7. 三维绘图

［操作要求］

（1）建立新文件：建立新图形文件，图形区域等考生可自行设置。

（2）建立三维视图：按附图 B-6 所示给出的尺寸绘制三维图形。

（3）保存：将完成的图形以 KSCAD7-1.DWG 为文件名保存在考生自己的文件夹中。

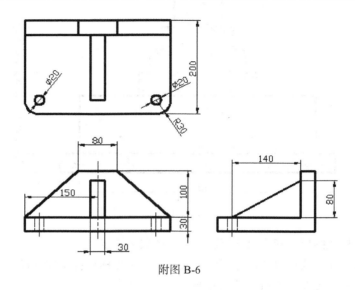

附图 B-6

### 8. 综合绘图

［操作要求］

（1）新建图形文件：打开图形文件 CADST8-11.DWG，如附图 B-7 所示。

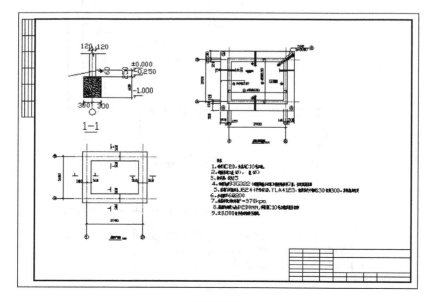

附图 B-7

（2）绘图。

① 调整图形中的文字，使之符合制图要求。

② 调整图形中的尺寸标注。

③ 修改图形中的图层属性。

④ 调整图形的布置，使之合理。

（3）保存：将完成的图形以 KSCAD8-11.DWG 为文件名，保存在考生自己的文件夹中。

## 二、广东省中级绘图员统考考试样题——计算机辅助设计绘图员（中级）

技能鉴定试题（建筑类）

考试说明：

本试卷共 4 题：

（1）考生须在考评员指定的硬盘驱动器下建立一个以自己准考证后 8 位命名的文件夹。

（2）考生在考评员指定的目录，查找"考场学生端\考试机.exe"文件，并双击此文件，运行考试系统。

（3）然后依次打开相应的 4 个图形文件，按题目要求在其上作图，完成后仍然以原来图形文件名保存作图结果。

（4）考试时间为 180 分钟。

### 1. 基本设置（20 分）

打开图形文件"第一题.dwg"，在其中完成下列工作。

（1）按以下规定设置图层及线型，并设定线型比例；

| 图层名称 | 颜色（颜色号） | 线型 | 线宽 |
|---|---|---|---|
| 00 | 白色（7） | 实线 CONTINUOUS | 0.60mm（粗实线用） |
| 01 | 红色（1） | 实线 CONTINUOUS | 0.15mm（细实线，尺寸标注及文字用） |
| 02 | 青色（4） | 实线 CONTINUOUS | 0.30mm（中实线用） |
| 03 | 绿色（3） | 点画线 ISO04W100 | 0.15mm |
| 04 | 黄色（2） | 虚线 ISO02W100 | 0.15mm |

（2）按 1：1 的比例设置 A3 图幅（横装）一张，留装订边，画出图框线；

（3）按国家标准规定设置有关的文字样式，然后画出并填写如附图 B-8 所示的标题栏，不标注尺寸；

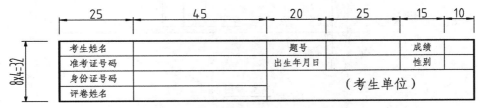

附图 B-8

（4）完成以上各项后，仍然以原文件名"第一题.dwg"保存。

## 2. 抄画房屋建筑图（60分）

（1）取出"第二题.dwg"图形文件；

（2）在已有的1：100比例图框中绘画附图B-9所示的建筑施工图；

（3）不必绘画图幅线、图框线、标题栏和文字说明；

（4）定位轴线端部的圆，其直径统一为10mm（指出图的实际尺寸）；

（5）填充图例画在细实线层；

（6）绘画完成后存盘，仍然以原文件名"第二题.dwg"保存。

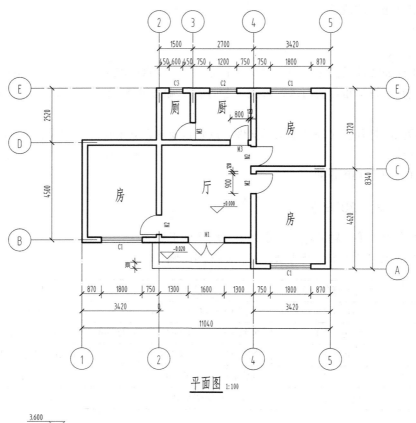

平面图 1:100

南立面图 1:100

附图 B-9

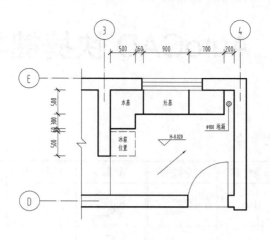

厨大样 1:40

说明:
1、屋面厚100mm;
2、屋面飘出墙外300mm;
3、墙厚均为240mm。

附图 B-9(续)

## 3. 投影图(10分)

(1)取出"第三题.dwg"图形文件;

(2)按附图 B-10 所示尺寸及比例绘出其两面投影,并求出第三投影,不注尺寸;

(3)绘画完成后存盘,仍然以原文件名"第三题.dwg"保存。

## 4. 几何作图(10分)

(1)取出"第四题.dwg"图形文件;

(2)按附图 B-11 所示的尺寸及比例绘出,不注尺寸;

(3)绘画完成后存盘,仍然以原文件名"第四题.dwg"保存。

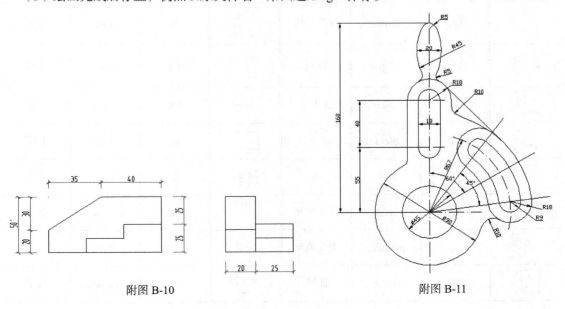

附图 B-10

附图 B-11

# 附录 C AutoCAD 快捷键与命令

## 1. 常用绘图和修改命令

| 图标 | 命令简写 | 命令全称 | 命令说明 | 图标 | 命令简写 | 命令全称 | 命令说明 |
|---|---|---|---|---|---|---|---|
| | L | line | 直线 | | E | erase | 删除 |
| | XL | Xline | 构造线 | | CO | copy | 复制 |
| | PL | Pline | 多段线 | | MI | mirror | 镜像 |
| | POL | polygon | 正多边形 | | O | offset | 偏移 |
| | REC | rectang | 矩形 | | AR | array | 阵列 |
| | A | Arc | 圆弧 | | M | move | 移动 |
| | C | Circle | 圆 | | RO | rotate | 旋转 |
| | | revcloud | 云线 | | SC | scale | 缩放 |
| | SPL | Spline | 样条曲线 | | S | stretch | 拉伸 |
| | EL | Ellipse | 椭圆 | | TR | trim | 修剪 |
| | E | insert | 插入块 | | EX | Extend | 延伸 |
| | B | block | 创建块 | | Br | break | 打断 |
| | PO | point | 点 | | JO | join | 合并 |
| | H 或 BH | hatch | 图案填充 | | CHA | chamfer | 倒角 |
| | | gradient | 渐变填充 | | F | fillet | 圆角 |
| | REG | region | 面域 | | X | explode | 分解 |

续表

| 图标 | 命令简写 | 命令全称 | 命令说明 | 图标 | 命令简写 | 命令全称 | 命令说明 |
|---|---|---|---|---|---|---|---|
|  |  | table | 表格 |  | PE | pedit | 多段线编辑 |
|  | mt | mtext | 多行文字 |  | HE | hatchedit | 填充编辑 |
|  | dt | Text | 单行文字 |  | ED | mledit | 文字编辑 |

## 2. 对象特性、尺寸标注、图层常用命令

| 命令简写 | 命令全称 | 命令说明 | 命令简写 | 命令全称 | 命令说明 |
|---|---|---|---|---|---|
| ADC | ADCENTER | 设计中心 | EXP | EXPORT | 输出其他格式 |
| MO | PROPERTIES | 修改特性 | IMP | IMPORT | 输入文件 |
| MA | MATCHPROP | 特性匹配 | OP | OPTIONS | 自定义 CAD 设置 |
| ST | STYLE | 文字样式 | PU | PURGE | 清除垃圾 |
| COL | COLOR | 设置颜色 | R | REDRAW | 重画 |
| LT | LINETYPE | 设置线型 | PRE | PREVIEW | 打印预览 |
| LTS | LTSCALE | 线性比例因子 | DS | DSETTINGS | 设置极轴追踪 |
| LW | LWEIGHT | 设置线宽 | OS | OSNAP | 设置对象捕捉模式 |
| UN | UNITS | 单位 | AA | AREA | 面积 |
| ATT | ATTDEF | 属性定义 | DI | DIST | 距离 |
| ATE | ATTEDIT | 编辑属性 | LI | LIST | 显示图形数据信息 |
| D | DIMSTYLE | 标注样式 | LE | QLEADER | 引线标注 |
| DLI | DIMLINEAR | 线性标注 | DRA | DIMRADIUS | 半径标注 |
| DAL | DIMALIGNED | 对齐标注 | DDI | DIMDIAMETER | 直径标注 |
| DCO | DIMCONTINUE | 连续标注 | DAN | DIMANGULAR | 角度标注 |
| DBA | DIMBASELINE | 基线标注 | DED | DIMEDIT | 编辑标注 |
| LA | LAYER | 图层管理器 |  | LAYISO | 隔离图层 |
|  | LAYUNISO | 取消隔离图层 |  | LAYOFF | 关闭所有图层 |
|  | LAYON | 打开所有图层 |  | LAYMRG | 合并图层 |

# 参考文献

[1] 孙海粟. 建筑 CAD [M]. 第二版. 北京：化学工业出版社，2014.

[2] 董岚. 建筑 CAD [M]. 长沙：国防科技大学出版社，2013.

[3] 邓美荣，巩宁平，陕晋军. 建筑 CAD 2008 中文版[M]. 北京：机械工业出版社，2015.

[4] 张宪立. AutoCAD 2012 建筑设计实例教程[M]. 北京：人民邮电出版社，2012.